工时可变的排序模型与算法

张新功　著

科学出版社

北京

内 容 简 介

在排序问题的研究中，一方面问题模型求解方法的多样性，另一方面实际的生产和服务需求使得问题新模型不断涌现，使得经典排序的基本假设被不断突破. 工时可变的排序问题，是一类非常重要的非经典排序问题.本书介绍了工时可变排序问题的重要性和现实意义，介绍了三类工时可变的排序问题，以及在重新排序中的应用. 本书介绍了基本方法、理论和基础知识，阐述了时间相关的排序问题、工期相关的排序问题、工件加工时间之和相关的排序问题，以及重新排序在学习或者退化效应中的应用. 研究技术和内容涉及成组技术、资源约束分配、窗时排序、准时排序以及拒绝费用限制等相关的排序模型、问题特性、复杂性分析和优化算法.

本书面向高等院校运筹、计算机、自动化、管理、机械等学科的本科高年级学生、研究生以及教师，同时也供从事系统工程、运筹与管理，以及计划设计等相关领域的科技工作者使用.

图书在版编目（CIP）数据

工时可变的排序模型与算法/张新功著.—北京：科学出版社，2023.6
ISBN 978-7-03-074807-2

I. ①工… II. ①张… III. ①排序-研究 IV. ①O223

中国国家版本馆 CIP 数据核字（2023）第 024561 号

责任编辑：王丽平　范培培 / 责任校对：杨聪敏
责任印制：吴兆东 / 封面设计：无极书装

科 学 出 版 社 出版
北京东黄城根北街 16 号
邮政编码：100717
http://www.sciencep.com
北京虎彩文化传播有限公司 印刷
科学出版社发行　各地新华书店经销
*
2023 年 6 月第 一 版　开本：720×1000 B5
2023 年 6 月第一次印刷　印张：13 3/4
字数：280 000
定价：98.00 元
（如有印装质量问题，我社负责调换）

目　　录

第 1 章 绪 论

为了研究工时可变的排序模型以及排序算法, 本章将给出所用到的排序理论以及组合优化理论的基础知识和基本理论.

1.1 Scheduling 的定义

近代排序论的研究中, 排序问题 (scheduling problem) 是从 Johnson[1] 研究的有关流水作业环境开始的. 随后中国科学院应用数学研究所越民义研究员就注意到排序问题的重要性和理论上的难度. 1960 年, 他编写了国内第一本排序论讲义. 70 年代初, 越民义和韩继业一起研究同顺序流水作业 (同序作业) 排序问题, 开创了中国研究排序论的先河[2]. 1985 年中国科学院自动化研究所疏松桂等把 scheduling 译为 "调度"[3]. 2003 年, 唐国春等[4] 提出 "排序" 与 "调度" 作为 scheduling 的中文译名都只是描述 scheduling 的一个侧面. 中国台湾的学术界把 scheduling 译成 "排程". 2010 年, 唐国春提出把 scheduling 译成 "排序与调度"[5]. 本研究按照文献 [4] 的译法.

1974 年, Baker 给出定义: 排序是按时分配资源去执行一组任务[6], 即 scheduling 是为完成若干项任务 (job) 而对资源 (指包括机器在内的各种资源) 按时间进行分配的. 接着, Baker 指出, 排序是一个决策函数. 2018 年, Pinedo 提出几乎相同的定义: 排序处理的是在一段时间内将稀缺资源分配给任务. 它是以优化一个或者多个目标函数为目标的决策过程[7]. 因而按时间分配 "任务和资源" 就是 scheduling 最本质的特征.

由于排序领域内许多早期的研究工作是在制造业推动下发展起来的, 因此在描述排序问题时很自然会使用制造业的术语. 尽管现在排序问题在许多非制造业领域已取得了很多相当有意义的成果, 但是制造业领域的术语仍然在使用. 因而往往把资源 (resource) 称为机器 (machine), 把任务 (task) 称为工件 (job). 有时工件可能由几个先后次序约束相互联系着的基本任务 (elementary task) 所组成. 这种基本任务称为工序 (operation). 排序中的 "机器" 和 "工件" 已经不是机器制造业中的 "机床" 和 "机床加工的零件", 已从 "机床" 和 "零件" 等具体事物中抽象出来, 是抽象的概念 "机器" 和 "工件" 与 "机床" 和 "零件" 的关系, 是 "一般" 与 "特殊", "抽象" 与 "具体", "理性" 与 "感性", "理论" 与 "实践", "概念" 与 "感觉" 的关系. 排序中的机器可以是数控机床、计算机 CPU、医院的病床或者医生、消防设备、机场跑道等, 工件可以是零件、计算机终端、患者、森林起火点、降落的飞机等. 因此排序问题中, 工件是被加工的对象, 是要完成的任务; 机器是提供加工的对象, 是完成任务所需要的资源. 排序是指在一定的约束条件下对工件和机器按时间进行分配和安排次序, 使某一个或某一些目标达到最优排序, 是安排时间表的简称, 这里工件和机器可以代表极其广泛的实际对象. 例如, 并行计算机的出现, 促进排序论中对多台平行机的深入研究; 反过来, 排序中的平行机可以应用到并行计算机中去, 平行机排序在一定程度上推动并行计算机的发展.

排序理论所用的理论和方法来自数学的不同学科, 理解和学习排序理论需要一定的数学背景. 工时可变的问题是超越经典排序问题的一个新的研究热点问题, 使得排序模型更加具有现实意义. 排序问题 (scheduling problem) 是运筹学领域组合优化中的一个重要分支. 其所研究的问题是将稀缺资源分配给在一定时间内的不同工件或者任务, 它是一个决策过程, 其目的是优化一个或多个目标函数, 最优地完成一批给定的工件或者任务. 在执行这些工件或者任务时需要满足某些限制条件, 如工件或任务的到达时间、工件或任务完工的限定时间、工件或任务的加工顺序、资源对加工的影响等等. 最优的完成是使目标函数达到最小, 而目标函数通常是对加工时间长短、机器利用率高低的描述. 排序问题最早起源于机器制造业, 现在已逐渐发展成为运筹学、系统科学、控制科学、管理科学和计算机科学等多个学科领域的交叉学科, 广泛应用于工程技术、工业工程和物流供应链领域. 作为一门应用型学科, 它在作业管理安排、工程排序、制造工厂的最优设计、交通枢纽的排序、消防安全、医院手术安排、飞机跑道问题以及工程进度的控制等方面具有深刻的实际背景和广泛的应用前景. 题为 "美国国防部与数学科学研究" 的报告认为, 20 世纪 90 年代至整个 21 世纪, 数学发展的重点将连续的对象转为离散的对象, 并且组合最优化将会有很大的发展, 因为在这个领域存在着大量急需解决而又极端困难的问题, 其中包括如何对各部件进行分离、布线和布局[8]. 这里 "分离、布线和布局" 与排序有关, 英语用词为 scheduling.

机械加工方面: 一个机械加工车间要加工一批机器零件, 每一个零件都具有相同的工序, 即按相同的顺序在几个不同的机床上加工, 但每个零件在每个机床上的加工时间可能不同. 如何安排加工顺序才能以最短的时间加工完所有的零件? 这是一个流水作业排序问题.

工程进程方面: 在计算机多道程序操作系统中, 并行执行多个进程——在宏观上同时执行多个进程, 而在微观上, 在任何时刻 CPU 只能执行一个进程. 进程的到达时间是不同的, 怎样对这些进程排序才能使 CPU 的利用率最高或进程的平均周转时间最短? 这也是一个排序问题.

机场服务方面: 在一个飞机场, 有几十个登机门, 每天有几百架飞机降落和起飞. 登机门的种类和大小是不同的, 班机的机型和大小也是不同的. 一些大型登机门安放在能容纳大型飞机的地方, 小型登机门只能容纳小型飞机. 飞机按时刻表降落和起飞, 由于天气和机场的其他原因, 时刻表也有很大的随机性. 当飞机占有登机门时, 到达的旅客下飞机, 出发的旅客上飞机, 飞机要接受诸如加油、维护和装卸行李等. 如果飞机在下一个机场不能按时降落, 此时为了节省燃料, 飞机不能起飞, 登机时间推迟, 飞机需要占有一个登机门而其他的飞机不能使用. 机场的排序人员需要制订一个可行的方案, 把登机门分配给降落的飞机, 使机场的利用率最高或晚点起飞的飞机最少. 这也是一个排序问题, 在这里飞机被看成被加工的工件, 登机门被看成机器, 机场的规定是约束条件.

作业管理方面: 一个生产用于包装水泥、木炭、狗屎的纸袋厂, 其基本原料是纸卷, 生产阶段分成印刷标识、纸袋侧面粘接、纸袋一端或两端缝制三部分. 在每一阶段用不同的机器, 同一阶段的机器可能由于运行速度、印刷颜色数量、可处理纸袋的大小等方面有不同. 每个订单都说明了某种特定纸袋的数量和要求完工的日期. 不同操作阶段的处理时间与订单数量成正比. 延迟交货意味着信誉的损失, 也会受到一定的惩罚 (信誉损失也看作一种惩罚), 惩罚程度取决于订单或者顾客的重要性和滞后程度. 厂商的目标是最小化惩罚之和或者是最大化机器设备的最大利用率及最大化利润程度.

森林消防: 森林中出现火情, 如果火势控制一开始就耽搁或者对于火情反应比较慢, 要求控制住火势的时间都会大大增加. 消防设施的设置、距离水源地的远近、风力的大小和森林树木的含油量等等情况都会影响控制火势. 消防预警机制要求在森林遭受火灾的有限时间内部署可利用的消防资源, 达到控制森林大火蔓延, 最终达到灭火的效果. 消防资源可以看作排序中的机器, 着火点可以看作工件, 火势的蔓延速度可以看作工件的退化率, 目标是森林大火的燃烧面积最小, 相当于工件的总完工时间最小.

医院麻醉护士安排[9]: 减少门诊中心麻醉监护室的费用已经引起医院管理者越来越多的关注. 以往的经验表明, 医疗器材和医药费用仅仅占到全年麻醉监护室总费用的 2%, 然而护士的费用几乎占到麻醉监护室的全年总费用[10]. 门诊中心具有手术室和麻醉监护室两个, 在手术室安排的患者手术是紧邻着并且没有空闲的, 手术后患者被立即送到麻醉监护室, 直到麻醉苏醒后患者离开. 由于主治医师和护士工作时间具有一定的时间限制 (比如 8 小时工作制), 目标就是最小化麻醉监护室的护士数目和最后一个病人在门诊中心的时间. 这个问题相当于机器排序中的两台流水作业非等待没有空闲的最小化最大完工时间问题.

排序问题是工业生产、服务业中一类带有普遍性的问题. 对于大型的、复杂的工程, 这类问题排序的好坏对于工程费用的大小和工程时间的长短影响巨大. 对于应急事件的处置, 例如火灾扑救, 排序的优劣直接影响人民生命和财产的安全. 从深层次和长远来看, 排序论对于生产效率和经济效益的提高、资源的开发和配置、工程进展的安排以及经济运行等方面都起到了辅助科学决策的作用. 因此对于分析和研究排序问题具有很强的理论和现实意义.

1.2　排序的记号与术语

在排序问题中, 机器的数量和种类、工件的顺序、到达时间、完工限制、资源的种类和性能是错综复杂的, 很难用精确的数学描述给出一般的排序问题的定义. 根据 1993 年 Lawler 等[11] 的观点, 经典排序问题有四个基本假设: 资源类型、确定性、可运算性以及单目标和正则性. 排序问题按静态 (static) 和动态 (dynamic)、确定性 (deterministic) 和非确定性 (non-deterministic) 可分为四大类. 下面介绍静态确定性排序问题的有关知识, 这是了解和研究工时可变的排序问题的基础. 通常用下面的方式描述排序问题:

给定 n 个工件的工件集 $J = \{J_1, J_2, \cdots, J_n\}$, m 台机器的机器集 $M = \{M_1, M_2, \cdots, M_m\}$, s 种资源的资源集 $R = \{R_1, R_2, \cdots, R_s\}$. 排序问题指在一定条件下为了完成各项工作, 把 M 中的机器和 R 中的资源分配给 J 中的工件, 使得给定目标函数达到最优.

排序问题基本上由机器的数量、种类和环境, 以及工件的性质和目标函数所组成. 根据 1979 年 Graham 等[12] 提出的排序问题的三参数表示法, 本书仍然使用 $\alpha|\beta|\gamma$ 来表示一个排序问题. 在这里 α 表示机器的数量、类型和环境; β 表示工件的特征和约束; γ 表示优化的目标.

α 域: 机器的数量、类型和环境

只有一台机器的排序问题称为单机 (single machine) 排序问题, 否则称为多机排序问题.

在多机排序问题中, 如果所有的机器都具有相同的功能, 则称为平行机 (parallel machine). 平行机按加工速度又分为三种类型: 如果所有的机器都具有相同的速度, 称为同型机 (identical machine) P; 如果机器的速度不同, 但每台机器的速度都是常数, 不依赖被加工的工件, 则称为同类机 (uniform machine) Q; 如果机器的加工速度依赖被加工的工件, 则称为无关机 (unrelated machine) R.

如果每个工件需要在各个机器上加工, 且各个工件在机器上的加工顺序相同, 则称为流水作业 (flow shop) F. 如果每个工件需要在各个机器上加工, 且各个工件有自己的加工顺序, 则称为异序作业 (job shop) J. 如果每个工件需要在各个机器上加工, 且各个工件的加工顺序任意, 则称为自由作业 (open shop) O.

β 域: 工件或者任务、作业的性质, 加工要求和限制,
资源的种类、数量和对加工的影响等约束条件

(1) 工时向量, 又称为加工时间向量. 工件的加工时间向量是

$$p_j = (p_{1j}, p_{2j}, \cdots, p_{mj})$$

其中 p_{ij} 是工件 J_j 在机器 M_i 上所需要的加工时间. 在单台机器上, 工件 J_j 在机器上的加工所需的时间, 通常用 p_j 表示. 对于同型机有 $p_{ij} = p_j$, $i = 1, 2, \cdots, m$. 在流水作业的排序中, p_{ij} 是工序 O_{ij} 在对应机器上的加工时间.

(2) 到达时间 (arrival time), 是工件 J_j 可以开始加工的时间, 如果所有的工件的到达时间相同, 取 $r_j = 0$ $(j = 1, 2, \cdots, n)$.

(3) 工件的位置 (position), 是工件在序列中加工时所处的位置, 用 r 表示.

(4) 工期 (due date) 也称交付期, 是对工件 J_j 限定的完工时间, 用 d_j 表示. 如果不按时完工, 应受到一定的惩罚. 如果所有工件的工期均相同, 则称为公共工期 (common due date) d. 绝对不允许延迟的工期称为截止期 (deadline) $\bar{d}_j$.

(5) 权 (weight), 也称为一个优先因子, 表示工件相对于其他工件的重要程度. 工件 J_j 的权重用 w_j 表示.

(6) 安装时间 (setup time), 表示工件加工之前需要对于机器或者工件进行安装. 工件 J_j 的安装时间用 s_j 表示.

γ 域: 目标函数

对于给定的一个排序 π, 用

$$(C_1(\pi), C_2(\pi), \cdots, C_n(\pi))$$

表示工件的完工时间, 其中 $C_j(\pi)$ 表示工件 J_j 的完工时间. 最小化的目标函数是完工时间 $C_j(\pi)$ 的函数. 主要有下面几种.

(1) 最大完工时间 (也称时间表长, makespan) 定义为

$$C_{\max}(\pi) = \max\{C_j(\pi) | j = 1, 2, \cdots, n\}$$

它等于最后一个被加工完工件的完工时间. 很显然时间表长越小 (最大完工时间) 说明机器的利用率就越高.

(2) 最大费用函数 (maximum cost function) 是 $f_{\max} = \max\{f(C_j)|\ j = 1, 2, \cdots, n\}$, 很显然最大完工时间是最大费用函数的一个特例.

(3) 加权总完工时间和 (weighted sum of completion time) 是 $\sum_{j=1}^{n} w_j C_j(\pi)$, 当加权相同时, 加权总完工时间和化为总完工时间和 (sum of completion time) $\sum_{j=1}^{n} C_j(\pi)$.

(4) 最大延迟 (maximum lateness) 定义为 $L_{\max}(\pi) = \max\limits_{J_j \in J}\{L_j(\pi)|j = 1, 2, \cdots, n\}$, 其中 $L_j(\pi) = C_j(\pi) - d_j$ 是工件 J_j 的延迟时间.

(5) 工件 J_j 的延误 (tardiness) 定义为 $T_j(\pi) = \max\{L_j(\pi), 0\}$. 加权延误和 (total weighted tardiness) 定义为 $\sum w_j T_j(\pi)$.

(6) 工件 J_j 的提前 (earliness) 定义为 $E_j(\pi) = \max\{-L_j(\pi), 0\}$. 总提前和 (total earliness) 定义为 $\sum E_j(\pi)$.

(7) 工件 J_j 的误工工件个数 (the number of tardy job) 定义为 $U_j(\pi)$,

$$U_j(\pi) = \begin{cases} 0, & C_j(\pi) \leqslant d_j, \\ 1, & C_j(\pi) > d_j \end{cases}$$

(8) 完工时间的总绝对差 (the total absolute differences in completion times) 定义为 $\text{TADC} = \sum_{i=1}^{n} \sum_{j=1}^{n} |C_i(\pi) - C_j(\pi)|$.

(9) 加权折扣完工时间和 (discounted total weighted completion time) 定义为 $\sum w_j(1 - e^{-rC_j(\pi)})$, 其中 $0 < r < 1$.

随后的例子将解释这些记号.

例 1.1　$1|r_j|\sum W_j C_j$, 表示一个单机排序问题, 工件具有不同的到达时间, 最小化的目标函数为加权总完工时间和.

例 1.2　$Fm|p_{ij} = p_j|\sum C_j$ 表示一个由 m 台机器组成的流水作业排序问题, 每个工件的所有工序的加工时间均相等, 最小化的目标函数为总完工时间和.

几个常用的排序规则:

SPT (smallest processing time first) **规则** (或 SPT 序)　工件按照正常加工时间非减的顺序排列.

WSPT (weighted shortest processing time first) **规则** (或 WSPT 序)　工件按照加工时间和权重的比值非减的顺序排列.

EDD (earliest due date) **规则** (或 EDD 序)　工件按照工期的非减的顺序排列.

以上三个规则的时间复杂性为 $O(n \log n)$.

正则目标函数　令 $C = \{C_1, C_2, \cdots, C_n\}$ 是完工时间的向量集合, $\varphi : C \to R$ 的一个映射. 则 φ 是一个正则的, 如果对于任意的别的完工时间向量集合 $C' = \{C_1', C_2', \cdots, C_n'\}$, 以下不等式成立, $C_k' \geqslant C_k \Leftrightarrow f(C_k') \geqslant f(C_k)$, 其中 $1 \leqslant k \leqslant n$. 换句话说, φ 是一个正则函数当且仅当是关于工件完工时间的非减函数.

1.3　算法和复杂性

算法就是计算的方法之简称, 它要求使用一组定义明确的规则在有限的步骤内求解某一问题. 在计算机上, 就是运用计算机解题的步骤或过程. 在这个过程中, 无论是形成解题思路还是编写程序, 都是在实施某种算法. 前者是推理实现的算法, 后者是操作实现的算法[13].

对算法的分析, 最基本的是对算法的复杂性进行分析, 包括时间上的复杂性和空间上的复杂性. 时间复杂性是计算所需的步骤数或指令条数; 空间复杂性是计算所需的存储单元数量. 在实际应用中, 更多的是关注算法的时间复杂性.

算法的时间复杂性可以用一个变量 n 来表示, n 表示问题实例的规模, 也就是该实例所需要输入数据的总量. 一般在排序问题中, n 表示所要加工的总工件数. 算法的时间度量记为 $T(n) = O(f(n))$, 表示随着问题规模 n 的增大, 算法执行时间的增长率和 $f(n)$ 的增长率相同, 称为算法的渐近时间复杂性, 简称时间复杂性. 由于同一算法求解同一问题的不同实例所需要的时间一般不相同, 一个问题各种可能的实例中运算最慢的一种情况称为最 "坏" 情况或最 "差" 情况, 一个算法在最 "坏" 情况下的时间复杂性被称为该算法的最 "坏" 时间复杂性, 一般情况下, 时间复杂性都是指最 "坏" 情况下的时间复杂性.

多项式时间算法[14]　一个算法的运行时间是该问题输入数据长度的一个多项式. 换句话说多项式时间就是存在一个多项式 f, 使得对于任意的实例 I, 算法的执行操作迭代次数不超过 $f(|I|)$.

伪多项式时间算法[14]　一个算法的运行时间是该问题输入数据长度和最大数据的一个多项式.

由于算法的时间复杂性考虑的只是对于问题规模 n 的增长率, 所以在难以精确计算基本操作次数的情况下, 只需求出它关于 n 的增长率或阶即可. 随着问题规模的增大, 不同的 $f(n)$ 会对 $T(n)$ 产生截然不同的效果.

一般情况下, 当算法的时间复杂性 $T(n)$ 被输入规模 n 的多项式界定时, 该算法为多项式时间算法, 如 $T(n)$ 为 n 的对数函数或线性函数的算法, 这样的算法是可接受的, 也是实际有效的, 因此又称为 "有效算法" 或 "好" 的算法; 反之, 称不是多项式时间的算法为指数算法, 如 $T(n)$ 为 n 的指数函数或阶乘函数的算法, 这样的算法无法应用, 没有实用价值, 因此又称为 "坏" 的算法.

算法理论首先研究一类基本的问题, 称为判定性问题, 它表述一个问句, 要求回答是或否. 一个优化问题对应的判定性问题, 是指其目标函数值是否超过某个门槛值. 最优化问题有三种提法: 最优化形式、计值形式和判定形式, 当讨论最优化问题的难易程度时, 一般按其判定形式的复杂性对问题进行分类. 一个最优化问题的判定形式可以描述为: 给定任意一个最优化问题

$$\min_{x \in X} \quad f(x) \tag{1.1}$$

是否存在可行解 x_0, 使得 $f(x_0) \leqslant L$, 其中 X 是可行解集, L 为整数.

把所有可用多项式时间算法解决的判定问题类称为 P 类, P 类也是相对容易的判定问题类, 它们具有有效算法. 如最大匹配问题和最小支撑树问题都是 P 类问题. 还有一个重要的判定问题类是 NP 类, 这类问题比较丰富, 对于一个 NP 类

问题, 不要求它的每个实例都能用某个算法在多项式时间内得到回答, 只要求: 如果 x 是问题答案为 "是" 的一个实例, 则存在对于 x 的一个简短 (以 x 的长度的多项式为界) 证明, 使得能在多项式时间内检验这个证明的真实性. 容易证明, P⊆NP.

设 A_1 和 A_2 都是判定问题, 说 A_1 在多项式时间内归结为 A_2, 当且仅当 A_1 存在一个多项式时间的算法 α_1, 并且 α_1 是多次地以单位费用把 A_2 的 (假想) 算法 α_2 用作子程序的算法, 把 α_1 叫作 A_1 到 A_2 的多项式时间归结 [14].

如果所有其他的 NP 类中的问题都能以多项式时间归结到 A, 则判定问题 $A \in$ NP 称为是 NP 完全 (NP-complete) 的. NP 完全问题是 NP 类中 "最难的" 问题, 一般认为不存在多项式时间算法. 如整数线性规划问题和团问题都是 NP 完全的. 对于最优化问题来说, 当证明了所有其他的 NP 类中的问题都可以多项式时间归结到 A, 而没有验证 $A \in$ NP 时, 称 A 是 NP 难 (NP-hard) 的. 目前所有 "困难" 问题, 都是指 NP 完全问题 (对于判定问题) 或者 NP 难问题 (对于非判定问题). 在有的文献中, NP 完全和 NP 难的概念混用, 不做严格区分.

常用的 NP 难的问题:

(1) **划分问题**　给定正整数 $a_1, a_2, \cdots, a_n, b$, 是否存在一个子集 $S \subseteq N = \{1, 2, \cdots, n\}$, 使得 $\sum_{i \in S} a_i = \sum_{i \notin S} a_i$.

(2) **背包问题**　给定非负整数 $a_1, a_2, \cdots, a_n, c_1, c_2, \cdots, c_n, b, w$, 是否存在一个子集 $S \subseteq N = \{1, 2, \cdots, n\}$, 使得 $\sum_{i \in S} a_i \leqslant b, \sum_{i \in S} c_i \geqslant w$.

强 NP 难的问题:

(3) **3 划分问题**　给定 $3m$ 个正整数 $a_1, a_2, \cdots, a_{3m}, B$, 且 $\sum_{j=1}^{3m} a_j = 3B$, $\dfrac{B}{4} < a_j < \dfrac{B}{2}$, $j = 1, 2, \cdots, 3m$, 是否存在 m 个不交的子集 $S_1, S_2, \cdots, S_m$, 且 $|S_1| = |S_2| = \cdots = |S_m| = 3$, 使得 $\sum_{j \in S_i} a_j = B$.

1.4　排序问题研究概况

早期的研究工作, 主要围绕着采用优先规则、整数规划、动态规划、随机分析和分支定界等数学方法解决一系列有代表性的问题. 随着复杂性理论和 NP 完全问题的兴起, 人们开始注重排序问题的复杂性问题的研究, 证明了许多排序问题是 NP 难问题. 对于 NP 难问题, 通常认为不存在多项式时间算法. 由于实际问题的需要, 对不同的问题建立了大量的有效的启发式算法. 近年来, 随着计算机科学的发展, 许多智能优化计算方法[15], 如遗传算法、模拟退火算法、禁忌搜索算法和人工神经网络算法等, 被用来求解排序问题.

在排序问题的研究过程中, 一方面排序模型求解方法的多样性, 另一方面实际问题推动排序新问题的不断产生, 使得经典排序问题的基本假设被不断突破, 从而产生了大量的非经典的排序问题. 在 20 世纪 80 年代以前, 对于排序问题的研究主要集中在一些经典模型上. 近二十多年来, 出现了许多新模型. 这两者的差异主要表现在加工方式、资源的约束和目标函数上, 相应地用来解决这类问题的方法也出现一些变化. 在各种非经典的排序问题中, 工件加工时间为可变的问题是一类非常重要的问题, 这一问题突破了经典排序问题的确定性假设. 在这一类问题中, 大体上可以分三类情况: 第一类问题是工件的加工时间与工件所排位置有关的排序问题; 第二类问题是工件的加工时间与所用资源有关的可控排序问题; 第三类问题是工件的加工时间与工件的开工时间有关的排序问题.

1.4.1 与工件所排位置有关的排序问题

在经典的排序问题中, 工件在机器上的加工时间通常被认为是一个常数. 然而在一些实际的生产过程中并非如此, 工件的实际加工时间由加工工件的机器设备、工件本身以及工件加工所处的顺序 (位置) 等因素的影响而发生改变. 事实上重复加工相同或相似的工件或操作进程会提高工件的加工速度, 从而减少工件在机器上的加工时间, 这个现象称为学习效应[16]. 由于这种现象有重要的现实意义, 学习效应在排序领域已经引起学者的广泛兴趣. 大部分概念假设学习曲线依赖于已经执行过工件的非增函数, 学习曲线的一个综述参见 [17].

Biskup[18], Cheng 和 Wang[19] 是最先把学习效应的概念引入排序与调度领域的开创者之一. 这个概念被 Wright[20] 广泛地应用于管理科学领域, 他构想出所谓的 80% 的假设, 指出每单位产量使工件加工时间减少 20%. Biskup[18] 研究了工件的加工时间是其位置的递减函数的单机排序问题, 工件 J_j 在序列第 r 个位置加工的实际加工时间为: $p_{jr} = p_j r^a$, 其中 $a\ (< 0)$ 是学习因子, p_j 是工件 J_j 的正常加工时间. 目标函数是共同工期偏差和总完工时间, 证明这两个问题是多项式时间可解的. 进一步对于共同工期问题

$$1|p_{jr} = p_j r^a, \quad d_j = d \left| \sum_{j=1}^{n}(w_1 E_j + w_2 T_j + w_3 d) \right. \tag{1.2}$$

通过转化为指派问题得到多项式时间算法, 其时间复杂性为 $O(n^3)$. 利用相似的方法, Mosheiov[21] 考虑了工件的加工时间是其位置的递减函数的单机排序问题, 利用 SPT 规则可以证明在多项时间内得到最大完工时间问题的最优解, 利用 EDD 规则可以证明在多项式时间内得到最大延迟问题的最优序. 而对于目标函数为最大延误问题及误工工件数问题, 经典排序中的结论 WSPT 规则和 Moore 算法不再成立. 此外, 还证明了问题

$$1|p_{jr} = p_j r^a, \quad d_j = d \left| \sum (w_1 E_j + w_2 T_j + w_3 d) \right. \tag{1.3}$$

和

$$1|p_{jr} = p_j r^a \Big| w \sum C_j + (1-w) \sum \sum |C_j - C_k| \tag{1.4}$$

可以转化为指派问题进行求解. Mosheiov[22] 考虑了工件具有学习效应的平行机排序问题

$$Pm|p_{jr} = p_j r^a \Big| \sum C_j (C_{\max}) \tag{1.5}$$

通过将其转化为指派问题, 证明了最大完工时间和完工时间之和存在多项式时间算法, 但是算法复杂性却比经典问题复杂一些. Lee 等[23] 研究了双目标的单机排序问题

$$1|p_{jr} = p_j r^a \Big| w \sum C_j + (1-w) T_{\max} \tag{1.6}$$

其中 $T_{\max} = \max\limits_{j=1,\cdots,n} \{T_j\}$. 利用分支定界算法解决该问题, 该算法仅仅能够解决 30 个工件的情形. Lee 和 Wu[24] 考虑两台流水作业排序情形,

$$F2|p_{ijr} = p_{ij} r^a \Big| \sum C_j \tag{1.7}$$

其中 p_{ijr} 是工件 J_j 在机器 i 的第 r 位置加工的工件的加工时间. 即使在没有学习效应影响的情形下, 问题 $F2\|\sum C_j$ 也是 NP 难的[25], 他们构造一个下界并给出分支定界算法, 该算法能够在可以接受的时间内解决 35 个工件的情形. Mosheiov 和 Sidney[26] 认为工件本身对工人的学习进程具有重大的影响. 例如, 如果工人在生产工件之前已经加工过很多次这样的工件, 工人将很难意识到自己会得到任何学习的收获. 然而对于生产新的或者稍微不同的工件来说, 工人们将会意识到学习的重要性. 他们证明问题 $1|p_{jr} = p_j r^{a_j}|C_{\max}$ 和问题 $1|p_{jr} = p_j r^{a_j}|\sum C_j$, 以及问题 $1|p_{jr} = p_j r^{a_j}, d_j = d|\sum w_1 E_j + w_2 T_j + w_3 d_j$ 可以转化为指派问题, 能够在 $O(n^3)$ 得到最优解. Mosheiov 和 Sidney[27] 考虑了具有共同工期的最小化误工工件数的单机排序问题

$$1|p_{jr} = p_j r^{a_j}, \quad d_j = d \Big| \sum U_j \tag{1.8}$$

他们把这个问题转化为经典的指派问题, 该问题运算的时间复杂性为 $O(n^3 \log n)$. Lin[28] 证明了学习因子相同时与不相同时, 误工工件加工时间之和问题是强 NP 难的. Bachman 和 Janiak[29] 证明问题 (1.9) 和 (1.10) 能够在多项式时间内解决, 即

$$1|p_{jr} = p_j r^a, \quad p_j = p \Big| \sum w_j C_j \tag{1.9}$$

和

$$1|p_{jr} = p_j r^a|\sum C_j \tag{1.10}$$

前者按照 w_j 的非增顺序, 后者按照 SPT 规则可以得到最优解. 并且他们证明工件具有到达时间的最大化完工时间问题是强 NP 难的. Zhao 等[30] 对于加权总完工时间问题

$$1|p_{jr} = p_j r^a|\sum w_j C_j \tag{1.11}$$

当工件 J_i, J_j 的加工时间和其权重存在反一致关系 $p_i \leqslant p_j \Rightarrow w_i \geqslant w_j$ 时, 则利用 WSPT 规则可以得到最优序. 类似, 如果 $p_i \leqslant p_j \Rightarrow d_i \leqslant d_j$, 对于最大误工问题, 利用 EDD 规则可以得到最优解. Cheng 等[31] 经过研究发现这些问题中的工件在加工过程中工件之间没有空隙, 也即是说工件连续加工. Eren 和 Güner[32] 研究了在学习效应下的总误工问题. 学习效应的概念描述为重复加工产生的加工时间的减少. 作者利用 0-1 整数规划方法求解这个问题, 利用禁忌搜索和模拟退火的方法可以解决该问题达到 1000 个工件的数值试验. Eren 和 Güner[33] 考虑了 2 台流水作业排序的情形, 具体模型表示为

$$F2|p_{ijr} = p_{ij} r^a|\alpha \sum C + \beta C_{\max}, \quad \alpha + \beta = 1 \tag{1.12}$$

可以转化该模型为 $n^2 + 6n$ 个变量和 $7n$ 个约束的整数规划模型; 提出一个启发式算法和禁忌搜索算法, 算例数值试验表明可以在非常迅速的时间内解决 300 个工件问题. 此外 Cheng 和 Wang[19] 给出了另一个位置相关学习效应模型, 工件的加工时间与所排位置和某一个门槛值相关的函数, 即 $p_{ir} = p_i - v_i \min\{n_i, n_{0i}\}$, 其中 p_i 是正常加工时间, v_i 是学习因子, n_i, n_{0i} 表示加工所在的位置, 以及工件 J_i 的学习因子的门槛值. Hidri 和 Jemmali[34] 研究了具有学习效应的平行机排序问题, 工件 J_j 排在第 r 位置的实际加工时间为 $p_{ij} = p_j(M + (1 - M)r^a)$, 其中 $M \in (0,1)$, $a < 0$ 是学习因子, 证明 m 台平行机下最大完工时间问题是一般意义下 NP 难的. Biskup[35] 在他的一篇综述性文章中提出学习效应的排序问题分为两类: 一类是与工件加工所处的位置有关的学习效应; 另一类是与加工时间之和有关的学习效应.

在机器排序中考虑安装时间是很有必要的也是合理的. 在化工工业、制药工业和金属加工业中, 加工一种产品之前往往需要清理机器或者更改固定装置, 因此会产生安装或者转换的时间或者费用, 这些费用或者是时间往往是和直接前继的工序有关. 例如, 金属加工业中的油漆车间, 由于需要较少的清理时间或费用, 从白色油漆转换到绿色油漆的时间要比从黑色油漆转换到绿色油漆的时间少. 在此种情形下考虑安装时间是很有必要的. 为了提高生产效率, 在设计有效算法时

也应该把这种情形考虑进去. 安装时间具有两种类型: 顺序独立 (安装时间与工件本身有关, 而与加工过的工件无关) 和序相关 (安装时间不仅与工件本身有关, 而且与加工过的工件有关). Koulamas 和 Kyparisis[36] 首次提出具有顺序相关的安装时间 (psd) 排序问题; 解释了 psd 的思想和提出模型的应用背景, 在没有学习效应下, 安装时间为

$$s_r = \begin{cases} 0, & r = 1, \\ b\sum_{j=1}^{r-1} p_{[j]}, & r = 2, \cdots, n \end{cases} \tag{1.13}$$

其中 $[i]$ 表示序列中的第 i 个位置; 证明了最大化完工时间、总完工时间等问题具有多项式时间算法, 并扩展到安装时间为非线性的形式. Biskup 和 Herrmann[37] 在此基础上分析了具有安装时间和工期相关的一些问题, 证明总延误问题是多项式时间, 而某些条件下最大完工时间、总完工时间等问题具有多项式时间算法. Kuo 和 Yang[38] 把学习效应和安装时间结合起来考虑, 安装时间依赖于已经加工过工件的实际加工时间:

$$s_r = \begin{cases} 0, & r = 1, \\ b\sum_{j=1}^{r-1} p_{[j]}^A, & r = 2, \cdots, n \end{cases} \tag{1.14}$$

证明问题 $1|p_j^A = p_j r^a, \mathrm{psd}|\sum C_j$ 和问题 $1|p_j^A = p_j r^a, \mathrm{psd}|C_{\max}$, 利用 SPT 规则可以得到最优解. 对于问题

$$1|p_j^A = p_j r^a, \quad \mathrm{psd}\left|\sum\sum |C_j - C_k|\right. \tag{1.15}$$

和

$$1|p_j^A = p_j r^a, \quad \mathrm{psd}\left|\sum w_1 E_j + w_2 T_j + w_3 d\right. \tag{1.16}$$

通过计算权重得到复杂性为 $O(n\log n)$ 的算法. 唐英梅和赵传立[39] 讨论了具有学习效应的 2 台机器流水作业排序问题, 目标函数为总完工时间; 证明了利用 SPT 规则解决问题的界为一个与工件的最小加工时间和最大加工时间相关的且小于 2 的一个值. Wu 和 Lee[40] 研究了具有位置学习效应的流水作业排序问题, 目标函数是最小化总完工时间问题. 建立一个优势规则和几个下界, 目的是加速求解最优解的速度. Wang 和 Xia[41] 与 Wang[42] 延伸了 Pegels[43] 的结果: Pegel 学习曲线, 即如果工件 J_j 排在序列的第 r 个位置, 它的实际加工时间为

$$p_{jr} = p_j\left(\alpha a^{r-1} + \beta\right) \tag{1.17}$$

其中 $\alpha \geqslant 0$, $\beta \geqslant 0$ 和 $0 < a \leqslant 1$ 是根据生产经验获得的参数数据, 且 $\alpha + \beta = 1$. 证明最大完工时间问题、总完工时间问题和总完工时间平方和问题, 工件按照 SPT 规则可以得到最优解. 同时也证明在某些特殊的情况下, 加权总完工时间问题可以在多项式时间内得到最优解. 更多基于位置学习相关的排序问题读者可以参考以下文献: [44-46].

在工件加工过程中如果人们相互作用产生重大影响, 前面工件的加工往往会增加工人的经验以及造成学习效应的产生, 从而对后面工件的加工产生有利的影响. 这类情形更接近于时间相关的学习效应. Kuo 和 Yang[47] 提出工件的加工时间是排在它前面所有工件正常加工时间之和的函数模型:

$$p_{jr} = p_j \left(1 + \sum_{i=1}^{r-1} p_{[i]} \right)^a \tag{1.18}$$

其中 $a \leqslant 0$ 为学习因子. 对于目标函数为总完工时间的单机排序问题, 证明通过最小正常加工时间优先规则所得的排序为问题的最优序. Kuo 和 Yang[48] 研究了成组技术的排序问题, 同一组内的两个连续的工件之间不需要安装时间, 然而两个连续的组之间需要组安装时间. S_g 是组 G_g 的安装时间, a_g 是组 G_g 的学习因子. 证明问题

$$1|\text{LE}, \quad G \left| C_{\max} \left(\text{LE 表示} p_{ijr} = p_{ij} \left(1 + \sum_{k=1}^{r-1} p_{[k]j} \right)^{a_j} \right) \right. \tag{1.19}$$

p_{ijr} 表示工件 J_i 在第 j 组 r 位置的加工时间, 组内工件按照 SPT 规则, 组按照任意序排列可以得到最优序. 问题 $1|\text{LE}, G|\sum C_j$, 组内工件按照 SPT 规则, 组按照 $\dfrac{s_g + \sum_{k=1}^{n_g} p_{[i]g}}{n_g}$ 的非减顺序排列可以得到最优序. Kuo 和 Yang[49] 对于前面的模型做了稍微的改变: $p_{jr} = p_j \left(\sum_{i=1}^{r-1} p_{[i]} \right)^a$, $r \geqslant 2$. 证明当 $r \geqslant \dfrac{2}{C_{\max}}$ 时, 问题 $1|p_{i1} = p_i, p_{ir} = p_i \left(\sum_{k=1}^{r-1} p_{[k]} \right)^a | C_{\max}$, 根据经典的 SPT 规则可以得到最优序. 然而这三种问题有一个共同的缺点, 每个工件的实际加工时间依赖于前面的所有工件加工时间之和, 当然要除去第一个工件. 也就是说除了第一个工件的实际加工时间是本身, 其余工件的加工时间都变小. 然而计算学习经验的基础比实际学习效应的加工时间高. Yang 和 Kuo[50] 为了克服这个缺点, 提出了基于已经加工过工件的实际加工时间之和的模型:

$$p_{jr} = p_j \left(1 + \sum_{k=1}^{r-1} p_{[k]}^A \right)^{a_j} \tag{1.20}$$

该模型考虑了最大完工时间、总 (权) 完工时间问题. Cheng 等[51] 考虑工件对数时间之和相关的学习模型:

$$p_{jr} = p_j \left(1 + \sum_{l=1}^{r-1} \ln p_{[l]} \right)^{\alpha} \tag{1.21}$$

其中对于任意的工件 J_j, 有 $\ln p_j \geqslant 1$ 和 $\alpha \leqslant 1$ 是学习因子. Wu 和 Lee[52] 提出另一种学习模型, 工件的实际加工时间不仅依赖于已经加工过的工件的加工时间之和, 还依赖于工件在序列中加工时所处的位置. 模型为

$$p_{jr} = p_j \left(1 + \frac{\sum\limits_{l=1}^{r-1} p_{[l]}}{\sum\limits_{l=1}^{n} p_l} \right)^{a_1} r^{a_2} \tag{1.22}$$

其中 $a_1 < 0$, $a_2 < 0$ 是学习因子. 证明单机下最大完工时间问题和总完工时间问题均具有多项式时间算法, 但是加权总完工时间问题和最大延迟问题仍是公开问题, 然而在某些特殊情形下这两类问题仍有多项式时间算法. Cheng 等[53] 延伸了这个模型, 他们的模型描述为

$$p_{jr} = p_j \left(1 - \frac{\sum\limits_{l=1}^{r-1} p_{[l]}}{\sum\limits_{l=1}^{n} p_l} \right)^{a_1} r^{a_2} \tag{1.23}$$

其中 $a_1 \geqslant 1$, $a_2 < 0$ 是学习因子; 此外还研究了流水作业排序下最大完工时间和总完工时间问题. Koulamas 和 Kyparisis[54] 考虑了另外一种与已经加工过的工件加工时间之和有关的学习模型, 对于目标函数为时间表长和总完工时间问题, 证明利用 SPT 规则可以得到问题的最优解, 并且对于流水作业情形问题也做了相应的研究. Sun 和 Li[55] 研究了具有学习效应的单机排序问题, 工件的实际加工时间为已经加工过工件的实际加工时间和位置的函数,

$$p_{jr}^A = p_j \left(1 - \frac{\sum\limits_{k=1}^{r-1} p_{[k]}^A}{\sum\limits_{k=1}^{n} p_k} \right)^{a_1} r^{a_2} \tag{1.24}$$

通过实际的例子证明经典的算法不能得到该问题的最优解, 证明利用 SPT, WSPT, EDD 规则和修正的 Moore 算法对于最大完工时间问题、总完工时间问题、加权

总完工时间问题、最大延迟问题和误工工件数问题均可以构造出最优序. Lee 和 Wu[56] 指出在某些现实的情形下, 机器和车间工人的学习效应可能同时存在. 例如, 具有人工智能的机器人可以用于计算机、汽车和许多装配线. 机器人在自己学习过程中不断地修正正在加工的工件, 另一方面在控制中心的操作员也要学习怎样更加熟练地操作各项指令. Yin 等[57] 发展了一个一般的学习模型, $p_{jr} = p_j f\left(\sum_{k=1}^{r-1} p_{[k]}\right) g(r)$, 其中 $f : [0, \infty) \to [0, 1]$ 是非增的可微函数, f' 是非减函数, $f(0) = 1$; $g : [0, \infty) \to [0, 1]$ 是非增函数, $g(0) = 1$. 证明在当前模型下, 单机和流水作业排序问题仍具有多项式时间算法. Yin 等[58] 研究工件安装时间的模型类似文献 [30] 模型, 安装时间定义为

$$s_r = \begin{cases} 0, & r = 1, \\ b \sum_{j=1}^{r-1} p_{[j]}, & r = 2, \cdots, n \end{cases} \tag{1.25}$$

Wang[59] 讨论了工件带有顺序相关的安装时间, 且具有时间依赖的学习效应的单机排序问题: $p_{jr} = p_j \left(1 + \sum_{i=1}^{r-1} p_{[i]}\right)^a$. 证明最大完工时间问题、总完工时间问题具有多项式时间算法, 同时证明在某些条件下加权完工时间问题和最大延迟问题也具有多项式时间算法. Wang 等[60] 考虑了具有指数学习效应和顺序相关的安装时间的单机排序问题. 学习效应是已经加工过的工件加工时间之和的指数函数: $p_{jr} = p_j \left(\alpha a^{\sum_{i=1}^{r-1} p_{[i]}} + \beta\right)$, 其中 $\alpha \geqslant 0, \beta \geqslant 0$ 和 $0 < a \leqslant 1$. 安装时间与已经加工过的工件加工时间之和成比例. Wang 等[61] 研究了具有对数加工时间和的指数函数的学习效应的单机排序问题, 考虑下面的目标函数: 最大完工时间、总完工时间、总完工时间的平方、加权总完工时间和最大延迟. 前三种情形给出了多项式时间算法, 后两种情形在某些特殊情况下给出了多项式时间算法. 此外截断学习效应, 也即工件的学习效应与加工时间之和以及某个已知的参数相关; 指数学习效应, 也即工件的学习效应是关于位置的指数函数; 与加工过工件的加工时间之和以及位置相关的学习效应、一般学习效应等更多关于加工时间之和有关的排序问题, 读者可以参见以下文献: [62-64].

1.4.2 与工件开工时间有关的排序问题

突破经典排序假设的另一方面就是工件的加工时间可能与开工时间有着某种联系. 它分两种情况, 一种是工件的加工时间是开工时间的增加函数, 另一种是工件的加工时间是开工时间的减少函数. 第一种情况在钢铁工业、塑料工业、消防及医疗等方面具有广泛的应用[65]. 如在钢铁企业中, 某些工件的加工有温度的要求. 在满足温度要求的情况下, 工件的加工时间为固定常数. 如果工件在加工前有等待时间, 将引起工件温度的下降. 这样一来, 无论是重新加温使其满足温度要

求还是在不满足温度要求的情况下加工, 都将导致加工时间的增加. 当然由于机器长期加工导致速度下降或其他原因也能产生类似的问题. 另外就是车床切削加工中, 由于切割刀具的钝化, 被切割的工件越往后加工所需要的时间越长. 再比如 Rachaniotis 和 Pappis[66] 指出在消防灭火中, 如果控制火势一开始就被耽搁, 控制火势的时间将会大大增加. 几个要求覆盖火情范围的模型已经被提出, 目的是在森林遭受火灾时, 在有限的时间内部署可利用的消防资源, 达到最快速消灭森林大火的效果. 他们考虑只有一个消防资源和几个着火点, 找到一个最优的方法控制火势的蔓延速度. 他们提出起火点的蔓延速度就相当于排序中工件的退化率, 因此把退化效应的概念引入到这个方面进行研究, 目标就是火灾造成的总损失和燃烧覆盖面积最小. 此类问题中, 工件的实际加工时间通过基本加工时间、增长率和开工时间函数来描述. 根据开工时间函数的不同, 问题通常分为线性加工时间和非线性加工时间两种情况.

为叙述方便, 下面先给出问题的一般描述.

设有 n 个工件 $J_1, \cdots, J_n$. 若工件 J_j 的开工时间为 t, 第一个一般时间相关的模型为: 工件 J_j(实际) 加工时间为 $p_j(t) = p_j f_j(t)$, $j = 1, \cdots, n$. p_j 称为工件 J_j 的基本加工时间, $f_j(t)$ 是一个非负函数, 称为开工时间函数. 工件具有一系列工序组成时, 工件 J_j 的第 i 个工序的加工时间为 $p_{ij}(t) = p_{ij} f_{ij}(t)$, $1 \leqslant i \leqslant m$, $1 \leqslant j \leqslant n$.

另一个一般时间相关的模型为: 工件 J_j(实际) 加工时间为 $p_j(t) = p_j + f_j(t)$, $j = 1, \cdots, n$. p_j 称为工件 J_j 的基本加工时间, $f_j(t)$ 是一个非负函数. 工件由一系列工序组成时, 工件 J_j 的第 i 个工序的加工时间为 $p_{ij}(t) = p_{ij} + f_{ij}(t)$, $1 \leqslant i \leqslant m$, $1 \leqslant j \leqslant n$.

若 $f(t = 1)$, 称为线性加工时间; 若 $f(t)$ 是非线性函数, 称为非线性加工时间. 若增长率 (递减率) α_j 与基本加工时间 p_j 成比例 $(\alpha_j = k p_j)$, 称为增长率 (递减率) 与基本加工时间相关. 否则, 称为增长率 (递减率) 与基本加工时间无关.

具有退化现象的排序问题由 Gupta 和 Gupta[67]、Browne 和 Yechiali[68] 分别独立提出. Browne 和 Yechiali[68] 考虑工件的基本加工时间是随机变量的情况, 目标函数为最大完工时间的数学期望. 工件 J_j 的基本加工时间记为随机变量 X_j, 若工件 J_j 的开工时间为 t, 则其加工时间为 $X_j + \alpha_j t$. 对于问题

$$1 \,|\, X_j + \alpha_j t \,|\, C_{\max} \tag{1.26}$$

工件按 $E(X_j)/\alpha_j$ 不减顺序排列即得最优序, 其中 $E(X_j)$ 是随机变量 X_j 的数学期望. 对于工件的基本加工时间是确定量的情况, Gupta 和 Gupta[67] 给出类似的结论, 即把工件按 p_j/α_j 非减顺序排列的最优序. Gawiejnowicz 和 Pankowska 在文献 [69] 中也独立得出同一结论. Glazebrook 在文献 [70] 中讨论了工件具有

优先约束的最大完工时间问题, 并给出了一个理论上的结果. 对于工件有工期限制的情况, Cheng 和 Ding[71] 作了详细讨论, 证明问题 $1|p_j + \alpha_j t, d_j|C_{\max}$ 是强 NP 难的. 在此基础上进一步得问题 $1|p_j + \alpha_j t, d_j|\sum C_j$, $1|p_j + \alpha_j t, d_j|L_{\max}$ 均为强 NP 难的. 对于工件增长率相同的情况, 证明了问题 $1|p_j + \alpha t, d_j|\sum C_j$ 与 $1|p_j + \alpha t, d_j|C_{\max}$ 等价, 并对问题 $1|p_j + \alpha t, d_j|C_{\max}$ 给出了复杂性为 $O(n^5)$ 的动态规划算法. 对问题 $1|p_j + \alpha t, d_j|L_{\max}$ 给出了复杂性为 $O(n^6 \log n)$ 的最优算法. 尽管问题 $1|p_j + \alpha_j t|C_{\max}$ 存在多项式算法, 但其他目标函数的问题却相当复杂. 对于问题 $1|p_j + \alpha_j t|\sum w_j C_j$, Bachman 和 Janiak 等[72] 证明了该问题是 NP 难的. 而问题 $1|p + \alpha_j t|\sum w_j C_j$ 是公开问题. Ocetkiewicz[73] 对于问题 $1|p + \alpha_j t|\sum C_j$, 给出了一个 FPTAS 算法, 复杂性为 $O\left(n^{1+6 \log_{1+u}^2}\left(\dfrac{1}{\varepsilon}\right)^{2 \log_{1+u}^2}\right)$, 其中 u 是给定的常数. Mosheiov 对问题 $1|p_j + \alpha_j t|\sum w_j C_j$ 分别讨论了工件基本加工时间相同和工件增长率相同的两种特殊情况, 在文献 [74] 中, Mosheiov 考虑基本加工时间相同的情况. 对于问题 $1|p + \alpha_j t|\sum w_j C_j$ 证明了最优序具有关于增长率的 V 型性质, 即在最优序列中, 排在增长率最小的工件前面的工件按增长率不增排列, 而排在其后的工件按增长率不减排列. 对于另一种特殊情况, 问题 $1|p_j + \alpha t|\sum w_j C_j$ 更为复杂. Mosheiov[75] 进一步简化了该模型, 研究工件加工时间是简单线性的情况, 证明了最大完工时间问题、总完工时间问题、最大延误问题, 以及误工工件数问题是多项式时间可解的. 如果权与基本加工时间成比例, Mosheiov[76] 证明了问题 $1|p_j + \alpha t|\sum w_j C_j$ 的最优序具有关于基本加工时间的 Λ 型性质, 即在最优序列中, 排在基本加工时间最大的工件前面的工件按基本加工时间不减排列, 而排在其后的工件按基本加工时间不增排列. 在此基础上, 给出了复杂性为 $O(n \log n)$ 的多项式时间算法. Bachman 和 Janiak[77] 利用 3 划分方法独立地证明了这一问题是 NP 难的, 并给出两个启发式算法. Cheng 和 Sun[78] 考虑了工件带有拒绝的线性退化的单机排序问题

$$1|\text{rej}, \quad r_j = t_0, \quad p_j = b_j t|C_{\max} + \sum_{\bar{s}} e_j \left(\sum w_j C_j + \sum_{\bar{s}} e_j\right) \qquad (1.27)$$

其中, e_j 是拒绝费用. 证明这两个问题都是 NP 难的, 并设计出 FPTAS 和动态规划算法. Oron[79] 考虑了具有总绝对偏差完工时间的简单线性退化 $(p_j = \alpha_j t)$ 单机排序问题. 证明了最优序列中几个有用的性质, 根据这些性质可以在时间复杂性为 $O\left(n^{-\frac{3}{2}} 2^n\right)$ 的时间内得到问题的最优解; 又提出一个下界并设计出两个简单的启发式算法. Kubiak 和 van de Velde[80] 给出一类下面的模型, 工件的实际加

工时间 $p_j(t)$ 由下面的分段函数给出

$$p_j(t) = \begin{cases} p_j, & t \leqslant d, \\ p_j + \alpha_j(t-d), & d < t < D, \\ p_j + \alpha_j(D-d), & t \geqslant D \end{cases} \tag{1.28}$$

其中, d 称为公共关键值, D 称为公共最大增值. 证明最大完工时间问题是 NP 难的, 并给出了时间复杂性为 $O\left(nd\sum_{j=1}^{n} p_j\right)$ 的拟多项式时间算法和分支定界算法. Sundararaghavan 和 Kunnathur[81] 研究了相同目标函数的另一种排序模型, 由下面的分段函数给出

$$p_j(t) = \begin{cases} p, & t \leqslant d, \\ p + v_j, & d < t \end{cases} \tag{1.29}$$

对于加权总完工时间问题转化为 0-1 二次规划问题, 研究了具有多项式时间算法情形的特殊情况.

Cheng 等[82] 对于时间相关的排序问题做了一个综述, 考虑一个加工时间依赖于工件的开工时间的机器排序的分类, 对当前文献中研究的内容做了回顾, 对每一种模型提供了复杂性分析, 整理了当前存在的结果; 还推出一些启发式枚举算法, 并分析其性能. Gawiejnowicz[83] 详细叙述了时间相关的问题. 描述这个问题分为两类: 一类是工件的加工时间是开工时间的非减函数, 另一类关注工件的加工时间是开工时间的非增函数, 这个模型 $p_j = a_j - b_j s_j$ 首先被 Ho 等 [84] 研究. Cheng 和 Ding[85] 研究了分段线性递减的加工时间, $p_j = a_j - b_j \min\{s_j, d_j\}$, 其中 s_j 是工件的开工时间, d_j 并不是工期或者截止时间, 而是一个退化 (递减) 中断点. Ng 等[86] 考虑三个退化效应问题:

$$1 \,|\, p_j(t) = a_j - bt\,(a_j - ka_j t, a - b_j t) \,\Big|\, \sum C_j \tag{1.30}$$

证明前两个问题都是多项式时间可解的, 而最后一个问题最优序中退化因子一定满足 Λ 型性质, 利用动态规划方法求解最后一个问题. Wang 和 Xia[87] 考虑了线性递减的退化效应的机器排序问题, 对于单机问题 $1\,|\,p_j(t) = a_j(1-kt)\,|\,h_{\max}$, 其中 $k\left(\sum_{j=1}^{n} a_j - a_{\min}\right) < 1$ 和 $a_{\min} = \min\limits_{i=1,\cdots,n} a_i$, $h_{\max} \in \{C_{\max}, L_{\max}\}$, 作者提供一个算法可以得到这个问题的最优解. 通过对于 Moore 算法进行改进得到问题 $1\,|\,p_j(t) = a_j(1-kt)\,|\,\sum U_j$ 的最优解. 利用相似的方法研究流水作业情形下的最大完工时间、最大延迟和总误工工件数. Wang[88] 考虑一般的非等待、非空闲的退化效应下的流水作业排序问题. 退化工件意味着工件的加工时间是开工时间的减函数. 假设退化率和正常加工时间成比例并且机器满足某些优势关系. 证

明最大完工时间问题或者加权总完工时间问题尽管比经典的排序问题复杂, 仍然
存在多项式时间算法. 但是对于最大延迟问题不成立. Wang 和 Liu[89] 考虑问题
$F2|p_{ij}(t) = a_{ij}(1 - ut)|\sum C_j$, 给出了最优性质刻画和问题的下界, 提出启发式算
法解决弥补分支定界无效的情形, 并得到近似最优解. 王吉波[90] 和赵传立[91] 在
他们的博士论文中分别研究了时间相关的排序问题. 更多关于时间相关的排序问
题读者可以参考 [92-94].

许川容等[95] 讨论工件具有线性加工时间, 工件间优先约束为树约束的单机排
序问题. 当目标函数为加权完工时间和时, 问题比相应的经典排序问题复杂, 在工
件间优先约束为出、入树 2 种情况下, 分别给出了该问题的多项式时间算法. 许
川容和谢政[96] 研究工件加工时间是其开工时间的线性函数, 证明了最大家庭树中
的工件优先于家庭树中的其他工件的加工. 王吉波[97] 研究工件间的优先约束为
串并有向图的单机加权总完工时间问题, 证明在工件加工时间是开工时间的线性
函数的情况下, 模块 M 的 ρ 因子最大初始集合 I 中的工件优先于模块 M 中的其
他工件加工, 并且被连续加工所得的序列为最优排列, 从而将 Lawler 法则用来求
解约束为串并有向图的单机加权总完工时间问题的方法推广到这个问题上来. 张
峰[98] 研究了具有成组限制的单机排序问题, 对最大完工时间问题给出了多项式时
间算法. 李俊杰和赵传立[99] 讨论了每批恰为 k 个工件的串行工件同时加工排序
的平行机排序问题. 工件加工时间均为开工时间的线性递减函数, 目标函数为总
完工时间.

1.4.3   与工件开工时间和所排位置有关的排序问题

尽管学习效应问题和退化效应问题已经在文献中有一定的研究, 但是学习与
退化效应同时存在的情形在现实生产实际中也经常发生. 举例来说: 生产制造企
业为了增加企业的竞争性, 给客户提供更多样的产品. 生产组织者需要缩短产品
的生产周期和频繁地变更生产的产品品种. 工人在这个环境下对生产流程的学习
和遗忘已经变得越来越重要. 因为工人经常要花费大量的时间在不同任务中调整.
可靠性、稳定性已经优先于熟练性. 工人们常常被产品和工艺进程的改变而打断,
从而造成性能递减. 简单地说就是遗忘, 学习和遗忘有衡量生产力作用, 有助于改
善生产计划的准确性和生产力的估算. Lee[100] 首次研究了退化与学习效应的单机
排序问题, 考虑两个模型: 一个模型为

$$p_{jr}(t) = p_j t r^a \tag{1.31}$$

其中 t 和 r 分别是工件 J_j 的开工时间和在序列中的位置, a (< 0) 是学习因子;
另一个模型为

$$p_{jr}(t) = (p_0 + \alpha_j t) r^a \tag{1.32}$$

其中 p_0 是基本加工时间, α_j 是工件 J_j 的退化率. Wang[102] 考虑 Lee 的模型的一些线性组合, 工件 J_j 排在序列第 r 位置, 并且其开工时间为 t 时的实际加工时间为

$$p_{jr}(t) = p_j \left(\alpha(t) + \beta r^a \right) \tag{1.33}$$

其中 $\alpha(t)$ 是单调可微的增函数, $\beta \geqslant 0$. Wang 和 Cheng[103] 考虑另外一种模型:

$$p_{jr}(t) = p_j (c + bt) r^a \tag{1.34}$$

其中 $b\ (> 0)$ 为退化率. Wang[104] 考虑的模型为 $p_{jr}(t) = (\alpha_j + \beta t) r^a$, 其研究了单台机器下的最大完工时间、总完工时间和加权总完工时间的特殊情形, 分别给出了多项式时间算法. 同时对于两台流水作业情形下的总完工时间考虑了一个特殊情形. 张新功和李文华[105] 研究了具有学习效应与退化现象的单机排序问题, $p_{jr}(t) = p_j \alpha(t) r^a$, 其中 $\alpha(t)$ 是凸的非负的非减函数; 证明目标函数为最大完工时间、总完工时间的多项式时间算法; 并证明工件的权重与加工时间一致时加权总完工时间问题、工期与加工时间一致时最大延迟问题均有多项式时间算法. Gordon 等[106] 考虑几个单机排序问题, 工件的加工时间要么依赖于所排的位置, 要么依赖于它的开工时间. 对于最大完工时间和总 (权) 完工时间问题, 证明这类目标函数是满足优先生成规则的, 在可迁的串并有向图情形下是多项式时间可解的, 其他情形通过范例证明不满足优先规则. Wang 和 Guo[107] 研究了工期指派的学习与退化效应的单机排序, 对于问题

$$1 \Big| p_{jr} = (a_j + bt)\, r^a \Big| \sum \left(\alpha E_j + \beta T_j + \gamma d \right) \tag{1.35}$$

给出了时间复杂性为 $O(n \log n)$ 的算法. Yang 和 Kuo[108] 对问题

$$1 \Big| p_{jr} = a_j r^b + \alpha t \Big| \left\{ C_{\max}, \sum C_j \right\} \tag{1.36}$$

利用 SPT 规则可以得到最优解. 对于问题 $1 \big| p_{jr} = a_j r^b + \alpha t \big| \sum_{j=1}^{n} \sum_{i=1}^{n} |C_i - C_j|$ 根据 $\left[\sum_{k=1}^{n} (2k - n - 1)(1 + \alpha)^{k-i} \right] i^b$ 和 $a_{[i]}$ 的相反顺序排列可以得到最优解. 同时对于问题 $1 \big| p_{jr} = a_j r^{b_j} + \alpha t \big| \{ C_{\max}, \sum C_j, \sum \sum |C_i - C_j| \}$ 利用指派问题的方法可以得到最优序. 作者对于两台流水作业的情形也做了些相应的研究. Wang 等[109] 研究了模型 $p_{jr} = p_j \left(\alpha a^{r-1} + \beta \right) (bt + c)$, 其中 $\alpha + \beta = 1$, $b, c \geqslant 0$. 王爽和赵传立[110] 考虑问题 $1 | G,\, s_i = \delta t,\, p_{ij} = \alpha_{ij} t r^b | \{ C_{\max}, \sum C_{ij} \}$, 此类问题要求同一组中的工件不允许分开加工, 各组之间有安装时间. 对这类问题分别给出多项式时间算法. Toksari 和 Düner[111] 考虑非线性学习和退化效应的排序问题, $\hat{p}_r = \left(p_r + \left(\alpha \times t_r^b \right) \right) r^a$, 在单台机器和平行机情形下, 最大完工时间问题和总完

工时间问题具有多项式时间算法. 但是在单台机情形下, 最大延迟问题可以在某些特殊情形下, 得到其最优解. 更多的有关学习与退化效应同时考虑的排序问题参见文献 [112-119].

从已有的研究结果来看, 工时可变的排序问题远比经典的排序问题复杂. 即使是与开工时间有关的问题, 也往往是最大完工时间问题具有多项式时间算法, 其他的目标函数多数为 NP 难的. 尽管与位置有关的模型被提出较晚, 但是现在也有大量的文献对其进行研究, 很显然, 这研究起来也是很困难的, 有时候连复杂性的证明都无从下手, 往往着手于一些经典的目标函数, 或者其特殊情形. 考虑到加工时间为可变的排序问题的复杂性和广泛的应用背景, 因此研究其是否具有多项式时间算法很有意义, 即使是一些 NP 难问题, 设计近似算法或者启发式算法, 分析其误差界对于现实的应用也具有很好的参考应用价值. 有时候考虑问题的特殊情形, 对于构造或者求解一般问题的分支定界算法、动态规划算法、启发式算法或者设计理论上的多项式近似方案 (polynomial time approximation scheme, PTAS)、全多项式近似方案 (fully polynomial time approximation scheme, FPTAS) 也有很强的借鉴意义.

1.4.4 其他类型的排序问题

本节介绍几种在研究中用到的技术和排序类型: 成组技术、资源约束问题、准时排序、窗时排序和重新排序以及拒绝费用.

成组技术 经典排序中更换工件需要的安装时间是假设与机器无关的, 并且与工件的排法也无关, 因此往往把安装时间合并到工件的加工时间中去考虑. 然而这种研究往往忽略一个事实, 通过将具有类似设计或者生产进程的产品分类分组生产可以大大提高生产效率, 并且实际中的安装时间并不是完全如此. 这个现象称为 "成组技术", 这是 Ham 等[120] 首先提出的. 成组技术假设就是工件按照相似的生产技术要求被分成若干组, 组内工件连续加工, 不考虑工件之间是否有安装时间或者费用, 但是组与组之间可能存在安装时间或者安装费用. 在成组技术中, 同一组的工件连续加工是很方便的, 这样的分组增加了生产效率和生产的灵活性. 可以生产加工越来越多的不同种类的工件 (产品), 大大减少工件的安装时间和安装费用. 成组技术假设的研究成为组合优化和工业工程领域的一个新的分支[121]. 对成组技术的研究也很广泛[122-124], 但是这些研究往往局限于经典的排序, 对于工件加工时间为可变的问题, 研究内容涉及得比较少.

资源约束问题 在经典排序问题中, 假设工件的加工只需机器一种资源, 并且假设机器的能力是 "无限的". 但在一些实际的问题中, 工件的加工除了需要机器以外, 还需要另外的附加资源, 并且包括机器本身的资源也不是 "无限的", 而是具有一定的限制. 这样的问题称为资源约束排序问题. 在资源约束排序问题中, 资源可分为可再生的和不可再生的. 可再生资源指的是它在任意时刻的临时可用性受到约束, 这种资源被使用它的工件释放后可以再次被使用. 不可再生资源指的是它的一次可用性, 这种资源一旦被某个工件使用后, 在任何时刻都不能再分配给其他工件. 从可分性的角度, 资源又可分为离散可分的与连续可分的. 离散可分资源只能够从有限个可能的分配量中选择一种量分配给工件, 而连续可分资源能以任意不超过某个给定值的量分配给工件, Blazewicz[125] 对可再生资源约束问题作了详细讨论. 对于不可再生资源约束问题, 通常有两类问题, 一类是工件的加工时间依赖于资源分配量, 另一类是工件的准备时间依赖于资源分配量. 对于经典的排序问题, Vickson[126] 讨论了加工时间依赖于资源分配量的某些问题. 对于工件的准备时间依赖于资源分配量的情况, 近年来一类特殊的资源限制排序问题也常常被考虑 (见文献 [118]). Jackson[127]、Cheng 和 Janiak[128] 考虑了工件的到达时间受资源分配的限制, 工件的加工时间是个常数. Janiak[129] 介绍在单机排序下工件完工时间的最优时间控制, 假设工件的到达时间没有固定, 但被一些变量所决定. 特别 Janiak 假设工件的到达时间是资源消耗量的正的严格递减的连续函数, 并且资源消耗量具有局部和总的限制. 尽管这种排序问题具有很强的应用价值, 但是由于资源约束定量分析和理论上的难度都比较大, 这方面的文献比较少. 但是结合退化与学习效应对于基本的问题进行分析和探讨, 这方面的问题还是值得去研究的.

准时和窗时排序   为了应对全球贸易的竞争加剧、客户不断提升的卓越服务需求, 对于世界一流的制造公司来说, 准时 (JIT) 生产已经成为一个很好的竞争策略[130]. 根据准时生产的原则, 工件应该尽可能接近它的工期时完工. 一方面, 如果早于工期完工, 则工件需要储存在仓库里, 结果造成提前的惩罚 (库存费用). 另一方面, 如果工件晚于它的工期完工, 将产生一个误工费用 (这种误工惩罚就是违反客户合同的惩罚). 这个问题由于在工业生产和服务加工等行业具有广泛的应用, 激发了广大学者对于这类问题进行理论上的研究. 准时排序问题的一个主要特征就是依赖被考虑的工件工期: 工期是给定的常数或者决策变量. 前者主要的诱因来自需要衡量库存管理和生产管理质量[131-134]; 后者工期指派成为一个具有挑战性的问题, 涉及供应链各参与者: 实践证明在客户和生产商谈判期间, 根据生产商的策略 (限制库存和满足工期的生产能力) 和客户的需要 (客户理想化地按时收到他们的订单), 他们就完工工期达成一致. 然而在供应商 (生产商) 和客户谈判后, 往往将工件的完工时间作为交货期, 或者制定一个时间区间而不是单的截止时刻. 在这个时间区间内完工的工件是准时的, 在这个区间之外完工的工件有个惩罚. 很显然工件的工期为时间区间, 比单个时间点更具有现实意义, 这个时间区间叫作交货期 (工期时间窗). Cheng[135] 首次研究了交货期在排序方面的应用. 交货期的左端点和右端点叫作交货期的开始时间和结束时间. 工件在交货期之前或者开始时间完工, 称为提前的工件, 在交货期结束时间之后完工称为误工工件. 表面上看一个滞后的交货期开始时间和比较长的交货期, 会给供应商带来很大的灵活性和选择最优的宽松方式. 但是另一方一个较长的交货期会延迟工件的完工时间从而减少供应商的竞争性, 降低了对客户的服务水平. 研究准时和窗时排序的问题一直是现代生产运作管理的一个重要课题.

重新排序 在经典排序问题中, 决定排序问题的一个实例的所有 (输入) 参数都是事先知道和完全确定的, 这时可以按一定的规则安排工件使某一目标函数为最优. 但在实际问题中, 常常遇到这样的情形: 无论是根据工厂自己的生产计划或是由客户提出的要求, 在生产前一定时期内事先有一个工作计划, 将已有的任务或订单按照某一规则安排好, 使得某一目标值最优. 但是在即将开始生产之前或在生产过程中又有新的客户订单或任务到达. 这时就要把新的任务和原有的还未加工的任务一起加工. 为了不失信于对原客户的承诺或耽误原任务的完成, 这就要求在原有的工件或任务的次序不至于打乱过多的前提下, 使得总的目标函数值最优. 这就是所谓的重新排序 (rescheduling) 问题[136].

拒绝费用 在订单生产中, 一般需要考虑较高的生产负载, 但是如果接受所有的工件就会造成某些订单的完工时间延迟, 从而导致较高的库存以及延误费用. 因此, 作为生产商希望拒绝某些订单或者把部分订单外包出去, 进而提高资源分配效率, 减少生产时间. 如果拒绝或者外包订单将会带来一定的惩罚, 进而拒绝费用就不得不在排序系统中进行考虑. Shabtay 等[137] 指出在排序问题中涉及四种工件拒绝情形: ① 最小化排序目标和拒绝费用; ② 满足拒绝费用上界的前提下最小化排序目标; ③ 满足排序问题的约束条件下最小化拒绝费用; ④ 确定所有的 Pareto 最优解. Zhang 等[138] 考虑了单台机器下工件具有费用的总完工时间和最大完工时间问题, 并证明它们是 NP 难的. Mor 等[139] 研究了总拒绝费用在一定限制下的最小化最大完工时间问题、总完工时间问题和机器负载问题. 对于流水作业问题, 给出了 NP 难的证明, 并提供了伪多项式时间算法.

1.5 排序问题的求解

由于机器、工件和目标函数都是有限的, 绝大部分排序问题都是从有限个可行解中找出一个最优解, 使目标函数达到最优. 因此排序问题是一类组合最优化问题. 在排序问题中, 把可行解称为可行序 (feasible schedule), 最优解称为最优序 (optimal schedule). 一个可行序是一个顺序或排列. 按照这个顺序, 在给定的机器上加工所有的工件, 满足问题所要求的各种条件和限制. 最优序是可行序中使给定目标函数达到最优的排序.

排序问题是一类重要的组合优化问题, 求解排序问题的思路就是: 应用或者借用求解其他组合优化问题的方法和技巧, 充分利用排序问题本身的一些特殊性质和特点, 以确定满足条件约束的最优序列. 有些排序问题可以直接转化成其他的一些经典的组合优化问题进行求解.

由于绝大多数排序问题是 NP 难问题, 其最优解往往很 “难” 找到, 而且在实际应用中只需找到满足一定要求的启发式解和近似解. 因此排序问题的研究主要有两个方向. 一是对 P 问题, 即可解问题, 寻找多项式时间算法 (又称有效算法)来得到问题的最优解, 并且尽可能地找出时间复杂性好的算法; 二是对 NP 难题在特殊情况下 (如工件加工允许中断, 工件的加工时间都是单位长度, 工件之间有某种约束, 等等) 寻找有效算法, 也就是研究 NP 难题的可解情况. 求解这类问题有两种基本方法: ① 用分支定界算法、动态规划算法等穷举法求出精确最优序,但是由于这类算法的计算量很大, 仅仅适用于规模较小的问题; ② 求解它的近似最优排序, 设计性能优良的启发式算法和近似算法, 分析误差界是使用这类方法不可缺少的工作, 也是最困难的工作.

对于使目标函数 f 为最小的优化问题, 记 I 是这个优化问题的一个实例, P是所有实例的全体; 并记 $f(I)$ 是实例 I 的最优目标函数值 (即最优值), $f_A(I)$ 是启发式算法 A 的目标函数值. 如果存在一个实数 $r\,(r \geqslant 1)$, 对于任何 $I \in P$ 有

$$\frac{f_A(I)}{f(I)} \leqslant r \tag{1.37}$$

那么称 r 是算法 H 的一个上界. 当 r 是有限数 (不是无穷大) 时, 这个算法称为近似算法. 也就是说, 近似算法是有界的启发式算法. 通常在不能确定算法是否有界, 或者能够确定算法的上界是无穷大时, 这个算法称为启发式算法. 用启发式算法和近似算法得到的解分别称为启发式解和近似解. 对于使上式成立的最小正数r 称为算法的最坏情况性能比, 或简称为最坏比, 也称为算法的紧界. 对于使目标函数 f 为最大的优化问题, 同样可以定义算法的下界和紧界. 此时, 下界 r 满足$0 < r \leqslant 1$, 对于任何 $I \in P$ 有

$$\frac{f_A(I)}{f(I)} \geqslant r \tag{1.38}$$

而紧界是使上式成立的最大正数.

近似算法[14] $A(I)$ 和 OPT(I) 分别表示对于给定的实例 I 的最小化问题,算法 A 得到的解和最优解, 令 $\varepsilon > 0$, 称算法 A 是 $(1+\varepsilon)$ 近似算法, 对于任意的实例 I, 则满足 $|A(I) - \mathrm{OPT}(I)| \leqslant \varepsilon \mathrm{OPT}(I)$, 或者 $A(I) \leqslant (1+\varepsilon)\mathrm{OPT}(I)$.

多项式近似方案[14]   一个 r 近似算法族称为一个多项式近似方案, 如果对任意的 $\varepsilon > 0$, 都存在多项式时间的近似算法 (运行时间依赖于 ε, 但它被看作常数).

全多项式近似方案[14]   一个多项式近似方案的运行时间是关于问题的规模$|I|$ 和 $\frac{1}{\varepsilon}$ 的多项式.

衡量算法的"优良"程度有三种办法: 数值算例计算、最坏情况分析和概率分析[11]. 数值算例计算是指计算随机产生的问题实例, 然后对结果进行统计分析; 最坏情况分析是分析算法在最坏情况下的性态; 概率分析是分析算法的"平均"性态. 这三种办法各有优点, 也各有不足之处. 在理论分析 (最坏情况分析和概率分析) 之前进行大量算例计算是非常有用的方法, 一则可以为理论分析给出估计和提供思路, 再则可以与已有的算法进行实际比较. 通常情况下, 衡量启发式算法用得较多的是数值算例计算, 而衡量近似算法用得较多的是最坏情况分析.

优势集的概念 设一个排序问题的目标函数是 $Z = f(C_1, \cdots, C_n)$. 每一个可行解 s 对应工件的一组完工时间 $(C_1, \cdots, C_n)$, 从而得到可以计算相应的目标函数值 Z. 若 D 是可行集 S 中的一个子集, 对 S 中的任意一个可行解 $s \in S$, 总可以找到 D 中的一个可行解 s', 使其相应的完工时间 $(C_1', \cdots, C_n')$ 有 $C_j' \leqslant C_j \ (j = 1, \cdots, n)$, 那么称 D 是 S 的一个优势集 (dominant set) [140].

动态规划算法[141] 是一种重要的程序设计手段, 其基本思想是在对一个问题的多阶段决策中, 按照某一顺序, 每一步所选决策的不同, 会引起状态的转移, 最后会在变化的状态中获取到一个决策序列, 最终达到整体最优. 每个阶段的最优状态可以从之前某个阶段的某个或某些状态直接得到, 这个性质叫作最优子结构; 而不管之前这个状态是如何得到的, 这个性质叫作无后效性. 动态规划算法是使获取的决策序列在某种条件下达到最优. 动态规划是一种将多阶段决策过程转化为一系列单阶段问题, 然后逐个求解的程序设计方法.

动态规划的核心在于什么是问题的最优子结构, 如何找到这个最优子结构; 而对于区分一个问题是否具有动态规划算法, 核心的问题在于是否具有无后效性, 是否具有最优子结构. 或者简单地说记住已经解决过的子问题的解.

动态规划基本步骤

(1) 找出最优解的性质, 并刻画其结构特征;

(2) 递归地定义最优值;

(3) 以自底向上的方式计算出最优值;

(4) 根据计算最优值时得到的信息, 构造最优解.

1.6 排序问题的分类

如果按照数学分为理论数学和应用数学, 那么排序论可以分为排序理论部分和应用部分. 排序的理论部分也可以分为经典排序 (classical scheduling) 和现代排序 (modern scheduling). Brucker 和 Knust[142] 在 "Complexity Results of Scheduling Problems" 中使用 Classical 和 Extended 两个词来区分经典和非经典 (推广) 的两类排序问题. 现代排序就是非经典的, 也是新型的排序. 其特征是突破经典排序的基本假设. 根据 Lawler 等[11] 的观点, 经典排序问题有四个基本假设.

(1) 资源的类型. 机器是加工工件所需要的一种资源, 经典排序假设一台机器在任何时刻最多只能加工一个工件; 同时还假设一个工件在任何时刻至多在一台机器上加工, 同一个工件的不同工序的加工时间不能重叠. 突破这个假设的类型有成组分批排序、同时加工排序和资源受限排序等.

(2) 确定性. 经典排序假设决定问题的一个实例的所有 (输入) 参数都是事先知道的和完全确定的, 也就是说所有工件都是线下进行排列的, 即工件的信息是在开始加工之前就知道的. 突破这个假设的排序调度有在线排序、可控排序、模糊排序和随机排序等.

(3) 可运算性. 经典排序是在可以运算、可以计算的程度上研究排序问题, 理论上只关注需要加工的工件, 而不去顾及诸如如何确定工件的交货期, 不考虑是否有库存等因素, 如何购置机器和配备设备等技术上可能发生的问题.

(4) 单目标和正则性. 经典排序假设排序的目的是使衡量排法好坏的一个一维目标函数的函数值为最小, 所有模型的目标函数只有一个, 并且所有的目标函数都是工件完工时间的非降函数, 这就是所谓正则目标. 准时和窗时排序等就是这个假设的突破.

然而在实际的生产中, 却发现很多与经典排序不同的情形, 比如加工时间可变, 工件成批加工, 等等. 唐国春等在专著《现代排序论》[4] 中, 介绍了发展较为完备的十种现代排序问题. 当然, 除了这十种排序问题, 还有许多其他不断涌现的现代排序问题. 相信排序理论的内容会越来越丰富, 应用的范围也会越来越广.

加工时间可变的排序问题分类如下.

(1) 与时间相关的排序问题: 在单台机器上, 工件的实际加工时间是开始加工时间的一个非负函数, 也就是说 $p_j(t_j) = p_j g_j(t_j)$, 其中函数 $g_j(x)$ 是关于 x 的非负函数, $j = 1, 2, \cdots, n$. 在多台机器中, 每个工序的加工时间表示成 $p_{ij}(t_j) = p_{ij} g_{ij}(t_{ij})$, 其中函数 $g_{ij}(x)$ 是关于 x 的非负函数, $i = 1, 2, \cdots, m$, $j = 1, 2, \cdots, n_i$. 另一种情况就是工件的实际加工时间是正常加工时间和时间相关的函数组合, 也就是说 $p_j(t_j) = a_j + f_j(t_j)$, 其中函数 $f_j(x)$ 是关于 x 的非负函数, $j = 1, 2, \cdots, n$. 常见的与时间相关的排序问题, 一个是工件的实际加工时间是开始加工时间的非减函数, 也即是退化效应; 另一个是工件的实际加工时间是开始加工时间的非增函数, 也即是缩短效应.

(2) 与位置相关的排序问题: 工件的实际加工时间是其加工位置有关的函数, 位置函数常常与被加工工件的纯数字个数有关. 例如, $p_{jr} = p_j r^{a_j}$ 表示在单台机器上, 工件 J_j 在序列的第 r 个位置加工 $(a_j \neq 0)$. 如果 $a_j < 0$, 称为学习效应, 反之称为老化效应.

(3) 与已经加工过的工件有关的排序问题: 工件的实际加工时间是与其已经加工过的工件加工时间之和有关的函数, 也就是, 工件 J_j 排在序列的第 r 个位置的实际加工时间为 $p_{jr} = p_j f\left(\sum_{l=1}^{r-1} p_j\right)$, 其中 p_j 是工件 J_j 的正常加工时间, f 是一个非增或者非减函数, 在大多数的文献中研究非减函数.

1.7 排序模型

排序模型是对于排序问题的抽象描述, 利用数学符号、数据结构描述排序问题, 例如排序的三参数表述法 $\alpha|\beta|\gamma$、工件的加工时间 p_j、到达时间 r_j、序约束等等. 每个排序模型允许获得关于对应排序问题的一些实际的知识和特点, 也就是性质, 利用这些知识或者特点去设计算法解决出现的排序模型中的数据或者优化某些指标.

排序问题是根据一个特别的排序模型表述排序, 衡量一个特殊的方式去解决或者优化这个问题.

排序问题和排序模型是相关联的, 因此在狭义上来说, 认为这两个概念是相同的. 但是相同的排序问题可能会利用不同的排序算法或者复杂性去定义不同的排序模型.

例如, 考虑最大完工时间的单机排序问题, 如果工件的加工时间是不变加工时间, 按照任意序列在时间 $O(n)$ 内获得最优解; 如果工件的加工时间是线性时间相关的情形, 按照非增顺序的某种比例顺序可以在时间 $O(n\log n)$ 内获得最优解.

排序 一个排序就是把需要安排的工件指派到机器上, 且满足以下条件: ① 在每一个时刻每台机器最多只能加工一个工件, 每个工件只能在一台机器上加工; ② 工件 J_j 的可能加工区间为 $[r_j, \infty)$; ③ 所有的工件必须完成; ④ 工件满足可能的需求约束或者资源约束规则.

可行排序 一个排序是可行排序, 如果满足排序规则, 同时满足排序模型所给定的条件.

最优排序 一个排序是最优的, 如果排序方案可以得到最小或者最大的目标函数值.

1.8 本书研究方法

正如书名所言, 本书应归属于理论研究范畴. 基本思路就是: 根据实际的生产过程中出现的一些情形进行分析, 提出相应的排序模型, 进而对于模型进行分析, 最后得到最优策略或者满意解. 为解决上述问题, 本研究综合采用排序理论、数学规划、图论、组合最优化和近似算法理论. 采取如下方案和步骤进行研究.

首先考虑问题是否能够多项式时间可解, 如果能够得到多项式时间算法, 该问题就得到最优解决方案; 如果不是多项式时间可解的, 试图证明该问题是 NP 难的或者是强 NP 难的. 进而试图找到一些近似算法来得到问题的最坏界分析或者提出 PTAS 或 FPTAS 算法. 对于小规模问题, 当然更希望能够找到动态规划算法或者分支定界算法. 由于此类问题绝大多数都是 NP-难问题, 对这些 NP-难问题, 讨论它的近似算法, 并给出算法的最坏情况界的确很有必要; 此外考虑到实际应用的需要, 研究存在多项式时间算法的情况也很有必要, 这些问题的多项式时间算法一方面可以对某些问题给出求解方法和策略, 另一方面还可以为解决其他问题的近似算法提供方法上的指导和借鉴. 研究思路如图 1.1 所示.

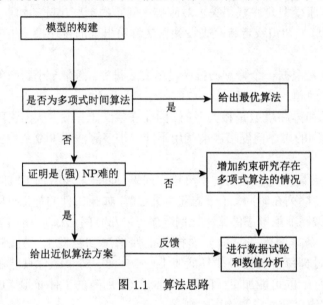

图 1.1   算法思路

1.9   本书结构和章节安排

本书研究加工时间可变的排序问题的理论以及研究方法, 章节安排如下.

第 1 章叙述工时可变的排序问题的重要性、选题意义; 给出当前研究工时可变的排序问题的文献综述, 对当前研究现状进行回顾; 指出当前研究的不足, 明确指出了本书将要研究的问题、研究的方法、取得的研究成果和主要的创新点. 第 2 章给出本书研究所用到的一些基本方法、理论和基础知识. 其余各章对具体研究内容进行深层次研究.

本章列出了研究加工时间可变的排序问题的一些必备的但并不被一般读者所掌握的基础知识. 这部分内容来源于一些标准的理论. 我们的工作主要是对它们进行了归纳、总结.

参 考 文 献

[1] Johnson S M. Optimal two-and three-stage production schedules with setup times included. Naval Research Logistics Quarterly, 1954, 1(1): 61-68.

[2] 越民义, 韩继业. n 个零件在 m 台机床上的加工顺序问题 (I). 中国科学, 1975, 5(5): 462-470.

[3] 疏松桂. 英汉自动化词汇. 北京: 科学出版社, 1985: 480.

[4] 唐国春, 张峰, 罗守成, 等. 现代排序论. 上海: 上海科学普及出版社, 2003.

[5] 唐国春. 关于 Scheduling 中文译名的注记. 系统管理学报, 2010, 19(6): 713-716.

[6] Baker K R. Introduction to Sequencing and Scheduling. New York: John Wiley and Sons, 1974.

[7] Pinedo M. Scheduling: Theory, Algorithm and System. 5th ed. Englewood Cliffs: Prentic-Hall, 2016.

[8] 美国国家研究委员会. 美国数学的现在和未来. 周仲良, 郭镜明, 译. 上海: 复旦大学出版社, 1986.

[9] Hsu V N, de Matta R, Lee C Y. Scheduling patients in an ambulatory surgical center. Naval Research Logistics, 2003, 50: 218-238.

[10] Dexter F, Tinker J H. Analysis of strategies to decrease postanesthesia care unit costs. Anesthesiology, 1995, 82: 94-101.

[11] Lawler E L, Lenstra J K, Rinnooy Kan A H G, et al. Sequencing and scheduling: Algorithms and complexity // Graves S C, et al. Handbooks in OR. & MS. Volume 4. Amsterdam: Elsevier Science Publishers B.V., 1993: 445-522.

[12] Graham R L, Lawler E L, Lenstra J K, et al. Optimization and approximation in deterministic sequencing and scheduling: A survey. Annals of Discrete Mathematics, 1979, 5: 287-326.

[13] 马良. 高级运筹学. 北京: 机械工业出版社, 2008.

[14] Korte B, Vygen J. Combinatorial Optimization: Theory and Algorithms. 6th ed. Berlin, Heidelberg: Springer-Verlag, 2018.

[15] 汪定伟, 王俊伟, 王洪峰, 等. 智能优化方法. 北京: 高等教育出版社, 2007.

[16] Badiru A B. Computational survey of univariate and multivariate learning curve models. IEEE Transactions on Engineering Management, 1992, 39: 176-188.

[17] Jaber M Y, Bonney M. The economic manufacture/order quantity (EMQ/EOQ) and the learning curve: Past, present, and future. International Journal of Production Economics, 1999, 59: 93-102.

[18] Biskup D. Single-machine scheduling with learning considerations. European Journal of Operational Research, 1999, 115: 73-178.

[19] Cheng T C E, Wang G. Single machine scheduling with learning effect considerations. Annals of Operations Research, 2000, 98: 273-290.

[20] Wright T P. Factors affecting the cost of airplanes. Journal of Aeronautical Sciences, 1936, 3: 122-128.

[21] Mosheiov G. Scheduling problems with a learning effect. European Journal of Operational Research, 2001, 132: 687-693.

[22] Mosheiov G. Parallel machine scheduling with a learning effect. Journal of the Operational Research Society, 2001, 52: 1165-1169.

[23] Lee W C, Wu C C, Sung H J. A bi-criterion single-machine scheduling problem with learning considerations. Acta. Informatica, 2004, 40: 303-315.

[24] Lee W C, Wu C C. Minimizing total completion time in a two-machine flowshop with a learning effect. International Journal of Production Economics, 2004, 88: 85-93.

[25] Gonzalez T, Sahni S. Flowshop and jobshop schedules: Complexity and approximation. Operations Research, 1978, 26: 36-52.

[26] Mosheiov G, Sidney J B. Scheduling with general job-dependent learning curves. European Journal of Operational Research, 2003, 147: 665-670.

[27] Mosheiov G, Sidney J B. Note on scheduling with general learning curves to minimize the number of tardy jobs. Journal of the Operational Research Society, 2005, 56: 110-112.

[28] Lin B M T. Complexity results for single-machine scheduling with positional learning effects. Journal of the Operational Research Society, 2007, 58: 1099-1102.

[29] Bachman A, Janiak A. Scheduling jobs with position-dependent processing times. Journal of the Operational Research Society, 2004, 55: 257-264.

[30] Zhao C L, Zhang Q L, Tang H Y. Machine scheduling problems with learning effects. Dynamics of Continuous, Discrete and Impulsive Systems, Series A: Mathematical Analysis, 2004, 11: 741-750.

[31] Cheng M B, Sun S J, Yu Y. A note on flow shop scheduling problems with a learning effect on no-idle dominant machines. Applied Mathematics and Computation, 2007, 184: 945-949.

[32] Eren T, Güner E. Minimizing total tardiness in a scheduling problem with a learning effect. Applied Mathematical Modelling, 2007, 31: 1351-1361.

[33] Eren T, Güner E. A bicriteria flowshop scheduling with a learning effect. Applied Mathematical Modelling, 2008, 32: 1719-1733.

[34] Hidri L, Jemmali M. Near-optimal solutions and tight lower bounds for the parallel machines scheduling problem with learning effect. RAIRO-Operations Research, 2020, 54: 507-527.

[35] Biskup D. A state-of-the-art review on scheduling with learning effects. European Journal of Operational Research, 2008, 188: 315-329.

[36] Koulamas C, Kyparisis G J. Single-machine scheduling problems with past-sequence-dependent setup times. European Journal of Operational Research, 2008, 187: 1045-1049.

[37] Biskup D, Herrmann J. Single-machine scheduling against due dates with past-sequence-dependent setup times. European Journal of Operational Research, 2008, 191: 587-592.

[38] Kuo W H, Yang D L. Single machine scheduling with past-sequence-dependent setup

times and learning effects. Information Processing Letters, 2007, 102: 22-26.

[39] 唐英梅, 赵传立. 具有学习效应的两台机器流水作业排序问题. 沈阳师范大学学报 (自然科学版), 2009, 27(2): 141-143.

[40] Wu C C, Lee W C. A note on the total completion time problem in a permutation flowshop with a learning effect. European Journal of Operational Research, 2009, 192: 343-347.

[41] Wang J B, Xia Z Q. Flow-shop scheduling with a learning effect. Journal of the Operational Research Society, 2005, 56: 1325-1330.

[42] Wang J B. Flow shop scheduling jobs with position-dependent processing times. Journal of Applied Mathematics and Computing, 2005, 18: 383-391.

[43] Pegels C C. On startup or learning curves: An expanded view. AIIE Transactions, 1969, 1: 316-322.

[44] Ren N, Lv D Y, Wang J B, et al. Solution algorithms for single-machine scheduling with learning effects and exponential past-sequence-dependent delivery times. Journal of Industrial and Management Optimization, 2023, 0: 1547-5816.

[45] Pei J, Cheng B, Liu X B, et al. Single-machine and parallel-machine serial-batching scheduling problems with position-based learning effect and linear setup time. Annals of Operations Research, 2019, 272: 217-241.

[46] Wei W. Single machine scheduling with stochastically dependent times. Journal of Scheduling, 2019, 22: 677-689.

[47] Kuo W H, Yang D L. Minimizing the total completion time in a single-machine scheduling problem with a time-dependent learning effect. European Journal of Operational Research, 2006, 174(2): 1184-1190.

[48] Kuo W H, Yang D L. Single-machine group scheduling with a time-dependent learning effect. Computers and Operations Research, 2006, 33: 2099-2112.

[49] Kuo W H, Yang D L. Minimizing the makespan in a single machine scheduling problem with a time-based learning effect. Information Processing Letters, 2006, 97: 64-67.

[50] Yang D L, Kuo W H. Single-machine scheduling with an actual time-dependent learning effect. Journal of the Operational Research Society, 2007, 58(10): 1348-1353.

[51] Cheng T C E, Lai P J, Wu C C, et al. Single-machine scheduling with sum-of-logarithm-processing-times-based learning considerations. Information Sciences, 2009, 179: 3127-3135.

[52] Wu C C, Lee W C. Single-machine scheduling problems with a learning effect. Applied Mathematical Modelling, 2008, 32: 1191-1197.

[53] Cheng T C E, Wu C C, Lee W C. Some scheduling problems with sum-of-processing-times-based and job-position-based learning effects. Information Sciences, 2008, 178: 2476-2487.

[54] Koulamas C, Kyparisis G J. Single-machine and two-machine flowshop scheduling with general learning functions. European Journal of Operational Research, 2007, 178: 402-407.

[55] Sun K B, Li H X. Some single-machine scheduling problems with actual time and position dependent learning effects. Fuzzy Information and Engineering, 2009, 2: 161-177.

[56] Lee W C, Wu C C. Some single-machine and m-machine flowshop scheduling problems with learning considerations. Information Sciences, 2009, 179: 3885-3892.

[57] Yin Y Q, Xu D H, Sun K B, et al. Some scheduling problems with general position-dependent and time-dependent learning effects. Information Sciences, 2009, 179: 2416-2425.

[58] Yin Y Q, Xu Q H, J Y. Some single-machine scheduling problems with past-sequence-dependent setup times and a general learning effect. International Journal of Advance Manufacture Technology, 2010, 48: 1125-1132.

[59] Wang J B. Single-machine scheduling with past-sequence-dependent setup times and time-dependent learning effect. Computers & Industrial Engineering, 2008, 55: 584-591.

[60] Wang J B, Wang D, Wang L Y, et al. Single machine scheduling with exponential time-dependent learning effect and past-sequence-dependent setup times. Computers and Mathematics with Applications, 2009, 57: 9-16.

[61] Wang J B, Sun L H, Sun L Y. Single machine scheduling with exponential sum-of-logarithm-processing-time based learning effect. Applied Mathematical Modelling, 2010, 34: 2813-2819.

[62] Wu C C, Lin W C, Zhang X, et al. Tardiness minimisation for a customer order scheduling problem with sum-of-processing-time-based learning effect. Journal of the Operational Research Society, 2019, 70(3): 487-501.

[63] Li S S, Chen R, Feng Q. Parallel-machine scheduling with job-dependent cumulative deterioration effect and rejection. Journal of Combinatorial Optimization, 2019, 38: 957-971.

[64] Azzouz A, Ennigrou M, Ben Said L. Scheduling problems under learning effects: Classification and cartography. International Journal of Production Research, 2018, 56(4): 1642-1661.

[65] Alidaee B, Womer N K. Scheduling with time dependent processing times: Review and extensions. Journal of Operational Research Society, 1999, 50(5): 711-720.

[66] Rachaniotis N P, Pappis C P. Scheduling fire-fighting task using the concept of deteriorating jobs. Canadian Journal of Forest Research, 2006, 36: 652-658.

[67] Gupta J N D, Gupta S K. Single facility scheduling with nonlinear processing times. Computers and Industrial Engineering, 1988, 14(4): 387-393.

[68] Browne S, Yechiali U. Scheduling deteriorating jobs on a single processor. Operations Research, 1990, 38: 495-498.

[69] Gawiejnowicz S, Pankowska L. Scheduling jobs with varying processing times. Information Processing Letters, 1995, 54: 175-178.

[70] Glazebrook K D. Single machine scheduling of stochastic jobs subject to deterioration

or delay. Naval Research Logistics, 1992, 39: 613-633.

[71] Cheng T C E, Ding Q. Single machine scheduling with deadlines and increasing rates of processing times. Acta Informatica, 2000, 36: 673-692.

[72] Bachman A, Janiak A, Kovalyov M Y. Minimizing the total weighted completion time of deteriorating jobs. Information Processing Letters, 2002, 81(2): 81-84.

[73] Ocetkiewicz K M. A FPTAS for minimizing total completion time in a single machine time-dependent scheduling problem. European Journal of Operational Research, 2010, 203: 316-320.

[74] Mosheiov G. V-shaped policies for scheduling deteriorating jobs. Operations Research, 1991, 39(6): 979-991.

[75] Mosheiov G. Scheduling jobs under simple linear deterioration. Computer and Operational Research, 1994, 21: 653-659.

[76] Mosheiov G. Λ-shaped policies to schedule deteriorating jobs. Journal of Operational Research Society, 1996, 47(6): 1184-1191.

[77] Bachman A, Janiak A. Minimizing maximum lateness under linear deterioration. European Journal of Operational Research, 2000, 126(3): 557-566.

[78] Cheng Y S, Sun S J. Scheduling linear deteriorating jobs with rejection on a single machine. European Journal of Operational Research, 2009, 194: 18-27.

[79] Oron D. Single machine scheduling with simple linear deterioration to minimize total absolute deviation of completion times. Computers and Operations Research, 2008, 35: 2071-2078.

[80] Kubiak W, van de Velde S. Scheduling deteriorating jobs to minimize makespan. Research Logistics, 1998, 45: 511-523.

[81] Sundararaghavan P S, Kunnathur A. Single machine scheduling with start time dependent processing times: Some solvable cases. European Journal of Operational Research, 1994, 78: 394-403.

[82] Cheng T C E, Ding Q, Lin B M T. A concise survey of scheduling with time-dependent processing times. European Journal of Operational Research, 2004, 152: 1-13.

[83] Gawiejnowicz S. Models and Algorithms of Time-Dependent Scheduling. Berlin, Heidelberg: Spinger, 2020.

[84] Ho K I J, Leung J Y T, Wei W D. Complexity of scheduling tasks with time- dependent execution times. Information Processing Letters, 1993, 48: 315-320.

[85] Cheng T C E, Ding Q. Scheduling start time dependent tasks with deadlines and identical initial processing times on a single machine. Computers and Operations Research, 2003, 30: 51-62.

[86] Ng C T, Cheng T C E, Bachman A, et al. Three scheduling problems with deteriorating jobs to minimize the total completion time. Information Processing Letters, 2002, 81: 327-333.

[87] Wang J B, Xia Z Q. Scheduling jobs under decreasing linear deterioration. Information Processing Letters, 2005, 94: 63-69.

[88] Wang J B. Flow shop scheduling problems with decreasing linear deterioration under dominant machines. Computers & Operations Research, 2007, 34: 2043-2058.

[89] Wang J B, Liu L L. Two-machine flow-shop scheduling with linear decreasing job deterioration. Computers and Operations Research, 2009, 56: 1487-1493.

[90] 王吉波. 工件加工时间可变的现代排序问题. 大连: 大连理工大学, 2005.

[91] 赵传立. 若干新型调度问题算法研究. 沈阳: 东北大学, 2003.

[92] Gawiejnowicz S. A review of four decades of time-dependent scheduling: Main results, new directions, and open problems. Journal of Scheduling, 2020, 23(1): 3-47.

[93] Sedding H A. Time-Dependent Path Scheduling: Algorithmic Minimization of Walking Time at the Moving Assembly Line. Wiesbaden: Springer Vieweg, 2020.

[94] Zhang X, Wang H, Wang X. Patients scheduling problems with deferred deteriorated functions. Journal of Combinatorial Optimization, 2015, 30(4): 1027-1041.

[95] 许川容, 谢政, 张洁. 树约束线性加工时间的单机排序问题. 系统工程理论方法应用, 2006, 15: 471-474.

[96] 许川容, 谢政. 线性加工时间的树约束单机排序问题. 系统工程, 2005, 23: 93-96.

[97] 王吉波. 具有优先约束和加工时间依赖开工时间的单机排序问题. 中国管理科学, 2005, 13: 51-55.

[98] 张峰. 工件加工时间随工件开工时间线性增加的成组排序问题. 上海第二工业大学学报, 2001, 1: 7-9.

[99] 李俊杰, 赵传立. 加工时间线性递减的平行机排序问题. 系统工程与电子技术, 2008, 30: 1281-1285.

[100] Lee W C. A note on deteriorating jobs and learning in single-machine scheduling problems. International Journal of Business and Economics, 2004, 3: 83-89.

[101] Wang X L, Cheng T C E. Single-machine scheduling with deteriorating jobs and learning effects to minimize the makespan. European Journal of Operational Research, 2007, 178: 57-70.

[102] Wang J B. Single-machine scheduling problems with the effects of learning and deterioration. Omega, 2007, 35: 397-402.

[103] Wang J B, Cheng T C E. Scheduling problems with the effects of deterioration and learning. Asia-Pacific Journal of Operational Research, 2007, 24: 245-261.

[104] Wang J B. A note on scheduling problems with learning effect and deteriorating jobs. International Journal of Systems Science, 2006, 37: 827-833.

[105] 张新功, 李文华. 具有学习与退化效应的单机排序问题. 河南科学, 2008, 26: 398-400.

[106] Gordon V S, Potts C N, Strusevich V A, et al. Single machine scheduling models with deterioration and learning: Handling precedence constraints via priority generation. Journal of Scheduling, 2008, 11: 357-370.

[107] Wang J B, Guo Q. A due-date assignment problem with learning effect and deteriorating jobs. Applied Mathematical Modelling, 2010, 34: 309-313.

[108] Yang D L, Kuo W H. Some scheduling problems with deteriorating jobs and learning effect. Computers and Industrial Engineering, 2010, 58: 25-28.

[109] Wang J B, Huang X, Wang X Y, et al. Learning effect and deteriorating jobs in the single machine scheduling problems. Applied Mathematical Modelling, 2009, 33: 3848-3853.

[110] 王爽, 赵传立. 考虑恶化和学习效应的单机成组排序问题. 系统工程与电子技术, 2008, 30: 288-291.

[111] Toksari D M, Güner E. Scheduling problems with the nonlinear effects of learning and deterioration. International Journal of Advanced Manufacturing Technology, 2009, 45(7-8): 801-807.

[112] Li S. Single-machine scheduling problems with deteriorating jobs and learning effects. Computers and Industrial Engineering, 2009, 57: 843-846.

[113] Cheng T C E, Wu C C, Lee W C. Some scheduling problems with deteriorating jobs and learning effects. Computers and Industrial Engineering, 2008, 54: 972-982.

[114] Wang J B. Single-machine scheduling with learning effect and deteriorating jobs. Computers and Industrial Engineering, 2009, 57: 1452-1456.

[115] Lu Y Y, Jin J, Ji P, et al. Resource-dependent scheduling with deteriorating jobs and learning effects on unrelated parallel machine. Neutral Computing and Applications, 2016, 27(7): 1993-2000.

[116] Pei J, Liu X, Pardalos P M, et al. Serial-batching scheduling with time-dependent setup time and effects of deterioration and learning on a single-machine. Journal of Global Optimization, 2017, 67(1-2): 251-262.

[117] Shen P, Wei C M, Wu Y B. A note on deteriorating jobs and learning effects on a single-machine scheduling with past-sequence-dependent setup times. International Journal of Advanced Manufacturing Technology, 2012, 58(5-8): 723-725.

[118] Wang J B, Wang J J. Flowshop scheduling with a general exponential learning effect. Computers and Operations Research, 2014, 43: 292-308.

[119] Yang S W, Wan L, Na Y. Research on single machine SLK/DIF due window assignment problem with learning effect and deteriorating jobs. Applied Mathematical Modelling, 2015, 39: 4593-4598.

[120] Ham I, Hitomi K, Yoshida T. Group Technology: Applications to Production Management. Boston: Kluwer-Nijhoff, 1985.

[121] Potts C N, Van Wassenhove L N. Integrating scheduling with batching and lot-sizing: A review of algorithms and complexity. Journal of Operational Research Society, 1992, 43: 395-406.

[122] Allahverdi A, Gupta J N D, Aldowaisan T. A review of scheduling research involving setup considerations. Omega, 1999, 27: 219-239.

[123] Burbidge J L. Group Technology in the Engineer Industry. London: Mechanical Engineering Publication, 1979.

[124] Cheng T C E, Kovalyov M Y, Tuzikov A V. Single machine group scheduling with ordered criteria. Journal of the Operational Research Society, 1996, 47: 315-320.

[125] Blazewicz J. Selected optics in scheduling theory. Annals of Discrete Mathematics,

1987, 31: 60-61.

[126] Vickson R G. Choosing the job sequence and processing times to minimize total processing plus flow cost on a single machine. Operations Research, 1980, 28: 1155-1167.

[127] Jackson J R. Scheduling a production line to minimize maximum tardiness under resource constraints. Los Angeles: SIAM. Rep. Univ., 1995.

[128] Cheng T C E, Janiak A. Resource optimal control in some single-machine scheduling problems. IEEE Transactions on Automatic Control, 1994, 39: 1243-1246.

[129] Janiak A. Time-optimal control in a single machine problem with resource constraints. Automatica, 1986, 22: 745-747.

[130] Janiak A. Single machine sequencing with linear models of release dates. Naval Research Logistics, 1988, 45: 99-113.

[131] Cheng T C E, Podolsky S. Just-in-time manufacturing: An introduction. London: Chapman & Hall, 1996.

[132] Gordon V, Proth J M, Chu C. A survey of the state-of-the-art of common due date assignment and scheduling research. European Journal of Operational Research, 2002, 139:1-25.

[133] Józefowska J. Just-in-Time Scheduling: Models and Algorithms for Computer and Manufacturing Systems. New York: Springer-Verlag, 2007.

[134] T'kindt V, Billaut J C. Multicriteria Scheduling: Theory, Models and Algorithms. Heidelberg: Springer, 2006.

[135] Cheng T C E. Optimal common due-date with limited completion time deviation. Computers & Operations Research, 1988, 15: 91-96.

[136] Hall N G, Potts C N. Rescheduling for new orders. Operations Research, 2004, 52: 440-453.

[137] Shabtay D, Gaspar N, Kaspi M. A survey on offline scheduling with rejection. Journal of Scheduling, 2013, 16: 3-28.

[138] Zhang L, Lu L, Yuan J. Single-machine scheduling under the job rejection constraint. Theoretical Computer Science, 2010, 411: 1877-1882.

[139] Mor B, Mosheiov G, Shapira D. Flowshop scheduling with learning effect and job rejection. Journal of Scheduling, 2020, 23: 631-641.

[140] 林诒勋. 排序与时序最优化引论. 北京: 科学出版社, 2019.

[141] http://www.mathematik.uni-osnabrueck.de/research/OR/class, 2009.6.29.

[142] Brucker P, Knust S. Complexity results for scheduling problems. 2009: 6-29. http://www.informatik.uni-osnabrueck.de/knust/class.

第 2 章 时间相关的排序问题

2.1 时间相关排序的基本知识

时间相关的排序问题是一种工时可变的排序问题, 工件的加工时间是与其开始加工时间有关的函数. 在通常的研究中有以下三种情况: 一是开始加工时间的非减函数, 意味着工件加工时间越晚, 工件的实际加工时间就越长, 这种现象称为退化效应, 或者恶化效应; 二是开始加工时间的非增函数, 意味着工件开工越晚, 工件的实际加工时间越短, 这种现象称为缩短效应; 三是开始加工时间的非单调函数, 每个工件的函数也不一定相同, 这种现象称为可改变的工件.

2.2 到达时间依赖于资源分配的排序问题

具有退化或学习效应问题已经被广泛地讨论, 但它们同时被考虑的现象却很少. 而现实生产中, 这种现象到处可见. Wang 和 Cheng 在 [1] 中提到下面的生产实例: 在生产瓷器的手工艺中, 一方面根据设计利用原材料塑形, 原材料由黏土和特殊的凝结剂制成, 随着时间的增加原材料会越来越硬, 这样会使得制作耗费更多的加工时间; 另一方面, 手工艺人在设计和制作上会越来越熟练, 这样又会提高生产力, 与此同时考虑退化和学习效应是十分必要的.

在经典排序问题中, 假设工件的加工只需机器一种资源. 但在某些问题中, 工件的加工除了需要机器以外, 还需要另外的附加资源. 这样的问题称为资源约束排序问题. Blazewicz 等[2] 对可再生资源约束问题作了详细讨论, 这里的可再生资源指的是它在任意时刻的临时可用性受到约束, 这种资源被使用它的工件释放后可以再次被使用。Bachman 和 Janiak[3] 考虑工件加工时间依赖于工件开始加工时间和其资源分配量的单机排序问题, 他们证明最小化最大完工时间问题是 NP 难的, 并给出最优资源分配的一些性质. Zhao 等[4] 考虑了具有退化效应的单机排序问题, 工件的到达时间依赖于工件分配的资源量; 研究了两个具有资源消耗量的排序问题, 并给出了最优资源量的最优算法. 最近 Zhao 和 Tang[5] 讨论了两个排序问题, 假设工件的加工时间是开工时间的递减函数, 工件的到达时间受某种资源约束; 研究了时间表长约束下的总资源分配量问题和总资源量约束下的时间表长问题, 均给出最优算法. Zhu 等[6] 研究了线性递增的退化模型, 考虑到达时间受资源约束的问题. 而退化与学习效应结合起来考虑的问题还没有引起人们的关注, 但在实际的生产中这种情形经常发生.

设 J_j $(j = 1, 2, \cdots, n)$ 表示工件的序号, 机器一次只能处理一个工件并且中断不被允许. 工件 J_j 在第 r 个位置的加工时间为 $p_{j[r]} = (a_j + \beta t)r^a$, 其中 a_j 为工件 J_j 的基本加工时间, β $(\geqslant 0)$ 为退化率, t $(\geqslant 0)$ 是工件 J_j 的开工时间, 学习因子用 a $(\leqslant 0)$ 表示. 工件 J_j 的到达时间是其所分配资源的减函数. 序列 $\pi = \{J_1, J_2, \cdots, J_n\}$, $C_j = C_j(\pi)$ 表示工件 J_j 的完工时间. $C_{\max} = \max\{C_j | j = 1, 2, \cdots, n\}$ 表示序列 π 中最大完工时间.

在本节主要考虑下面两个问题

$$1 \Big| p_{j[r]} = (a_j + \beta t)r^a, \quad r_j = f(u_j), \quad \sum u_j \leqslant U \Big| C_{\max} \tag{2.1}$$

$$1 \Big| p_{j[r]} = (a_j + \beta t)r^a, \quad r_j = f(u_j), \quad C_{\max} \leqslant C \Big| \sum u_j \tag{2.2}$$

其中 $\underline{u} \leqslant u_j \leqslant \bar{u}$, u_j 为工件 J_j 的资源分配量, r_j 是工件 J_j 的到达时间, f 是严格递减的正值函数.

引理 2.1 对于问题 $1 | p_{j[r]} = (a_j + \beta t)r^a | C_{\max}$, 若 $\pi = \{J_1, J_2, \cdots, J_n\}$ 并且工件序列的开工时间为 t_0, 则

$$C_{\max}\{t_0 | J_1, J_2, \cdots, J_n\} = t_0 \prod_{j=1}^{n}(1 + \beta j^a) + \sum_{j=1}^{n} a_j j^a \prod_{i=j+1}^{n}(1 + \beta i^a)$$

证明 (用归纳法) 由于 $\pi = \{J_1, J_2, \cdots, J_n\}$, 则可直接计算得到

$$C_1 = (a_1 + \beta t_0) + t_0 = (1 + \beta)t_0 + a_1$$

$$C_2 = C_1 + (a_2 + \beta C_1)2^a = (1 + \beta 2^a)(1 + \beta)t_0 + (1 + \beta 2^a)a_1 + a_2 2^a$$

$$= t_0 \prod_{j=1}^{2}(1 + \beta j^a) + \sum_{j=1}^{2} a_j j^a \prod_{i=j+1}^{2}(1 + \beta i^a)$$

假设 $n = k$ 时成立, 考虑 $n = k + 1$ 时的情形

$$C_{k+1} = C_k + (a_{k+1} + \beta C_k)(k+1)^a = t_0 \prod_{j=1}^{k+1}(1 + \beta j^a) + \sum_{j=1}^{k+1} a_j j^a \prod_{i=j+1}^{k+1}(1 + \beta i^a)$$

即命题成立. 证毕.

根据引理 2.1, 有下面的引理显然成立.

引理 2.2 对于问题 $1 | p_{j[r]} = (a_j + \beta t)r^a | C_{\max}$, 若序列 $\pi = \{J_1, J_2, \cdots, J_n\}$, 最大完工时间为 C, 则序列 π 中第一个工件的开始加工时间为

$$t_0 = \frac{C - \sum\limits_{j=1}^{n} a_j j^a \prod\limits_{i=j+1}^{n}(1 + \beta i^a)}{\prod\limits_{j=1}^{n}(1 + \beta j^a)}$$

2.2.1 最大完工时间问题

对于问题 (2.1), 由于本模型是在离线排序情形下进行的, 研究最大完工时间问题, 只需要考虑按照工件 a_j 的非增序列排序即可.

设序列 $\pi = \{J_{[1]}, J_{[2]}, \cdots, J_{[n]}\}$, $J_{[j]}$ 表示在第 j 位置加工的工件. 由于每个工件的资源分配量均有下限, 因此资源分配总量应该满足 $U \geqslant n\underline{u}$. 若 $u_{[j]} = \underline{u}$, $j = 1, \cdots, n$, 则有 $C_{\max}(\pi, \underline{u}) = f(\underline{u}) \prod_{j=1}^{n}(1 + \beta j^a) + \sum_{j=1}^{n} a_{[j]} j^a \prod_{i=j+1}^{n}(1 + \beta i^a)$, 此时工件的到达时间均为 $f(\underline{u})$, 序列最大完工时间可由 $r_{[1]} = f(\underline{u})$ 决定. 如果增加工件 $J_{[1]}$ 的资源分配量, 则 $r_{[1]}$ 变小, 因而最大完工时间也会变小. 设工件 $J_{[1]}$ 的资源分配量的最大数为 $u_{[1]}^{\max}$, 则 $u_{[1]}^{\max} = \min\{U - (n-1)\underline{u}, \bar{u}\}$. 设 $r_{[1]}^* = f(u_{[1]}^{\max})$, 则工件 $J_{[1]}$ 的完工时间为 $C_{\max}(r_{[1]}^*|J_{[1]}) = (1 + \beta) r_{[1]}^* + a_{[1]}$.

若 $(1 + \beta) r_{[1]}^* + a_{[1]} \geqslant f(\underline{u})$, 则最优资源分配为 $u_{[1]}^* = u_{[1]}^{\max}$; $u_{[j]}^* = \underline{u}$, $j = 2, \cdots, n$;

$$C_{\max} = f(u_{[1]}^{\max}) \prod_{j=1}^{n}(1 + \beta j^a) + \sum_{j=1}^{n} a_{[j]} j^a \prod_{i=j+1}^{n}(1 + \beta i^a)$$

若 $(1 + \beta) r_{[1]}^* + a_{[1]} < f(\underline{u})$, 而工件 $J_{[1]}$ 的资源分配为 $\underline{u}$ 的完工时间是 $f(\underline{u})$ 时, 最大完工时间由 $r_2 = f(\underline{u})$ 决定, 此时应该增加工件 $J_{[1]}$ 和 $J_{[2]}$ 的资源分配量. 以此类推, 则存在自然数 k, 使得

$$C_{[j]}(\pi, u_\pi^*) \leqslant f(\underline{u}), \quad j = 1, \cdots, k-1$$

$$C_{[j]}(\pi, u_\pi^*) > f(\underline{u}), \quad j = k, \cdots, n$$

$$u_{[j]}^* = \underline{u}, \quad j = k+1, \cdots, n$$

令 $d = f(\underline{u}) - C_{[k-1]}(\pi, u_\pi^*)$, 由引理 2.2, $J_{[1]}, J_{[2]}, \cdots, J_{[k]}$ 的到达时间为

$$r_{[1]}^* = \frac{f(\underline{u}) - d - \sum_{j=1}^{k-1} a_{[j]} j^a \prod_{i=j+1}^{k-1}(1 + \beta i^a)}{\prod_{j=1}^{k-1}(1 + \beta j^a)}$$

$$r_{[2]}^* = (1 + \beta) r_{[1]}^* + a_{[1]}, \quad \cdots$$

$$r_{[k]}^* = r_{[1]}^* \prod_{j=1}^{k-1}(1 + \beta j^a) + \sum_{j=1}^{k-1} a_{[j]} j^a \prod_{i=j+1}^{k-1}(1 + \beta i^a) = f(\underline{u}) - d$$

$J_{[1]}, J_{[2]}, \cdots, J_{[n]}$ 的资源分配量为

$$u^*_{[j]} = f^{-1}(r^*_{[j]}), \quad j = 1, \cdots, k$$

$$u^*_{[j]} = \underline{u}, \quad j = k+1, \cdots, n$$

$$\sum_{j=1}^{k} u^*_{[j]} + (n-k)\underline{u} = U \tag{2.3}$$

k 和 d 能由式 (2.3) 确定.

首先考虑 k, 其中 $r_{[k]} = f(\underline{u})$, 假设工件 $J_{[j]}$ 的到达时间为 $r_{[j]}$, $j = 1, \cdots, k$. 则

$$r_{[1]} = \frac{f(\underline{u}) - \sum_{j=1}^{k-1} a_{[j]} j^a \prod_{i=j+1}^{k-1}(1 + \beta i^a)}{\prod_{j=1}^{k-1}(1 + \beta j^a)}$$

$$r_{[2]} = (1 + \beta) r_{[1]} + a_{[1]}, \quad \cdots$$

$$r_{[k]} = r_{[1]} \prod_{j=1}^{k-1}(1 + \beta j^a) + \sum_{j=1}^{k-1} a_{[j]} j^a \prod_{i=j+1}^{k-1}(1 + \beta i^a) = f(\underline{u})$$

$$u_{[j]} = f^{-1}(r_{[j]}), \quad j = 1, \cdots, k$$

$$u_{[j]} = \underline{u}, \quad j = k, \cdots, n$$

$$\sum_{j=1}^{k-1} u_{[j]} + (n - (k-1))\underline{u} \leqslant U \tag{2.4}$$

由此得到 k, 从而 d 也可以由上述方法计算出来. 基于上述分析, 有

算法 2.1　(1) 把工件按照 $a_{[j]}$ 非增顺序排列, 设 $u^{\max}_{[1]} = \min\{U - (n-1)\underline{u}, \overline{u}\}$, $r_{[1]} = f(u^{\max}_{[1]})$.

(2) 若 $C_{[1]} \geqslant f(\underline{u})$, 则 $u^*_{[1]} = u^{\max}_{[1]}$, $u^*_{[j]} = \underline{u}$, $j = 2, \cdots, n$ 停止. 否则转入 (3).

(3) 取 k 是满足 $\sum_{j=1}^{k} u^*_{[j]} + (n - (k-1))\underline{u} \leqslant U$ 成立的最小整数, 其中 $u_{[j]} = f^{-1}(r_{[j]})$, 且 $r_{[j]}$ 满足式 (2.4).

(4) 资源分配: $u_{[j]} = f^{-1}(r_{[j]})$, $j = 1, \cdots, k$; $u^*_{[j]} = \underline{u}$, $j = k+1, \cdots, n$, 其中 d 满足等式 $\sum_{j=1}^{k} u^*_{[j]} + (n-k)\underline{u} = U$.

基于上述分析有下面的定理成立.

定理 2.1　问题 $1|p_{j[r]} = (a_j + \beta t)r^a, r_j = f(u_j), \sum u_j \leqslant U|C_{\max}$, 算法 2.1

可以得到最优解. 如果在 $O(g(n))$ 时间内计算出 f, f^{-1} 和 d, 则算法的复杂性为 $O(\max\{g(n), n\log n\})$.

下面用数值例子说明问题 (2.1) 的求解, 为了方便, 取 f 为线形函数, 即 $r_j = p - qu_j$.

例 2.1 对于问题 $1|p_{j[r]} = (a_j + \beta t)r^a, r_j = f(u_j), \sum u_j \leqslant U|C_{\max}$, 其中 $n = 4$, $a_1 = 3$, $a_2 = 2$, $a_3 = a_4 = 1$, $a = -0.332$, $\beta = 1$, $\underline{u} = 0.5$, $\bar{u} = 13$, $U = 24$. 序列 $\pi = \{J_{[1]}, J_{[2]}, J_{[3]}, J_{[4]}\}$ 满足工件按照 $a_{[j]}$ 非增顺序排列.

$$C_{\max}\{0|J_{[1]}, J_{[2]}, J_{[3]}, J_{[4]}\} = 21.033, \quad f(\underline{u}) = 25$$

$$u_{[1]}^{\max} = \min\{U - (n-1)\underline{u}, \bar{u}\} = 13, \quad r_{[1]}^* = f(u_{[1]}^{\max}) = 0$$

$$C_{\max}(r_{[1]}^*|J_{[1]}) = 3 < f(\underline{u})$$

接下来利用式 (2.4) 求 $k - 1$.

$$k - 1 = 1, \quad r_{[1]} = 11, \quad u_{[1]} = 7.5, \quad \sum_{j=1}^{k-1} u_{[j]} + (n - (k-1))\underline{u} \leqslant U$$

$$k - 1 = 2, \quad r_{[1]} = 5.023, \quad u_{[1]} = 10.489$$

$$r_{[2]} = 13.047, \quad u_{[2]} = 6.477, \quad \sum_{j=1}^{k-1} u_{[j]} + (n - (k-1))\underline{u} \leqslant U$$

$$k - 1 = 3, \quad r_{[1]} = 2.054, \quad u_{[1]} = 11.973$$

$$r_{[2]} = 7.110, \quad u_{[2]} = 9.445, \quad r_{[3]} = 14.345, \quad u_{[3]} = 5.828$$

$$\sum_{j=1}^{k-1} u_{[j]} + (n - (k-1))\underline{u} > U$$

因此 $k - 1 = 2$, 即 $k = 3$. 利用式 (2.4) 求 d:

$$r_{[1]}^* = 5.023 - 0.277d, \quad u_{[1]}^* = 10.489 + 0.139d$$

$$r_{[2]}^* = 13.047 - 0.577d, \quad u_{[2]}^* = 6.477 + 0.289d$$

$$r_{[3]}^* = 25 - d, \quad u_{[3]}^* = 0.5 + 0.5d$$

根据式 (2.4) 得 $d = 6.502$. 则最优资源为 $u_{[1]}^* = 11.393$, $u_{[2]}^* = 8.356$, $u_{[3]}^* = 3.751$, $u_{[4]}^* = 0.5$. 最大完工时间为 $C_{\max}\{r_{[1]}^*|J_{[1]}, \cdots, J_{[n]}\} = 52.991$.

2.2.2　资源消耗量总和问题

对于问题 (2.2), 给定一个序列 $\pi = \{J_{[1]}, J_{[2]}, \cdots, J_{[n]}\}$ 和一个资源分配 $u = \{u_1, u_2, \cdots, u_n\}$, 工件 $J_{[j]}$ 的到达时间为 $r_{[j]}$, 完工时间为 $C_{[j]}(\pi, u)$, 计算如下

$$r_{[j]} = f(u_{[j]}), \quad j = 1, 2, \cdots, n$$

$$C_{[1]}(\pi, u) = r_{[1]} + (a_{[1]} + \beta r_{[1]}) r^a$$

$$C_{[j]}(\pi, u) = \max\{r_{[j]}, C_{[j-1]}(\pi, u)\} + (a_{[j]} + \beta \max\{r_{[j]}, C_{[j-1]}(\pi, u)\}) j^a$$

$$= \max_{1 \leqslant i \leqslant j} \{r_{[i]} + C_{\max}(r_{[i]} | J_{[i]}, \cdots, J_{[j]})\}$$

其中 $C_{\max}(r_{[i]} | J_{[i]}, \cdots, J_{[j]})$ 表示从 $r_{[j]} = f(u_{[j]})$ 开始加工工件 $J_{[i]}, \cdots, J_{[j]}$ 的最大完工时间. 对于 π 和 u, 工件最大完工时间为 $C_{\max}(\pi, u) = \max_{1 \leqslant j \leqslant n} \{r_{[j]} + C_{\max}(r_{[j]} | J_{[j]}, \cdots, J_{[n]})\}$. 资源消耗量为 $U(\pi, u) = \sum_{j=1}^{n} u_{[j]}$.

设 C 为给定的工件的最大完工时间, 问题 (2.2) 是求 π^* 和 u^*, 使得在满足 $C_{\max}(\pi^*, u^*) \leqslant C$ 条件下, 资源消耗总量最小, 即 $U(\pi^*, u^*) = \min_{\pi} \min_{u} \{U(\pi, u)\}$.

若记 $C_1 = \min_{\pi}\{C_{\max}(\cdot, \overline{u})\}$, $C_2 = \min_{\pi}\{C_{\max}(\cdot, \underline{u})\}$, 由于工件的准备时间均相同, 根据引理 2.1,

$$C_1 = f(\overline{u}) \prod_{j=1}^{n} (1 + \beta j^a) + \sum_{j=1}^{n} a_{[j]} j^a \prod_{i=j+1}^{n} (1 + \beta i^a)$$

$$C_2 = f(\underline{u}) \prod_{j=1}^{n} (1 + \beta j^a) + \sum_{j=1}^{n} a_{[j]} j^a \prod_{i=j+1}^{n} (1 + \beta i^a)$$

即 $\forall \pi$, $C_{\max}(\pi, \overline{u}) = C_1$, $C_{\max}(\pi, \underline{u}) = C_2$.

由于 $\forall \pi$, 其最大完工时间最小值均为 C_1, 最大值均为 C_2, 所以有

(1) 当 $C < C_1$ 时, 问题无解;

(2) 当 $C > C_2$ 时, 每个工件的资源分配量达到其下限即可, 即 $U(\pi^*, u^*) = n\underline{u}$;

(3) 当 $C_1 \leqslant C \leqslant C_2$ 时, 存在 π^* 和 u^*, 使 $C_{\max}(\pi^*, u^*) = C$.

显然, 只有当 $C_1 \leqslant C \leqslant C_2$ 时, 讨论资源最优分配问题才有意义. 对于给定的 π, 记 π 的最优资源分配为 u_π^*, 即 $C_{\max}(\pi, u_\pi^*) \leqslant C$ 条件下, $U(\pi, u_\pi^*) = \min_{u}\{U(\pi, u)\}$.

由于 f 是严格递减的正值函数, 所以工件的到达时间越长, 资源消耗越少. 在满足 $C_{\max}(\pi, \cdot) \leqslant C$ 下, 工件到达时间应尽可能长, 因此只要考虑满足 $C_{\max}(\pi, \cdot) =$

C 的最优资源分配即可, 对于满足 $C_{\max}(\pi,\cdot) = C$ 的 π, 即第一个工件的开工时间为

$$r_\pi = \frac{C - \sum_{j=1}^{n} a_{[j]} j^a \prod_{i=j+1}^{n} (1 + \beta i^a)}{\prod_{j=1}^{n} (1 + \beta j^a)}$$

在 π 中, 工件 $J_{[j]}$ 的达到时间 $r_{[j]}$ 应满足

$$r_{[1]} \leqslant r_\pi; \quad r_{[j]} \leqslant C_{\max}(r_\pi | J_{[1]}, \cdots, J_{[j-1]}), \quad j = 2, \cdots, n$$

对于工件 $J_{[j]}$, 若 $r_{[j]} \geqslant f(\underline{u})$, 则 $J_{[j]}$ 的资源分配量只需满足下限即可; 若 $r_{[j]} < f(\underline{u})$, 则 $J_{[j]}$ 的资源分配量应使其到达时间为 $C_{\max}(r_\pi | J_{[1]}, \cdots, J_{[j-1]})$.

所以对于给定的 π, u_π^* 的确定方法如下:

给定的 C, 求使 $C_{\max}(r_\pi | J_{[1]}, \cdots, J_{[j-1]}) \leqslant f(\underline{u})$ 的最大整数 k,

$$u_{[j]}^* = f^{-1}(C_{\max}(r_\pi | J_{[1]}, \cdots, J_{[j-1]})), \quad j = 1, \cdots, k$$
$$u_{[j]}^* = \underline{u}, \quad j = k+1, \cdots, n \tag{2.5}$$

由此可以得到下面的定理.

定理 2.2 对于问题 (2.2), 按照基本加工时间 a_j 的非增顺序排列, 按照式 (2.5) 分配资源, 即可得到满足最大完工时间限制的极小化总资源消耗量的资源分配最优解.

证明 显然对于给定的 π, 按照式 (2.5) 分配资源为最优分配. 下面证明 $\forall \pi$, $U(\pi^*, u^*) \leqslant U(\pi, u_\pi^*)$, 其中 π^* 为工件按照基本加工时间的非增顺序排列的序列.

设某个序列 π, 不满足工件按照基本加工时间非增的顺序排列, 不妨设在 π 中两个相邻工件 $J_{[j]}$ 和 $J_{[j+1]}$ 满足 $a_{[j]} < a_{[j+1]}$. 设工件 $J_{[j]}$ 的到达时间为 $r_{[j]}$, 则 $r_{[j+1]} = r_{[j]} + (a_{[j]} + \beta r_{[j]}) j^a$. 工件 $J_{[j]}$ 和 $J_{[j+1]}$ 的资源消耗量之和为 $u_{[j]} + u_{[j+1]} = f^{-1}(r_{[j]}) + f^{-1}(r_{[j]} + (a_{[j]} + \beta r_{[j]}) j^a)$. 交换工件 $J_{[j]}$ 和 $J_{[j+1]}$ 的位置得到 $\bar{\pi}$, 在 $\bar{\pi}$ 中,

$$\bar{r}_{[j+1]} = \bar{r}_{[j]} + (\bar{a}_{[j]} + \beta \bar{r}_{[j]}) j^a$$
$$\bar{u}_{[j]} + \bar{u}_{[j+1]} = f^{-1}(\bar{r}_{[j]}) + f^{-1}(\bar{r}_{[j]} + (\bar{a}_{[j]} + \beta \bar{r}_{[j]}) j^a)$$

由于 $\bar{r}_{[j]} = r_{[j]}$, $\bar{a}_{[j]} = a_{[j+1]}$, $a_{[j]} < a_{[j+1]}$, f^{-1} 是严格递减函数, 因此有

若 $j+1 > k$, 则 $\bar{u}_{[j]} + \bar{u}_{[j+1]} = u_{[j]} + u_{[j+1]}$;

若 $j+1 \leqslant k$, 则 $\bar{u}_{[j]} + \bar{u}_{[j+1]} \leqslant u_{[j]} + u_{[j+1]}$.

交换工件 $J_{[j]}$ 和 $J_{[j+1]}$ 的位置对于其他工件的到达时间没有影响, 因此有 $U(\bar{\pi}, u_{\bar{\pi}}^*) \leqslant U(\pi, u_{\pi}^*)$. 经过若干次互换相邻工件, 可使 π 转换成 π^*, 而资源消耗总量不会增加, 既有 $U(\pi^*, u^*) \leqslant U(\pi, u_{\pi}^*)$. 证毕.

2.3   具有可变维修限制的时间相关的排序问题

Cheng 和 Ding[7] 考虑了单机情形下三类经典的目标函数, 工件 J_j 的加工时间为 $p_j(t) = a_j + b_j t$, 且具有截止工期; 对于最大完工时间问题和总完工时间问题给出了时间复杂性为 $O(n^5)$ 的动态规划算法, 对于最大延迟问题给出了时间复杂性为 $O(n^6)$ 的动态规划算法. Luo 等[9] 研究了具有一次维修限制的单机排序问题, 维修活动必须在截止工期之前开始, 且维修区间的长度是开始维修时间和位置的非减函数.

基于 Cheng 和 Ding[7]、Luo 等[9] 的思想, 本节考虑具有多个维修区间和退化效应的单机排序问题. 机器维修之后恢复到最初的水平, 维修区间的长度是两个维修区间的工件加工时间之和的正的可微非减凸函数. 目标函数为最大完工时间问题和总完工时间问题.

2.3.1   问题描述

本节的排序模型描述如下: 工件集合 $J = \{J_1, J_2, \cdots, J_n\}$ 在单台机器上加工, 零时刻工件是可行的. 工件的正常加工时间和实际加工时间为 p_j 和 $p_j(t) = \alpha_j + \beta_j t$, 其中 t 是开始加工时间, $\beta_j > 0$ 是工件 J_j 的退化率. 机器由于退化效应需要进行维修, 维修之后返回到最开始的状态, 令维修时间长度为 $d = f(x)$, 其中 x 为两个相邻维修区间的工件实际加工时间之和. 假设存在 $k-1$ 个维修区间, 即工件的加工分为 k 组. 进一步假设机器上的任务序列为 $\{G_1, \text{VM}_1, G_2, \text{VM}_2, \cdots, \text{VM}_{k-1}, G_k\}$, 其中 G_i, VM_j 分别表示第 i 组工件和第 j 个维修区间. 为了更好地表述本节内容, 工件 J_j 在区间 G_i 内加工, 用 J_{ij} 表示. 本节将考虑以下两个模型:

$$1|p_{jt} = \alpha_j + \beta_j t, \quad \text{VMS}|C_{\max} \quad \text{和} \quad 1|p_{jt} = \alpha_j + \beta_j t, \quad \text{VMS}\Big|\sum C_j, \quad (2.6)$$

其中 VMS 表示维修活动.

2.3.2   可变维修区间下的最大完工时间问题

在这一节, 当维修区间的个数任意时, 将利用 3 划分的方法作为归结提供问题 $1|p_{jt} = \alpha_j + \beta_j t, \text{VMS}|C_{\max}$ 是强 NP 难的证明. 如果维修区间个数是固定的, 则给出问题 $1|p_{jt} = \alpha_j + \beta_j t, \text{VMS}|C_{\max}$ 是一般意义下 NP 难的.

定理 2.3   问题 $1|p_{jt} = \alpha_j + \beta_j t, \text{VMS}|C_{\max}$ 是强 NP 难的.

证明 给定 3 划分的一个实例, $Z = \{z_1, z_2, \cdots, z_{3k}\}$ 是整数序列, w, b 均为整数, 且 $w > 2^8 k^3 b^3$. 随后问题 $1|p_{jt} = \alpha_j + \beta_j t, \text{VMS}|C_{\max} \leqslant G$ 的实例将被构造.

首先把维修活动区间看作一个特殊的工件, 假设 i 个维修活动区间的长度是固定的, 即 $\alpha_i = w, \beta_i = 0$, 也就是说 $d = f(x) = w$. $4k - 1$ 个工件被划分为 $R \cup S$, 其中 $R = \{R_1, R_2, \cdots, R_{3k}\}$ 和 $S = \{S_1, S_2, \cdots, S_{k-1}\}$, 且

工件的加工时间为: $\alpha_i = wz_i, 1 \leqslant i \leqslant 3k$, $\alpha_i^s = w, 1 \leqslant i \leqslant k - 1$

加工时间的非减变化率: $\beta_i = \dfrac{z_i}{w}, 1 \leqslant i \leqslant 3k$, $\alpha_i^s = 0, 1 \leqslant i \leqslant k - 1$

门槛值: $G = wk(b+1) + \sum_{i=1}^{3k} \sum_{j=1}^{i-1} z_i z_j + \dfrac{1}{2}(k-1)kb + 1$

这是很显然地能够在多项式时间内执行上述操作, 并且得到问题 $1|p_{jt} = \alpha_j + \beta_j t, \text{VMS}|C_{\max}$ 的一个可行实例.

前 $3k$ 个工件为划分工件, 最后的 $k - 1$ 个工件为特殊工件. 接下来将构造 3 划分问题的一个解当且仅当问题 $1|p_{jt} = \alpha_j + \beta_j t, \text{VMS}|C_{\max} \leqslant G$ 也存在一个解.

对于问题 $1|p_{jt} = \alpha_j + \beta_j t, \text{VMS}|C_{\max} \leqslant G$ 构造一个可行排序 $S = \{R_{[1]}, R_{[2]}, \cdots, R_{[4k-1]}\}$, 设 $C_{[i]}, \alpha_{[i]}, p_{[i]}$ 和 $\beta_{[i]}$ 表示 J 中 $R_{[i]}$ 的完工时间、正常加工时间、实际加工时间和加工率, $1 \leqslant i \leqslant 4k - 1$. 注意到 $p_{[1]} = \alpha_{[1]}, p_{[i]} = \alpha_{[i]} + \beta_{[i]} C_{[i-1]}, 1 \leqslant i \leqslant 4k - 1$. 则工件 $R_{[4k-1]}$ 的完工时间可以如下给出

$$C_{[4k-1]} = \sum_{i=1}^{4k-1} \left(\alpha_{[i]} + \beta_{[i]} C_{[i-1]} \right) = \sum_{i=1}^{4k-1} \alpha_{[i]} + \sum_{i=1}^{4k-2} \beta_{[i+1]} \left(\sum_{j=1}^{i} \alpha_{[i]} + \sum_{j=1}^{i-1} \beta_{[i]} C_{[j]} \right)$$

$$= \sum_{i=1}^{4k-1} \alpha_{[i]} + \sum_{i=1}^{4k-2} \sum_{j=1}^{i} \beta_{[i+1]} \alpha_{[i]} + \sum_{i=1}^{4k-2} \sum_{j=1}^{i-1} \beta_{[i+1]} \beta_{[j+1]} C_{[j]}$$

由于 J 能够表示成 $\{Q_1, S_1, Q_2, S_2, \cdots, S_{K-1}, Q_K\}$, 其中 Q_i 表示排在 S_{i-1} 和 S_i 之间的划分工件的集合, $2 \leqslant i \leqslant k$. Q_1 和 Q_k 是排在 S_1 之前和 S_{k-1} 之后的划分工件集合.

对于 J 中 $R_{[j]} \in R$, 定义两个工件集合, $J_1 = \{R_{[j]}|R_{[j]} \in R, 1 \leqslant j \leqslant i\}$ 和 $J_2 = \{R_{[j]}|R_{[j]} \in J, 1 \leqslant j \leqslant i\}$, 则有

$$C_{[4k-1]} = \sum_{R_{[j]} \in R \cup S} \alpha_{[i]} + \sum_{R_{[j]} \in R} \sum_{R_{[j]} \in J_2} \alpha_{[j]} \beta_{[i]} + \sum_{i=1}^{4k-2} \sum_{j=1}^{i-1} \alpha_{[i+1]} \beta_{[j+1]} C_{[j]}$$

令 $R_{\tilde{i}}$ 表示 J 中第 i 个位置的工件, 其中标注 $\tilde{i}$ 表示 J 中划分工件的第 i 个位置的工件的下标. 设 $C_{\tilde{i}}, \alpha_{\tilde{i}}, p_{\tilde{i}}$ 和 $\beta_{\tilde{i}}$ 分别表示 J 中 $R_{\tilde{i}}$ 的完工时间、正常加工时间、实际加工时间和加工率, $1 \leqslant i \leqslant 3k$. 则有

$$\sum_{R_{[i]} \in R} \sum_{R_{[j]} \in J_1} \beta_{[i]} \alpha_{[j]} = \sum_{i=1}^{3k} \sum_{j=1}^{i-1} \beta_{\bar{i}} \alpha_{\bar{i}} = \sum_{i=1}^{3k} \sum_{j=1}^{i-1} \frac{z_{\bar{i}}}{w} w z_{\bar{i}} = \sum_{i=1}^{3k} \sum_{j=1}^{i-1} z_i z_j$$

令 Δ_i 表示 $\sum_{R_{[j]} \in Q_{[i]}} z_{[j]}$, $1 \leqslant i \leqslant k$. 对于 J 中每个特殊的任务 $R_{[i]} \in S$ 定义 $M_{[i]} \triangleq \{R_{[j]} | R_{[j]} \in R, i < j \leqslant 4k - 1\}$. 由于 $\alpha_i^s = w$, 对于 $1 \leqslant i \leqslant k - 1$, $\beta_{[i]} = \frac{z_{[j]}}{w}$, 其中在 J 中, 有 $R_{[i]} \in S$, 接着有

$$\sum_{R_{[i]} \in R} \sum_{R_{[j]} \in J_2} \beta_{[i]} \alpha_{[j]} = \sum_{R_{[i]} \in S} \sum_{R_{[j]} \in M_{[i]}} \beta_{[i]} \alpha_{[j]} = \sum_{R_{[i]} \in R} \sum_{R_{[j]} \in J_2} w \frac{z_{[j]}}{w}$$

$$= \sum_{i=1}^{m} \sum_{j=1}^{k} \Delta_i = \sum_{i=1}^{k} i \Delta_i$$

注意到 $w \beta_{[i]} \leqslant b$, $C_{[i]} \leqslant C_{[4k-1]}$, $1 \leqslant i \leqslant 4k - 1$, 且 $\sum_{R_{[j]} \in R \cup S} \alpha_{[i]} = kw(b+1) - w$, 则工件 $R_{[4k-1]}$ 的完工时间可以重新写为

$$C_{[4k-1]} = \sum_{i=1}^{4k-1} (\alpha_{[i]} + \beta_{[i]}) C_{[i-1]} \leqslant wk(b+1) - w + \frac{4kb}{w} C_{[4k-1]}$$

$$\leqslant wk(b+1) + \frac{4kb}{w} C_{[4k-1]}$$

注意到 $w \geqslant 2^8 k^3 b^3$, 则有

$$0 \leqslant C_{[4k-1]} \leqslant wb(b+1) \frac{w}{w - 4kb} \leqslant 4wkb$$

和

$$0 \leqslant \sum_{i=1}^{4k-2} \sum_{j=1}^{i-1} \beta_{[i+1]} C_{[j]} \leqslant 4k \cdot 4k \cdot \frac{b}{w} \cdot \frac{b}{w} 4wkb < 1$$

最后, 我们有

$$C_{[4k-1]} \leqslant wk(b+1) - w + \sum_{i=1}^{3k} \sum_{j=1}^{i-1} z_i z_j + \sum_{i=1}^{k-1} i \Delta_i + 1$$

接下来, 证明如果 3 划分问题有一个解, 则问题 $1|p_{jt} = \alpha_j + \beta_j t, \text{VMS}|C_{\max} \leqslant G$ 也有一个解. 令 $Z_1, Z_2, \cdots, Z_k$ 是 3 划分问题的一个解. 对于每个 $z_j \in Z_i$, 在 R 中排 R_j, 且在同一个加工区间内工件的顺序是任意的, 则 $k - 1$ 个特殊的工件

能够被安排在 S_i 中. 由于 $\Delta_i = \sum_{R_j \in Q_i} z_j, 1 \leqslant i \leqslant k$, 则有

$$C_{[4k-1]} \leqslant wk(b+1) - w + \sum_{i=1}^{3k} \sum_{j=1}^{i-1} z_i z_j + \frac{k(k-1)}{2} b + 1 = G$$

反过来, 令 $J = \{Q_1, S_1, Q_2, S_2, \cdots, S_{k-1}, Q_k\}$ 是 $R \cup S$ 的一个可行排序, 其中 $C_{4k-1} \leqslant G$. 整数 Z 被划分为 $Z_1, Z_2, \cdots, Z_k$, 且 $\{z_j | R_j \in Q_i\} \to Z_i$. 设 $\Delta_i = \sum_{R_j \in Q_i} z_j$, 首先 $\sum_{j=1}^{i} \Delta_j \leqslant ib, 1 \leqslant i \leqslant k-1$. 注意到 $\sum_{j=1}^{k} \Delta_j = kb$, 则 $\sum_{j=i}^{k} \Delta_j \geqslant (k-i+1)b$.

其次, 基于 $C_{[4k-1]} \leqslant G$, 则工件 $R_{[4k-1]}$ 和 G 的完工时间差能被写成

$$C_{[4k-1]} - G > wk(b+1) - w + \sum_{i=1}^{3k} \sum_{j=1}^{i-1} z_i z_j + \sum_{i=1}^{k-1} i\Delta_i + 1$$

$$- \left[wk(b+1) - w + \sum_{i=1}^{3k} \sum_{j=1}^{i-1} z_i z_j + \sum_{i=1}^{k-1} ib + 1 \right]$$

$$= \sum_{i=1}^{k-1} i\Delta_i - \sum_{i=1}^{k-1} ib = \sum_{i=1}^{k-1} \left(\sum_{j=i}^{k-1} \Delta_i - (k-i)b \right)$$

由于 $\sum_{i=1}^{k-1} (c) \leqslant 0$, 则等式 $\sum_{j=i}^{k-1} \Delta_i = (k-i)b$ 成立. 进而有 $\Delta_i = b, 1 \leqslant i \leqslant k-1$. 证毕.

定理 2.4 问题 $1|p_j(t) = \alpha_j + \beta t, \text{VMS}|C_{\max}$ 是 NP 难的, 即使维修次数只有一次.

证明 当 $k = 1$ 时, 也即单维修区间, 如果 $\alpha_j = 0$ 和 $d = f(x)$, 当前问题就归结为 Ji 等[8] 的问题, 由于该问题是 NP 难的, 则当维修区间固定时, 当前模型仍然是 NP 难的. 证毕.

接下来对于当前模型考虑一个伪多项式动态规划算法, 目的是说明该问题不是强 NP 难的. 首先给出一个有用的引理.

引理 2.3 对于问题 $1|p_j(t) = \alpha_j + \beta_j t, \text{VMS}|C_{\max}$, 存在一个最优序满足组内工件按照 $\frac{\alpha_j}{\beta_j}$ 的非减顺序排列.

证明 通过二交换方法, 按照 $\frac{\alpha_j}{\beta_j}$ 的非减顺序排列得到问题 $1|p_j(t) = \alpha_j + \beta_j t|C_{\max}$ 的组内工件的最优序列. 证毕.

根据引理 2.3, 设计一个包含 n 个阶段的算法, 在每个阶段 $j = 1, \cdots, n$, 有一个状态空间被生成集族 $\mathcal{F}_j$, 在集族 $\mathcal{F}_j$ 中任何状态有向量 $(u_1, u_2, \cdots, u_k)$ 表

示对应的部分可行序列, 对于工件集合 $(J_1, \cdots, J_i)$, 其中 u_i 表示分配到组 G_i 中工件的总加工时间. 状态族 $\mathcal{F}_j$ 迭代生成, $j = 0, 1, \cdots, n$. 初始状态为 $\mathcal{F}_0 = (0, 0, \cdots, 0)$. 第 j 个状态, 即工件 J_j 进入到新的状态, 对于 $(u_1, u_2, \cdots, u_k)$ 在族 $\mathcal{F}_j$ 中, 存在 k 个可能的方式把工件 J_j 加入. 不妨令工件 J_j 加入到组 G_i 中, 则工件 J_j 对于组 G_i 的贡献为 $\alpha_j + \beta_j u_i$, 其余组的贡献为 0, 则新的状态变为 $(u_1, \cdots, u_{i-1}, \alpha_j + (1 + \beta_j) u_i, u_{i+1}, \cdots, u_k)$.

在提供算法之前, 考虑一个消去性质, 目的是减少搜索空间.

引理 2.4   对于集族 $\mathcal{F}_j$ 两个状态 $(u_1, u_2, \cdots, u_k)$ 和 $(u_1', u_2', \cdots, u_k')$, 且 $u_l \leqslant u_l'$ $(1 \leqslant l \leqslant k)$, 则我们消去第二个状态.

证明   考虑到状态 $(u_1', u_2', \cdots, u_k')$ 的任意序列 ϖ_2 的一个解, 对应于 $(u_1, u_2, \cdots, u_k)$ 的任意序列 ϖ_1 产生的一个解的目标函数值优于或者与 ϖ_2 的一个解的目标函数值相等, 则结论成立. 证毕.

总结上述分析, 给出下面的算法.

算法 2.2   第一步 (预处理): 按照 $\dfrac{\alpha_j}{\beta_j}$ 的非减顺序重新安排工件.

第二步 (初始化): 令 $\mathcal{F}_0 = (0, 0, \cdots, 0)$.

第三步 (一般化): 从集族 $\mathcal{F}_{j-1}$ 生产集族 $\mathcal{F}_j$,

$$(u_1, u_2, \cdots, u_k) \in \mathcal{F}_j, \quad \text{置 } \mathcal{F}_j = \varnothing \ (j = 1, \cdots, n)$$

消去规则: 更新 $\mathcal{F}_{j*}$, 对于任何两个状态 $(u_1, u_2, \cdots, u_k)$ 和 $(u_1', u_2', \cdots, u_k')$, 且 $u_l \leqslant u_l'$ $(1 \leqslant l \leqslant k)$, 则消去第二个状态.

第四步 (结果): 最优的值为

$$\min \left\{ \sum_{i=1}^{k-1} u_i + f(u_i) + u_k \,\middle|\, (u_1, u_2, \cdots, u_k) \in \mathcal{F}_n \right\}$$

并且最优解能够通过逆推的方式得到.

定理 2.5   算法 2.2 能够在时间 $O\left(n \left(\sum_{i=1}^{n} \alpha_i \prod_{j=1}^{n} (1 + \beta_j) \right)^{k-1} \right)$ 给出问题 $1 | p_j(t) = \alpha_j + \beta_j t | C_{\max}$ 的最优解.

证明   算法的正确性直接由上面的讨论给出. 现在分析算法的复杂性. 第一步需要执行一个顺序排序, 时间复杂性为 $O(n \log n)$. 在第三步, 需要对于 j 进行迭代, 对于每个 u_l 最多可能有 $\left(\sum_{i=1}^{n} \alpha_i \prod_{j=1}^{n} (1 + \beta_j) \right)^{k-1}$ 个选择. 根据消去规则, 在每一次迭代前, 不同状态个数的上界为 $\left(\sum_{i=1}^{n} \alpha_i \prod_{j=1}^{n} (1 + \beta_j) \right)^{k-1}$. 对于每个迭代 j, 在 $\mathcal{F}_{j-1}$ 最多有 k 个新的状态生成. 在 $\mathcal{F}_j$ 中生成新的状态个数最多为 $O\left(k \left(\sum_{i=1}^{n} \alpha_i \prod_{j=1}^{n} (1 + \beta_j) \right)^{k-1} \right)$. 然而经过消去规则之后, 在 $\mathcal{F}_j$ 中最终的

状态个数为 $O\left(\left(\sum_{i=1}^{n}\alpha_i\prod_{j=1}^{n}(1+\beta_j)\right)^{k-1}\right)$. 进而在执行 n 次迭代后, 第三步

被执行的时间为 $O\left(n\left(\sum_{i=1}^{n}\alpha_i\prod_{j=1}^{n}(1+\beta_j)\right)^{k-1}\right)$. 证毕.

接下来考虑一个特殊情形, $\beta_j = \beta$, $d = f(x) = sx + q$, 其中 $s, q > 0$, x 是两个维修区间之间的实际加工时间之和. 接着将提供随后的引理用于解决当前问题.

引理 2.5 问题 $1|p_j(t) = \alpha_j + \beta t|C_{\max}$ 按照加工时间非减的顺序排列可以得到最优序, 其时间复杂性为 $O(n\log n)$, 如果第一个工件的开工时间为 t_0, 则最大完工时间为 $C_{\max} = C_n = \sum_{j=1}^{n}(1+\beta)^{n-j}\alpha_j$.

现在将在维修区间下考虑合理的条件以便满足组平衡规则, 增加加工时间为 0 的虚拟工件, 如果 $m|n$, 则不需要增加虚拟工件, 否则需要增加 $m - r$ 虚拟工件, 其中 $r = n - mk$, 因此下面的定理直接假设 $k|n$.

定理 2.6 对于问题 $1|p_j(t) = \alpha_j + \beta t, \mathrm{VMS}|C_{\max}$, 工件按照 LPT 规则重新排列, 则存在一个最优序列满足工件 J_j 排在组 G_l 的第 $\left\lceil\frac{n}{k}\right\rceil - \left\lceil\frac{j}{k}\right\rceil + 1$ 个位置, 其中 $j = kq + l, 1 \leqslant l \leqslant k$ ($l = k$ 意味着 $j|k$).

证明 定理意味着工件 J_{il} 的正常加工时间大于等于 J_{jl}, 如果 $i < j$. 注意到每组内的工件按照 SPT 规则排列, 首先证明组平衡规则, 划分为两种情形讨论组平衡规则.

情形 1: 首先考虑最后两组 $G_{k-1}(\pi)$ 和 $G_k(\pi)$, 令 $\pi = \{S_1, G_i(\pi), \mathrm{VM}, G_{k-1}(\pi), G_k(\pi)\}$ 和 $\pi' = \{S_1, G_i(\pi'), \mathrm{VM}, G_{k-1}(\pi'), G_k(\pi')\}$ 是两个工件集, 且组 $G_{k-1}(\pi')$ 由组 $G_{k-1}(\pi)$ 删除最后一个工件 $J_{k-1,n_{k-1}}$, $G_k(\pi')$ 由组 $G_k(\pi)$ 增加工件 $J_{k-1,n_{k-1}}$ 而得到, S_1 是部分工件序列. 进一步假设 $n_i > n_j$, 序列中组 $G_{k-1}(\pi)$ 和组 $G_{k-1}(\pi')$ 的第一个工件的开工加工时间为 t_0, 则有

$$C_{\max}(\pi) = t_0 + (1+s)\sum_{l=1}^{n_{k-1}}\alpha_{k-1,l}(1+\beta)^{n_{k-1}-l} + q + \sum_{l=1}^{n_k}\alpha_{kl}(1+\beta)^{n_k-l}$$

和

$$C_{\max}(\pi') = t_0 + (1+s)\sum_{l=1}^{n_{k-1}-1}\alpha_{k-1,l}(1+\beta)^{n_k-l-1} + q$$
$$+ \sum_{l=1}^{n_k}\alpha_{kl}(1+\beta)^{n_{k+1}-l} + \alpha_{k-1,n_{k-1}}$$

进而上述两个式子的差为

$$C_{\max}(\pi) - C_{\max}(\pi') = (1+s)\left[\sum_{l=1}^{n_{k-1}-1}\alpha_{k-1,l}(1+\beta)^{n_{k-1}-1-l} - \sum_{l=1}^{n_k}\alpha_{kl}(1+\beta)^{n_k-l}\right]$$

注意到 $n_{k-1} > n_k$, 则 $n_{k-1} - 1 \geqslant n_k$, 进而有 $C_{\max}(\pi) - C_{\max}(\pi') \geqslant (1+s) \cdot \sum_{l=1}^{n_{k-1}-1} (\alpha_{k-1,l} - \alpha_{kl})(1+\beta)^{n_k-l}$. 为了证明组平衡规则, 仅仅需要证明 $C_{\max}(\pi) \geqslant C_{\max}(\pi')$, 即 $\alpha_{k-1,l} \geqslant \alpha_{kl}$. 工件按照 LPT 规则排列, 在组 G_l 中, 工件 J_j 将被安排在第 $\left\lceil \dfrac{n}{k} \right\rceil - \left\lceil \dfrac{j}{k} \right\rceil + 1$ 个位置, 其中 $j = kq + l$, 则结论成立.

情形 2: 令 $\pi = \{S_1, G_i(\pi), \mathrm{VM}, G_j(\pi), \mathrm{VM}, S_2\}$ 和 $\pi' = \{S_1, G_i(\pi'), \mathrm{VM}, G_j(\pi'), \mathrm{VM}, S_2\}$ 是两个工件集, 且组 $G_i(\pi')$ 由组 $G_i(\pi)$ 删除最后一个工件 J_{in_i}, $G_j(\pi')$ 由组 $G_j(\pi)$ 增加工件 J_{in_i} 而得到, S_1 和 S_2 是工件序列的两个部分. 进一步假设 $n_i > n_j$, 序列中组 $G_i(\pi)$ 和组 $G_i(\pi')$ 的第一个工件的开工加工时间为 t_0, 序列 S_2 中工件的加工时间和维修时间的和为 B. 则有

$$C_{\max}(\pi) = t_0 + (1+s) \left[\sum_{l=1}^{n_i} \alpha_{il}(1+\beta)^{n_i-l} + \sum_{l=1}^{n_j} \alpha_{jl}(1+\beta)^{n_j-l} \right] + 2q + B$$

和

$$C_{\max}(\pi') = t_0 + (1+s) \left[\sum_{l=1}^{n_i} \alpha_{il}(1+\beta)^{n_i-l-1} + \sum_{l=1}^{n_j} \alpha_{jl}(1+\beta)^{n_j+l-1} + \alpha_{in_i} \right] + 2q + B$$

基于上面的两个等式, 有

$$C_{\max}(\pi) - C_{\max}(\pi') = (1+s) \left[\sum_{l=1}^{n_i-1} \alpha_{il}(1+\beta)^{n_i-l} - \sum_{l=1}^{n_j} \alpha_{jl}(1+\beta)^{n_j-l} \right]$$

注意到 $n_i > n_j$, 则 $n_i - 1 \geqslant n_j$, 进而 $C_{\max}(\pi) - C_{\max}(\pi') \geqslant (1+s) \sum_{l=1}^{n_i-1} (\alpha_{k-1,l} - \alpha_{kl})(1+\beta)^{n_i-l}$. 为了证明组平衡规则, 仅仅需要证明 $C_{\max}(\pi) \geqslant C_{\max}(\pi')$, 即 $\alpha_{il} \geqslant \alpha_{jl}$. 工件按照 LPT 规则排列, 在组 G_l 中, 工件 J_j 将被安排在第 $\left\lceil \dfrac{n}{k} \right\rceil - \left\lceil \dfrac{j}{k} \right\rceil + 1$ 个位置, 其中 $j = kq + l$, 则结论成立. 证毕.

接下来, 需要一个接一个地确定工件可能加工的位置, 首先在 k 组中分配前 k 个工件, 即第 1 个工件分配到组 G_1 的第 $\left\lceil \dfrac{n}{k} \right\rceil$ 个位置, 第 2 个工件分配到组 G_2 的第 $\left\lceil \dfrac{n}{k} \right\rceil$ 个位置, 以此类推. 类似地, 接下来的 k 个工件被放在各组的第 $\left\lceil \dfrac{n}{k} \right\rceil - 1$ 个位置, 直到所有的工件被安排. 进一步把工件 J_j 安排在第 $\left\lceil \dfrac{n}{k} \right\rceil - \left\lceil \dfrac{j}{k} \right\rceil + 1$ 个位置, 其中 $j = kq + l$.

按照上述方式确定的最优的工件族 k^* 以及对应的最大完工时间, 可以利用下面的算法进行描述.

算法 2.3 第一步: 工件按照 LPT 规则重新排列, 对于 k, 从 1 到 n, 如果 $n = km + r$, $1 \leqslant r \leqslant k$, 则增加 $m - r$ 个虚拟工件, 以便满足 $k|n$.

第二步: 输出最优的 m^*, 满足 $C_{\max}(k^*) = \min\{C_{\max}(k) | 1 \leqslant k \leqslant n\}$, 其中 $C_{\max}(k)$ 表示维修区间个数为 $k - 1$ 的最大完工时间.

定理 2.7 问题 $1|p_j(t) = \alpha_j + \beta t, \text{VMS}| \sum C_j$ 可以在 $O(n^2)$ 得到最优解, 其中维修区间的长度是关于两个相邻维修区间内工件的实际加工时间和的线性函数.

证明 算法 2.3 的正确性可以从定理 2.6 得到. 注意到算法的第一步是顺序排序, 所需的时间复杂性为 $O(n \log n)$, 第二步仅仅为迭代, 所需的时间复杂性为 $O(n)$, 故总的时间复杂性为 $O(n^2)$. 证毕.

2.3.3 可变维修区间的总完工时间问题

在这一节, 将考虑问题 $1|p_j(t) = \alpha_j + \beta_j t, \text{VMS}| \sum C_j$, 以及获得一些结果和性质.

定理 2.8 问题 $1|p_j(t) = \alpha_j + \beta_j t, \text{VMS}| \sum C_j$ 是强 NP 难的, 如果维修区间个数是任意的.

证明 将利用 3 划分问题进行归结. 首先给出 3 划分问题的一个实例进而归结问题 $1|p_j(t) = \alpha_j + \beta_j t, \text{VMS}| \sum C_j \leqslant G$ 的一个解, 相似于证明 $1|p_j(t) = \alpha_j + \beta_j t, \text{VMS}|C_{\max} \leqslant G$ 的方法, 令

$$G = \frac{k(k+1)(b+1)}{2} w + k - w + \sum_{l=0}^{k-1} \sum_{i=3l+1}^{3(l+1)} \sum_{j=1}^{i-1} z_i z_j + \frac{(k-1)k(k+1)}{6} b$$

可以证明存在 3 划分问题的一个正确的实例, 当且仅当问题 $1|p_j(t) = \alpha_j + \beta_j t$, $\text{VMS}| \sum C_j \leqslant G$ 存在一个解. 证毕.

定理 2.9 问题 $1|p_j(t) = \alpha_j + \beta_j t, \text{VMS}| \sum C_j$ 是 NP 难的, 如果维修区间数目固定, 即使只有一个维修区间也是 NP 难的.

证明 当 $k = 1$ 时, 即只有一个维修区间, 且 $\alpha_j = 0$, $d = f(x)$, 当前问题可以归结到 Ji 等[8] 所考虑的问题, 他们证明该问题是 NP 难的. 这就意味着当前模型, 在固定的维修区间限制下是 NP 难的. 证毕.

接下来, 考虑一个特例, 也即 $\beta_j = \beta$, $d = f(x) = sx + q$, 其中 $s, q > 0$, x 是两个维修区间之间的实际加工时间之和. 基于指派方法和动态规划方法, 将提供两个多项式时间算法.

引理 2.6 问题 $1|p_j(t) = \alpha_j + \beta t| \sum C_j$, 工件按照 α_j 的非增顺序规则可以得到问题的最优序. 如果工件序列 $\pi = \{J_1, J_2, \cdots, J_n\}$ 且第一个工件的开工时间为 $t = 0$, 则序列 π 中工件的总完工时间为 $\sum C_j = \sum_{j=1}^{n} \sum_{i=j}^{n} (1 + \beta)^{n-i} \alpha_j$.

利用引理 2.6, 通过直接计算可以得到下面的结论. 如果第一个工件的开工时间为 0, 对于问题 $1|p_j(t) = \alpha_j + \beta t, \mathrm{VMS}\big|\sum C_j$, 如果组 G_i 的工件个数为 n_i, 第一个工件的开始加工时间为 0, 则序列中工件的总完工时间为

$$\sum C_j = \sum_{i=1}^{k}(i-1)n_i q + \sum_{i=1}^{k}\sum_{j=1}^{n_i}\left[\frac{(1+\beta)^{n_i-j+1}-1}{\beta} + (1+s)(1+\beta)^{n_i-j}\right]\alpha_{ij}$$

$$(2.7)$$

定理 2.10　问题 $1|p_j(t) = \alpha_j + \beta t, \mathrm{VMS}\big|\sum C_j$ 能够转化为指派问题.

证明　由于维修区间的个数为 $k-1$, 以及第 i 组加工的工件个数为 $n_i, 1 \leqslant i \leqslant k$, 则 $\sum_{i=1}^{k}(i-1)n_i q$ 是常数. 接下来仅仅需要考虑式 (2.7) 的第二部分

$$C_{ijr} = \sum_{j=1}^{n_i}\left[\frac{(1+\beta)^{n_i-(r-1)}-1}{\phi} + (1+s)(1+\beta)^{n_i-r}\sum_{l=i+1}^{k}n_l\right]\alpha_{ijr}$$

是指派工件 J_j 到组 G_i 的第 r 个位置. 令变量 x_{ijr} 满足工件 J_j 到组 G_i 的第 r 个位置, 则 $x_{ijr} = 1$, 否则 $x_{ijr} = 0$, 其中 $1 \leqslant i \leqslant k$, $1 \leqslant j \leqslant n$ 和 $1 \leqslant r \leqslant n_i$. 则当前问题转化为指派问题为

$$\min \sum_{j=1}^{n}\sum_{i=1}^{k}\sum_{r=1}^{n_i}c_{ijr}x_{ijr}$$

$$\mathrm{s.t.}\begin{cases} \displaystyle\sum_{r=1}^{n_i}x_{ijr} = 1, & 1 \leqslant i \leqslant k, \quad 1 \leqslant j \leqslant n, \\[2mm] \displaystyle\sum_{j=1}^{n}x_{ijr} = 1, & 1 \leqslant i \leqslant k, \quad 1 \leqslant r \leqslant n_i, \\[2mm] \displaystyle\sum_{i=1}^{k}x_{ijr} = 1, & 1 \leqslant j \leqslant n, \quad 1 \leqslant r \leqslant n_i, \\[2mm] x_{ijr} = 0/1, & 1 \leqslant i \leqslant k, \quad 1 \leqslant j \leqslant n, \quad 1 \leqslant r \leqslant n_i \end{cases}$$

证毕.

定理 2.11　问题 $1|p_j(t) = \alpha_j + \beta t, \mathrm{VMS}\big|\sum C_j$ 能够在多项式时间 $O(n^{k+2})$ 内得到最优解.

证明　对于给定的 $k, 1 \leqslant k \leqslant n$, 维修区间的次数为 $k-1$. 给定的 k 就相当于确定了维修区间的个数, 即等于 $C_k^{k-1}(k-1)!$. 注意到利用经典匈牙利算法, 指派问题能够在 $O(n^3)$ 内得到解决, 则当前问题的最优解能够在 $O(n^{k+2})$ 时间内得到. 证毕.

2.4 时间相关和指数相关的学习效应的排序问题

2.4.1 模型描述

考虑递减的时间相关和具有指数学习效应的问题. 模型如下: 给定 n 个独立不可中断的工件 $(J_1,\cdots,J_n)$, p_j 是工件 J_j 的正常加工时间, $p_{[k]}$ 表示排在序列第 k 个位置的工件的正常加工时间. 工件 J_j 的权重为 w_j, 工期为 d_j. 设 $p_{jr}(t)$ 表示工件 J_j 在序列第 r 个位置, 开工时间为 t 的实际加工时间, 即

$$p_{jr}(t) = p_j(1-bt)\alpha^{r-1}, \quad r = 1,\cdots,n$$

其中 $0 < b < 1, 0 < \alpha \leqslant 1$ 和 $b\left(\sum_{j=1}^n p_j - p_{\min}\right) < 1$, $p_{\min} = \min_{j\in\{1,\cdots,n\}}\{p_j\}$.

对于给定的序列 $\pi = \{J_1,\cdots,J_n\}$, $C_j = C_j(\pi)$ 表示工件 J_j 的完工时间. $C_{\max} = \max\{C_j|j=1,\cdots,n\}$, $\sum C_j$, $\sum U_j$, $L_{\max} = \max\{C_j - d_j|j=1,\cdots,n\}$ 和 $\sum w_j(1-e^{-kC_j})(0 < k < 1)$ 分别表示最大完工时间、总完工时间、总误工工件个数、最大延迟和总加权折扣完工时间. 利用三参数法表示单机排序情形为

$$1|p_{jr}(t) = p_j(1-bt)\alpha^{r-1}|f, \quad f \in \left\{C_{\max}, \sum C_j, L_{\max}, \sum w_j(1-e^{-kC_j}), \sum U_j\right\}$$

首先给出一个引理, 该引理将被用于后面的定理.

引理 2.7 对于问题 $1|p_{jr}(t) = p_j(1-bt)\alpha^{r-1}|C_{\max}$, 序列中第一个工件的开工时间之和为 t_0, 则它的最大完工时间为

$$C_{\max}\{t_0|J_1,\cdots,J_n\} = t_0\prod_{j=1}^n(1-bp_j\alpha^{j-1}) + \sum_{j=1}^n p_j\alpha^{j-1}\prod_{i=j+1}^n(1-bp_i\alpha^{i-1})$$

证明 (利用归纳法证明) 对于给定的序列 $\pi = \{J_1,\cdots,J_n\}$, 通过直接计算可得

$$C_1 = t_0 + p_1(1-bt_0) = (1-bp_1)t_0 + p_1$$
$$C_2 = C_1 + p_2(1-bC_1)\alpha$$
$$= t_0\prod_{j=1}^2(1-bp_j\alpha^{j-1}) + \sum_{j=1}^2 p_j\alpha^{j-1}\prod_{i=j+1}^2(1-bp_i\alpha^{i-1})$$

假设对于工件 J_k 成立, 接着考虑工件 J_{k+1},

$$C_{k+1} = C_k + p_{k+1}(1-bC_k)\alpha^k$$
$$= t_0\prod_{j=1}^{k+1}(1-bp_j\alpha^{j-1}) + \sum_{j=1}^{k+1} p_j\alpha^{j-1}\prod_{i=j+1}^{k+1}(1-bp_i\alpha^{i-1})$$

于是, 引理 2.7 对于工件 J_{k+1} 也是成立的. 证毕.

接下来给出两个定义.

定义 2.1 (一致关系)　如果 $a_i \leqslant a_j \Rightarrow b_i \leqslant b_j$, 则称 a_j 和 b_j 具有一致关系, 记为 (a_j, b_j).

定义 2.2 (反一致关系)　如果 $a_i \leqslant a_j \Rightarrow b_i \geqslant b_j$, 则称 a_j 和 b_j 具有反一致关系, 记为 anti-(a_j, b_j).

定理 2.12　对于问题 $1|p_{jr}(t) = p_j(1 - bt)\alpha^{r-1}|C_{\max}$, 按照工件的加工时间的非减顺序 (SPT 规则) 可以得到最优解.

证明　令序列 $\pi = \{J_1, \cdots, J_n\}$, 交换序列 π 中的两个相邻的工件 J_i 和 J_j 可以得到新的序列 π', 即 $\pi = \{S_1, J_i, J_j, S_2\}$ 和 $\pi' = \{S_1, J_j, J_i, S_2\}$, 其中 S_1 和 S_2 是部分序列. 进一步假设部分序列 S_1 中有 $r - 1$ 个工件, 且最后一个工件的完工时间为 t_0. 接着可以得到工件 J_i 和 J_j 分别在序列 π 中的第 r 和第 $r+1$ 个位置. 相似地可以得到工件 J_j 和 J_i 分别在序列 π' 中的第 r 和第 $r+1$ 个位置. 假设 $p_i \leqslant p_j$.

在序列 π 中, 工件 J_i 和 J_j 的完工时间为

$$C_i(\pi) = p_i \alpha^{r-1} + t_0(1 - bp_i \alpha^{r-1})$$

$$C_j(\pi) = p_j \alpha^{r-1} + p_i \alpha^{r-1}(1 - bp_j \alpha^r) + t_0(1 - bp_i \alpha^{r-1})(1 - bp_j \alpha^r) \tag{2.8}$$

相似地, 在序列 π' 中, 工件 J_j 和 J_i 的完工时间为

$$C_j(\pi') = p_j \alpha^{r-1} + t_0(1 - bp_j \alpha^{r-1}) \tag{2.9}$$

$$C_i(\pi') = p_i \alpha^{r-1} + p_j \alpha^{r-1}(1 - bp_i \alpha^r) + t_0(1 - bp_j \alpha^{r-1})(1 - bp_i \alpha^r) \tag{2.10}$$

基于式 (2.8) 和 (2.10), 有

$$C_j(\pi) - C_i(\pi') = (1 - bt_0)(p_i - p_j)(\alpha^{r-1} - \alpha^r)$$

由于 $0 < \alpha \leqslant 1$, $b\left(\sum_{j=1}^{n} p_j - p_{\min}\right) < 1$ 和 $p_i \leqslant p_j$, 则 $C_j(\pi) \leqslant C_i(\pi')$. 重复类似的有限次交换可以使序列满足 SPT 规则的条件, 而目标函数并不会增加. 证毕.

定理 2.13　对于问题 $1|p_{jr}(t) = p_j(1 - bt)\alpha^{r-1}|\sum C_j$, 按照工件的加工时间的非减顺序 (SPT 规则) 可以得到最优解.

证明　本证明仍然利用定理 2.12 证明中相同的表示法. 为了证明 π 支配 π', 只需要证明 (i) $C_j(\pi) \leqslant C_i(\pi')$; (ii) $C_i(\pi) + C_j(\pi) \leqslant C_i(\pi') + C_j(\pi')$.

(i) 的证明已经由定理 2.12 给出. 此外由于 $p_i \leqslant p_j$, 根据 (2.8) 和 (2.10), 有 $C_i(\pi) \leqslant C_j(\pi')$, 于是有 $C_i(\pi) + C_j(\pi) \leqslant C_i(\pi') + C_j(\pi')$.

(ii) 综上所述, 定理 2.13 成立. 证毕.

2.4.2 总加权完工时间问题和最大延迟问题

对于总加权完工时间和最大延迟的单机排序问题, 工件分别按照加权加工时间 $\frac{p_j}{w_j}$ 非减顺序 (WSPT 规则) 和按照工期 d_j 非减顺序 (EDD 规则) 即可得到最优序 (参见 [10]). 然而 Moshieov[11] 证明考虑学习效应时, 经典的算法已经无法得到最优解, 于是这两个算法在当前模型中不能成立. 接着, 把注意力放在问题的近似算法, 用最坏情况来评价启发式算法的性能.

定理 2.14 π 和 π^* 分别是问题 $1|p_{jr}(t) = p_j(1-bt)\alpha^{r-1}|\sum w_j C_j$ 的 WSPT 规则构成的序列和最优序列, 序列中的第一个工件的开工时间为 0, 则

$$\rho_1 = \frac{\sum w_j C_j(\pi)}{\sum w_j C_j(\pi^*)} \leqslant \frac{1}{\alpha^n \prod\limits_{l=1}^{n} (1-bp_l)}$$

且这个界是紧的.

证明 不失一般性, 假设 $\frac{p_1}{w_1} \leqslant \cdots \leqslant \frac{p_n}{w_n}$. 由于 $0 < \alpha \leqslant 1$ 和 $b\left(\sum_{j=1}^{n} p_j - p_{\min}\right) < 1$, 有

$$\sum w_j C_j(\pi) = w_1 p_1 + w_2(p_2\alpha + p_1(1-bp_2\alpha)) + \cdots$$
$$+ w_n \left(\sum_{j=1}^{n} p_j\alpha^{j-1} \prod_{i=j+1}^{n} (1-bp_i\alpha^{i-1})\right)$$
$$\leqslant w_1 p_1 + w_2(p_2 + p_1) + \cdots + w_n \left(\sum_{j=1}^{n} p_j\right)$$
$$= \sum_{j=1}^{n} w_j \left(\sum_{i=1}^{j} p_i\right)$$

其中 $\sum_{j=1}^{n} w_j \left(\sum_{i=1}^{j} p_i\right)$ 是该问题的经典排序问题的最优值.

设 $(J_{[1]}, \cdots, J_{[n]})$ 是在最优序 π^* 的工件序列, 有

$$\sum w_j C_j(\pi^*) = \sum_{j=1}^{n} w_{[j]} \left(\sum_{k=1}^{j} p_{[k]}\alpha^{k-1} \prod_{l=k+1}^{j} (1-bp_{[l]}\alpha^{l-1})\right)$$
$$\geqslant \sum_{j=1}^{n} w_{[j]} \left(\sum_{k=1}^{j} p_{[k]}\alpha^n \prod_{l=1}^{n} (1-bp_{[l]}\alpha^{l-1})\right)$$

$$\geqslant \sum_{j=1}^{n} w_{[j]} \left(\sum_{k=1}^{j} p_{[k]} \right) \alpha^n \prod_{l=1}^{n} (1 - bp_{[l]} \alpha^{l-1})$$

$$\geqslant \sum_{j=1}^{n} w_{[j]} \left(\sum_{k=1}^{j} p_{[k]} \right) \alpha^n \prod_{l=1}^{n} (1 - bp_l)$$

于是, $\rho_1 = \dfrac{\sum w_j C_j(\pi)}{\sum w_j C_j(\pi^*)} \leqslant \dfrac{1}{\alpha^n \prod_{l=1}^{n}(1 - bp_l)}.$

下面证明界是紧的, 如果 $\alpha \to 1$ 和 $b \to 0$, 有 $\rho_1 \to 0$, 此时 WSPT 序为最优序. 证毕.

尽管 WSPT 序无法得到问题 $1|p_{jr}(t) = p_j(1-bt)\alpha^{r-1}\big|\sum w_j C_j$ 的最优序, 如果工件加工时间和权重具有一致关系, 则 WSPT 序仍是最优序.

定理 2.15　问题 $1|p_{jr}(t) = p_j(1-bt)\alpha^{r-1}, (p_j, w_j)\big|\sum w_j C_j$, 如果工件的加工时间和权重具有一致关系, 即 $\forall J_i, J_j$, 有 $\dfrac{p_i}{w_i} \leqslant \dfrac{p_j}{w_j} \leqslant 1$, 按照 $\dfrac{p_j}{w_j}$ 的非减序列得到最优序.

证明　仍然利用定理 2.12 的相同的表示法, 利用二交换法来证明该定理. 根据定理 2.12 和定理 2.13, 为了证明序列 π 优于序列 π', 仅仅需要证明序列 π 和 π' 中的工件 J_i 和 J_j 满足条件:

$$w_i C_i(\pi) + w_j C_j(\pi) \leqslant w_i C_i(\pi') + w_j C_j(\pi')$$

接着有

$$
\begin{aligned}
&w_i C_i(\pi) + w_j C_j(\pi) - [w_i C_i(\pi') + w_j C_j(\pi')] \\
&= w_i[p_i\alpha^{r-1} + t_0(1 - bp_i\alpha^{r-1})] + w_j[p_j\alpha^{r-1} + p_i\alpha^{r-1}(1 - bp_j\alpha^r) \\
&\quad + t_0(1 - bp_i\alpha^{r-1})(1 - bp_j\alpha^r)] - w_j[p_j\alpha^{r-1} + t_0(1 - bp_j\alpha^{r-1})] \\
&\quad - w_i[p_j\alpha^r + p_i\alpha^{r-1}(1 - bp_j\alpha^r) + t_0(1 - bp_i\alpha^{r-1})(1 - bp_j\alpha^r)] \\
&= (1 - bt_0)[(w_i - w_j)p_i p_j b\alpha^{r-1}\alpha^r + (w_i + w_j)(p_i - p_j)(\alpha^{r-1} - \alpha^r) \\
&\quad + (w_j p_i - w_i p_j)\alpha^r]
\end{aligned}
$$

由于 $\dfrac{p_i}{w_i} \leqslant \dfrac{p_j}{w_j} \leqslant 1$, 则 $w_i C_i(\pi) + w_j C_j(\pi) \leqslant w_i C_i(\pi') + w_j C_j(\pi')$, 就是说交换工件 J_i 和 J_j 使总目标函数值没有增加. 重复类似的交换使得工件序列满足 WSPT 序, 而使得目标函数值不会增加. 证毕.

接下来利用 EDD 序规则作为问题 $1|p_{jr}(t) = p_j(1 - bt)\alpha^{r-1}|L_{\max}$ 的一个启发式算法. 目的是找出这个启发式算法的最坏竞争比. 为了避免 $L_{\max}$ 出现负值, 根据 Kise 等[12] 与 Cheng 和 Wang[13] 的建议, 通过给最大延迟 $L_{\max}$ 简单增加一个至少和最大工期一样大的常数, 记为 $d_{\max}$. 最坏情况误差界可以表示为 $\frac{L_{\max}(\pi) + d_{\max}}{L_{\max}(\pi^*) + d_{\max}}$, 其中序列 π 和序列 π^* 表示 EDD 构成的序列和最优序列, $d_{\max} = \max\{d_j|j = 1, \cdots, n\}$.

定理 2.16 序列 π 和序列 π^* 是对于问题 $1|p_{jr}(t) = p_j(1 - bt)\alpha^{r-1}|L_{\max}$ 中的 EDD 构成的序列和最优序列, 序列中的第一个工件的开工时间为 0, 则

$$\rho_2 = \frac{L_{\max}(\pi) + d_{\max}}{L_{\max}(\pi^*) + d_{\max}} \leqslant \frac{\sum\limits_{j=1}^{n} p_j}{C_{\max}^*}$$

其中 $C_{\max}^*$ 是最优序列的最大完工时间, 且这个界是紧的.

证明 不失一般性, 假设 $d_1 \leqslant \cdots \leqslant d_n$. 由 $0 < \alpha \leqslant 1$ 和 $b\left(\sum_{j=1}^{n} p_j - p_{\min}\right) < 1$, 有

$$L_{\max} = \max\left\{\sum_{i=1}^{j} p_i\alpha^{i-1}\prod_{l=i+1}^{j}(1 - bp_l\alpha^{l-1}) - d_j \middle| j = 1, \cdots, n\right\}$$

$$\leqslant \max\left\{\sum_{i=1}^{j} p_i - d_j \middle| j = 1, \cdots, n\right\}$$

其中 $\max\left\{\sum_{i=1}^{j} p_i - d_j \middle| j = 1, \cdots, n\right\}$ 是该问题经典情形下的最优值.

设 $(J_{[1]}, \cdots, J_{[n]})$ 是在最优序 π^* 的工件序列, 有

$$L_{\max}(\pi^*) = \max\left\{\sum_{i=1}^{j} p_{[i]}\alpha^{i-1}\prod_{l=i+1}^{j}(1 - bp_{[l]}\alpha^{l-1}) - d_{[j]} \middle| j = 1, \cdots, n\right\}$$

$$= \max\left\{\sum_{i=1}^{j} p_{[i]} - \sum_{i=1}^{j} p_{[i]} - d_{[j]}\right.$$

$$\left. + \sum_{i=1}^{j} p_{[i]}\alpha^{i-1}\prod_{l=i+1}^{j}(1 - bp_{[l]}\alpha^{l-1}) - d_{[j]} \middle| j = 1, \cdots, n\right\}$$

$$\geqslant \max\left\{\sum_{i=1}^{j} p_{[i]} - d_{[j]} \middle| j = 1, \cdots, n\right\} - \sum_{i=1}^{n} p_i$$

$$+ \sum_{i=1}^{n} p_{[i]} \alpha^{i-1} \prod_{l=i+1}^{n} (1 - b p_{[l]} \alpha^{l-1})$$

$$\geqslant \max \left\{ \sum_{i=1}^{j} p_{[i]} - d_{[j]} \middle| j = 1, \cdots, n \right\} - \sum_{i=1}^{n} p_i + C_{\max}^*$$

其中 $C_{\max}^*$ 为根据定理 2.13 中 SPT 序获得的最大完工时间. 于是有

$$L_{\max}(\pi) - L_{\max}(\pi^*) = \sum_{j=1}^{n} p_j - C_{\max}^*$$

接着

$$\rho_2 = \frac{L_{\max}(\pi) + d_{\max}}{L_{\max}(\pi^*) + d_{\max}} \leqslant \frac{L_{\max}(\pi^*) + \sum\limits_{i=1}^{n} p_i - C_{\max}^* + d_{\max}}{L_{\max}(\pi^*) + d_{\max}}$$

$$\leqslant 1 + \frac{\sum\limits_{i=1}^{n} p_i - C_{\max}^*}{L_{\max}(\pi^*) + d_{\max}} \leqslant 1 + \frac{\sum\limits_{i=1}^{n} p_i - C_{\max}^*}{C_{\max}^*}$$

$$\leqslant \frac{\sum\limits_{j=1}^{n} p_j}{C_{\max}^*}$$

下面证明这个界是紧的, 如果 $\alpha \to 1$ 和 $b \to 0$, 有 $\rho_2 \to 1$ 和 $C_{\max}^* = \sum_{i=1}^{n} p_i$, 此时 EDD 序为最优序. 证毕.

尽管 EDD 序无法得到问题 $1|p_{jr}(t) = p_j(1 - bt)\alpha^{r-1}|L_{\max}$ 的最优序, 如果工件加工时间和工期具有一致关系, 则 EDD 序仍是最优序.

定理 2.17　问题 $1|p_{jr}(t) = p_j(1 - bt)\alpha^{r-1}, (p_j, d_j)|L_{\max}$, 按照 d_j 的非减序列得到最优序 (即 EDD 序).

证明　仍然利用定理 2.13 的相同的表示法, 利用二交换法来证明该定理. 根据定理 2.13 和定理 2.14, 为了证明序列 π 优于序列 π', 仅仅需要证明序列 π 和序列 π' 中的工件 J_i 和 J_j 满足条件:

$$\max\{L_i(\pi), L_j(\pi)\} \leqslant \max\{L_i(\pi'), L_j(\pi')\}$$

在序列 π 中, 工件 J_i 和 J_j 的延迟为

$$L_i(\pi) = C_i(\pi) - d_i, \quad L_j(\pi) = C_j(\pi) - d_j$$

在序列 π' 中, 工件 J_i 和 J_j 的延迟为

$$L_i(\pi') = C_i(\pi') - d_i, \quad L_j(\pi') = C_j(\pi') - d_j$$

由于 $p_i \leqslant p_j$ 和 $d_i \leqslant d_j$, 根据定理 2.13 和定理 2.14,

$$L_i(\pi) = C_i(\pi) - d_i \leqslant C_i(\pi') - d_i = L_i(\pi')$$
$$L_j(\pi) = C_j(\pi) - d_j \leqslant C_i(\pi') - d_j = C_i(\pi') - d_i = L_i(\pi')$$

因此有 $\max\{L_i(\pi), L_j(\pi)\} \leqslant \max\{L_i(\pi'), L_j(\pi')\}$. 证毕.

2.4.3 总加权折扣问题

Pinedo[14] 考虑了单机排序的加权总折扣时间和最小化问题, $1\|\sum w_j(1 - e^{-kC_j})$, 其中 $0 < k < 1$, 并证明通过加权折扣最短的加工时间优选 (WDSPT 序) 的规则, 即按照 $\dfrac{1 - e^{-kp_j}}{w_j e^{-kp_j}}$ 的非减顺序. 然而 WDSPT 序对于问题 $1|p_{jr}(t) = p_j(1 - bt)\alpha^{r-1}\big|\sum w_j(1 - e^{-kC_j})$ 并不能得到最优序. 为了近似地解决这个问题, 利用 WDSPT 序产生一个启发式算法, 用最坏情况误差界评价该启发式的性能. 接下来首先给出一个引理.

引理 2.8 对于任意的 $0 < \alpha \leqslant 1$ 和 $a \in R$, 有 $1 - e^{-a\alpha} \geqslant \alpha(1 - e^a)$.

证明 这个引理通过基本的微分方法很容易得到, 证明过程省略.

定理 2.18 π 和 π^* 是对于问题 $1|p_{jr}(t) = p_j(1 - bt)\alpha^{r-1}\big|\sum w_j(1 - e^{-kC_j})$ 中的 WDSPT 构成的序列和最优序列, 序列中的第一个工件的开工时间为 0, 则

$$\rho_3 = \frac{\sum w_j(1 - e^{-kC_j(\pi)})}{\sum w_j(1 - e^{-kC_j(\pi^*)})} \leqslant \frac{1}{\alpha^n \displaystyle\prod_{l=1}^{n}(1 - bp_l)}$$

且这个界是紧的.

证明 不失一般性, 假设 $\dfrac{1 - e^{-kp_1}}{w_j e^{-kp_1}} \leqslant \cdots \leqslant \dfrac{1 - e^{-kp_n}}{w_j e^{-kp_n}}$. 由于 $0 < \alpha \leqslant 1$, $b\left(\sum_{j=1}^{n} p_j - p_{\min}\right) < 1$ 和 $0 < k < 1$ 有

$$\sum w_j\left(1 - e^{-kC_j(\pi)}\right) = w_1\left(1 - e^{-kp_1}\right) + w_2\left(1 - e^{-k(p_2\alpha + p_1(1 - bp_2\alpha))}\right) + \cdots$$
$$+ w_n\left(1 - e^{-k\left(\sum\limits_{i=1}^{n} p_i\alpha^{i-1}\prod\limits_{l=i+1}^{n}(1 - bp_l\alpha^{l-1})\right)}\right)$$
$$\leqslant w_1\left(1 - e^{-kp_1}\right) + w_2\left(1 - e^{-k(p_2 + p_1)}\right) + \cdots$$

$$+ w_n\left(1 - e^{-k\left(\sum\limits_{i=1}^{n} p_i\right)}\right)$$

$$= \sum_{j=1}^{n} w_j\left(1 - e^{-k\sum\limits_{i=1}^{j} p_i}\right)$$

其中 $\sum_{j=1}^{n} w_j(1 - e^{-k\sum_{i=1}^{j} p_i})$ 是该问题经典排序情形下的最优值.

设 $(J_{[1]}, \cdots, J_{[n]})$ 是最优序 π^* 的工件序列, 有

$$\sum w_j\left(1 - e^{-kC_j(\pi^*)}\right) = w_{[1]}(1 - e^{-kp_{[1]}}) + w_{[2]}\left(1 - e^{-k(p_{[2]}\alpha + p_{[1]}(1 - bp_{[2]}\alpha))}\right) + \cdots$$

$$+ w_{[n]}\left(1 - e^{-k\left(\sum\limits_{i=1}^{n} p_{[i]}\alpha^{i-1} \prod\limits_{l=i+1}^{n}(1 - bp_{[l]}\alpha^{l-1})\right)}\right)$$

$$\geqslant \sum_{j=1}^{n} w_{[j]}\left(1 - e^{-k\sum\limits_{i=1}^{j} p_{[i]}\alpha^n \prod\limits_{l=1}^{n}(1 - bp_{[l]}\alpha^{l-1})}\right)$$

$$\geqslant \alpha^n \prod_{l=1}^{n}(1 - bp_{[l]}\alpha^{l-1}) \sum_{j=1}^{n} w_{[j]}\left(1 - e^{-k\sum\limits_{i=1}^{j} p_{[i]}}\right)$$

$$\geqslant \alpha^n \prod_{l=1}^{n}(1 - bp_l) \sum_{j=1}^{n} w_{[j]}\left(1 - e^{-k\sum\limits_{i=1}^{j} p_{[i]}}\right)$$

于是有

$$\rho_3 = \frac{\sum w_j(1 - e^{-kC_j(\pi)})}{\sum w_j(1 - e^{-kC_j(\pi^*)})} \leqslant \frac{1}{\alpha^n \prod\limits_{l=1}^{n}(1 - bp_l)}$$

下面证明这个界是紧的, 如果 $\alpha \to 1$ 和 $b \to 0$, 有 $\rho \to 1$, 此时 WDSPT 序为最优序. 证毕.

尽管 WDSPT 序无法得到问题 $1|p_{jr}(t) = p_j(1 - bt)\alpha^{r-1}\big|\sum w_j\left(1 - e^{-kC_j}\right)$ 的最优序, 但是如果工件加工时间和工期具有反一致关系, 则 WDSPT 序仍是最优序.

定理 2.19　问题 $1|p_{jr}(t) = p_j(1 - bt)\alpha^{r-1}, \text{anti-}(p_j, w_j)\big|\sum w_j\left(1 - e^{-kC_j}\right)$, 工件按照 WDSPT 序可以得到最优序.

证明　不失一般性, 假设工件序列 $\pi = (S_1, J_i, J_j, S_2)$ 按照 WDSPT 序排列, 其中 S_1 和 S_2 为部分序列, 也可能是空集, 工件 J_i 和 J_j 满足 $\dfrac{1 - e^{-kp_i}}{w_j e^{-kp_i}} \leqslant$

$\dfrac{1-e^{-kp_j}}{w_j e^{-kp_j}}$. 工件和权重满足反一致关系: anti-$(p_j, w_j)$, 即 $p_i \leqslant p_j \Rightarrow w_i \geqslant w_j$. 不妨假设工件 J_i 和 J_j 的加工时间满足 $p_i \leqslant p_j$. 类似于定理 2.12, 通过交换工件 J_i 和 J_j 得到新的序列 $\pi' = (S_1, J_j, J_i, S_2)$. 为了证明序列 π 优于序列 π', 仅仅需要证明序列 π 和序列 π' 中的工件 J_i 和 J_j 满足条件:

$$w_i(1 - e^{-kC_i(\pi)}) + w_j(1 - e^{-kC_j(\pi)}) \leqslant w_i(1 - e^{-kC_i(\pi')}) + w_j(1 - e^{-kC_j(\pi')})$$

事实根据定理 2.13 和定理 2.14, 有 $C_j(\pi) \leqslant C_i(\pi')$ 和 $C_i(\pi) \leqslant C_j(\pi')$, 由于 $0 < k < 1$, 接着有

$$w_i(1 - e^{-kC_i(\pi)}) + w_j(1 - e^{-kC_j(\pi)}) - w_i(1 - e^{-kC_i(\pi')}) - w_j(1 - e^{-kC_j(\pi')})$$
$$= w_i e^{-kC_i(\pi')} + w_j e^{-kC_j(\pi')} - w_i e^{-kC_i(\pi)} - w_j e^{-kC_j(\pi)}$$
$$\leqslant w_i e^{-kC_j(\pi)} + w_j e^{-kC_i(\pi)} - w_i e^{-kC_i(\pi)} - w_j e^{-kC_j(\pi)}$$
$$= (w_i - w_j)(e^{-kC_j(\pi)} - e^{-kC_i(\pi)})$$
$$\leqslant 0$$

显然通过交换工件 J_i 和 J_j, 使得目标函数值并没有增加. 重复类似交换使得工件满足 WDSPT 序, 而使得目标函数值也不会增加. 证毕.

2.4.4 误工工件个数问题

考虑另一个与工期相关的目标是 $\sum U_j$. 这个目标也许是人为设计出来的, 并没有实际地考虑. 然而, 在现实世界中, 它经常用来监测和评估管理者的绩效指标, 等价于按时发货的百分比.

集合 $\mathcal{J}$ 表示已经排过的工件集合, $\mathcal{J}^c$ 表示还未考虑安排的工件集合. 经典的 Moore 算法[19] 求解 $1 || \sum U_j$ 算法如下.

Moore 算法 步骤 1: 按照工件的工期的非减顺序排列 (EDD 序).

步骤 2: 如果所有工件在序列中都不误工, 则停止, 得到的序列就是最优序.

步骤 3: 令第一个误工工件表示为 $\mathcal{J}_k$.

步骤 4: 令 β 表示满足 $p_\beta = \max\limits_{i=1,\cdots,k} p_i$ 的工件. 把工件 β 从序列中删除放在已经安排加工的所有工件之后加工. 转到步骤 2.

特别地, Jackson 的引理[20] 叙述如果序列中没有工件误工, 则 EDD 序中也没有误工工件. 下面给出一个例子说明 Jackson 引理对问题 $1 | p_{jr}(t) = p_j(1 - bt)\alpha^{r-1} | \sum U_j$ 来说是不成立的, 从而 Moore 算法也不能得到最优序.

例 2.2 $n = 2$, $p_1 = 1$, $p_2 = 100$, $d_1 = 91$, $d_2 = 90$, $\alpha = 0.5$, $b = \dfrac{1}{200}$. 根据 EDD 序得到序列为 $\{2, 1\}$, 此时 $\sum_{j=1}^{2} U_j = 2$. 而最优序列为 $\{1, 2\}$, 则此时 $\sum_{j=1}^{2} U_j = 0$.

为了近似地解决问题 $1|p_{jr}(t) = p_j(1-bt)\alpha^{r-1}|\sum U_j$, 利用 Moore 算法作为近似算法, 利用最坏情况误差界估计这个启发式算法的优劣.

定理 2.20　假设 S^* 和 S 分别是问题 $1|p_{jr}(t) = p_j(1-bt)\alpha^{r-1}|\sum U_j$ 的最优序列和 Moore 算法生产的序列, 则

$$\rho_4 = \sum U_j(S) - \sum U_j(S^*) \leqslant n-1$$

证明　考虑 $\sum U_j(S^*) = 0$ 的情形, 此时仅仅需要证明 $\sum U_j(S) \leqslant n-1$ 成立. 不失一般性, 假设 $d_1 \leqslant \cdots \leqslant d_n$, 最优序列为 $\{i_1, \cdots, i_n\}$, 并且在最优序中工件 1 在第 $m\ (\geqslant 1)$ 个位置加工. 根据 $\sum U_j(S^*) = 0$, 可以得到

$$p_{i_1} + p_{i_2}(1-bp_{i_1})\alpha + \cdots + p_{i_m}\left(1 - b\sum_{j=1}^m p_{i_j}\right)\alpha^{m-1} \leqslant d_{i_m}$$

因此 $p_{i_1} \leqslant d_{i_m} \leqslant d_{i_1}$.

利用 Moore 算法解决该问题. 如果存在一个集合 $\mathcal{J}$ 中的工件是按时完工的, 我们从工件集合 $\mathcal{J}^c = \{1, \cdots, n\}$ 中连续地挑选工件, 放在集合 $\mathcal{J}$ 中, 则完成定理的证明, 很显然此时 $\sum U_j(S) \leqslant n-1$ 是成立的. 如果从集合 $\mathcal{J}^c$ 中连续挑选的工件放在集合 $\mathcal{J}$ 中, 排在工件 $\mathcal{J}_{i_1}$ 之前的工件在集合 $\mathcal{J}$ 中均是误工的, 接着根据 Moore 算法, 从集合 $\mathcal{J}^c$ 中挑选的工件可能是 $\mathcal{J}_{i_1}$. 由于 $p_{i_1} \leqslant d_{i_1}$, 则把工件 $\mathcal{J}_{i_1}$ 放在第一位, 可知工件 $\mathcal{J}_{i_1}$ 是按时完工的工件, 则有 $\sum U_j(S) \leqslant n-1$ 是成立的. 证毕.

尽管 Moore 算法无法得到问题 $1|p_{jr}(t) = p_j(1-bt)\alpha^{r-1}|\sum U_j$ 的最优序, 如果工件加工时间和工期具有一致关系, 则 Moore 算法得到的序列仍是最优序.

定理 2.21　对于问题 $1|p_{jr}(t) = p_j(1-bt)\alpha^{r-1}|\sum U_j$, 如果工件加工时间和工期具有一致关系, 即对于任意的工件 $\mathcal{J}_i, \mathcal{J}_j, p_i \leqslant p_j \Rightarrow d_i \leqslant d_j$, 则 Moore 算法得到的序列仍是最优序.

证明　不失一般性, 假设 $p_1 \leqslant p_2 \leqslant \cdots \leqslant p_n$ 和 $d_1 \leqslant d_2 \leqslant \cdots \leqslant d_n$. $\mathcal{J}_k$ 表示满足下列条件的工件集合 $\{\mathcal{J}_1, \cdots, \mathcal{J}_k\}$:

(1) 在工件集合 $\mathcal{J}_k$ 中, 在工期前完工的最大数量的工件设为 n_k;

(2) 在前 k 项工件中有 n_k 项在工期前完成所有的集合, 且 $\mathcal{J}_k$ 集合中的工件加工时间之和最小.

注意到集合 $\mathcal{J}_n$ 与最优排序相对应. 通过归纳法证明能够得到 $\mathcal{J}_n$ 的算法. 显然对于 $k = 1$, 按照需要的两个条件, 算法的确可以构造出 $\mathcal{J}_1$. 归纳假设是算法能够构造出满足条件的 $\mathcal{J}_k$. 现在证明构造 $\mathcal{J}_{k+1}$ 的方法对于 $k+1$ 来说满足两个条件的集合. 考虑下面两种情况.

情形 1: 加到集合 $\mathcal{J}_k$ 中, 工件 $\mathcal{J}_{k+1}$ 在其工期前完工. 不可能存在一个工件集合 $\{\mathcal{J}_k, \mathcal{J}_{k+1}\}$, 在前 $k+1$ 个工件中有更多的工件在工期之前完工. 显然最后一个工件也是集合 $\{\mathcal{J}_k, \mathcal{J}_{k+1}\}$ 中的一部分, 该集合中具有相同的按时完工的工件数且具有最小的总加工时间.

情形 2: 工件 $\mathcal{J}_{k+1}$ 在集合 $\{\mathcal{J}_k, \mathcal{J}_{k+1}\}$ 没有在工期之前完工. 由于 n_k 是工件集合 $\{1, \cdots, n\}$ 中按时完工工件的最大工件数量, 并且具有 n_k 个按时完工的工件集合 $\mathcal{J}_k$ 中总完工时间最小, 有 $n_{k+1} = n_k$. 增加工件 $\mathcal{J}_{k+1}$ 到集合 $\mathcal{J}_k$, 并没有增加按时完工的数量. 因此需要删除 $\mathcal{J}_k \cup \{\mathcal{J}_{k+1}\}$ 中加工时间最长的工件, 这样的操作保持了按时完工的工件数目不变而且按时完工的总加工时间不会增加. 因此可以证明工件集合 $\mathcal{J}_{k+1}$ 满足条件 (1) 和 (2).

综上所述, 定理 2.21 成立. 证毕.

2.5 退化和学习效应的成组排序问题

本节继续考虑成组技术下的排序问题, 工件具有学习与退化效应的影响. 以往的研究往往局限于经典的排序, 对于加工时间可变的问题很少研究. 根据最新文献整理, 退化和学习效应下的成组技术的研究还比较少. Guo 和 Wang[16] 研究了最大完工时间的成组排序问题, 工件的实际加工时间 $p_{ij}(t) = p_{ij}(a + bt)$. 证明在成组技术假设下, 该问题是可以多项式时间可解的. 相同的模型下, Xu 等[17] 证明总加权完工时间最小化问题也是多项式时间可解的. Wang 等[18] 证明单机成组排序的最小化最大完工时间和总完工时间问题是多项式时间可解的, 在组 G_i 的第 j 个位置加工, 并且其开工时间为 t 时的实际加工时间为 $p_{ij}(t) = a_{ij} - b_{ij}t$, 其中 a_{ij} 是工件 J_{ij} 的正常加工时间, b_{ij} 是工件 J_{ij} 的退化率而且 $b_{ij}\left(\sum_{i=1}^{f}\sum_{j=1}^{n_i}(s_i + a_{ij}) - a_{ij}\right) < a_{ij}$ 和 $0 < b_{ij} < 1$. Wang 等[19] 考虑了退化效应的成组单机排序问题, 工件 J_{ij} 的实际加工时间为 $p_{ij} = a_{ij}(a + bt)$, 组 G_i 的安装时间为 $s_i = \delta_i(a + bt)$, 其中 t 是开始时间, $b \ (> 0)$ 是退化率. Wu 等[20] 考虑退化效应框架下的最小化最大完工时间和总完工时间问题. 工件 J_{ij} 的实际加工时间为 $p_{ij} = \alpha_{ij}t$, 组安装时间为 $s_i = \delta_i t$. 证明上面的两个问题是多项式时间可解的. Wu 和 Lee[21] 考虑问题 $1|p_{ij} = \alpha_{ij} + bt, G, s_i = \delta_i + gt|C_{\max}$ 和 $1|p_{ij} = \alpha_{ij} + bt, G, s_i = \delta_i + gt|\sum C_j$, 作者首先证明最大完工时间问题具有多项式时间算法, 然后证明当每组工件的个数相同时总完工时间也是多项式时间可解的, 当每组工件个数不相同时提供一个启发式算法并提供算例分析. 程明宝等[22] 研究了有零时刻到达的 n 个工件需在同台机器上加工, 工件具有各自所需的加工时间和工期, 这些工件分属 b 个不同组. 加工时, 同组工件必须一起或同时加工, 要求适当排列这些工件, 包括各组工件间的排列和各组工件中的排列, 使

各工件的迟后范围达到极小. 对这样一个成组加工排序问题, 作者证明一些性质并给出拟多项式时间算法. 赵又里和赵传立[23] 讨论一类线性加工时间成组排序问题. 在这一模型中, 工件的加工时间是其开工时间的线性函数. 全部工件分成若干组. 工件的加工必须满足成组技术限制, 同组工件间没有安装时间, 各组间有与顺序无关的安装时间. 目标函数为极小化最大完工时间. 基于对问题的分析, 给出了多项式算法. Yang S J 和 Yang D L[24] 考虑成组技术下的排序问题, 安装时间具有时间的退化模型: $s_i = \delta_i t$, 工件的加工时间受学习效应影响: $p_{ij}^r = p_{ij} r^{a_i}$ 和 $p_{ij}^r = p_{ij} \left(1 + \sum_{q=1}^{r-1} p_{i[q]}\right)^{a_i}$. 对于目标函数为最大完工时间问题给出多项式时间算法. 总完工时间问题在某些一致关系下也存在多项式时间算法. Lee 和 Wu[25] 考虑了问题 $1|G, s_i = \theta_i + \delta_i t, p_{ij} = a_{ij} + b_{ij} t|C_{\max}$ 和问题 $1|G, s_i = \theta_i - \delta_i t, p_{ij} = a_{ij} - b_{ij} t|C_{\max}$. 证明两个问题均是多项式时间可解的, 并且构造出相应的算法.

本节提供一个新的学习与退化效应的成组排序模型, 对于最大完工时间、总完工时间和最大延迟问题给出最优算法.

2.5.1 问题描述

本节给出新的成组排序模型: 设有 N 个工件, 分成 m 组, 组 G_i 工件的个数为 n_i ($n_1 + \cdots + n_m = N$). 设组 G_i 中第 j 个工件为 J_{ij}, r 和 k 表示组位置和工件的位置. 如果工件 J_{ij} 的开工时间为 t, 排在第 r 组的第 k 个位置, 则实际加工时间为 $p_{ij}^{rk} = (p_{ij} + \beta t) r^{a_1} k^{a_2}$, 其中 p_{ij} 是工件 J_{ij} 的基本加工时间, $a_1 (<0)$ 和 $a_2 (<0)$ 是学习效应, $\beta (>0)$ 表示工件的退化率.

此外, 如果组 G_i 排在第 r 个位置, 则其实际安装时间为 $s_i^r = s_i r^{a_1}$, 其中 s_i 是组 G_i 的基本安装时间. 给出结果之前, 首先给出一个有用的引理.

引理 2.9 对于给定的组 G_i, 排在第 r 组, 设 A 表示第 $r-1$ 组的工件的完工时间, 则组 G_i 中第 n_i 个工件的实际加工时间为

$$C_{in_i} = (A + s_i r^{a_1}) \prod_{l=1}^{n_i} (1 + \beta r^{a_1} l^{a_2}) + \sum_{l=1}^{n_i} p_{il} l^{a_2} \prod_{k=l+1}^{n_i} (1 + \beta r^{a_1} k^{a_2})$$

证明 (利用归纳法证明) 由于 A 表示第 $r-1$ 组工件的完工时间, 组 G_i 的实际安装时间为 $s_i^r = s_i r^{a_1}$, 有

$$C_{i1} = A + s_i r^{a_1} + (p_{i1} + \beta(A + s_i r^{a_1})) r^{a_1}$$
$$= (A + s_i r^{a_1})(1 + \beta r^{a_1}) + p_{i1} r^{a_1}$$
$$= (A + s_i r^{a_1}) \prod_{l=1}^{1} (1 + \beta r^{a_1} l^{a_2}) + r^{a_1} \sum_{l=1}^{1} p_{il} l^{a_2} \prod_{q=l+1}^{1} (1 + \beta r^{a_1} q^{a_2})$$

$$C_{i2} = C_{i1} + (p_{i2} + \beta C_{i1})r^{a_1}2^{a_2}$$

$$= C_{i1}(1 + \beta r^{a_1}2^{a_2}) + p_{i2}r^{a_1}2^{a_2}$$

$$= (A + s_i r^{a_1})\prod_{l=1}^{2}(1 + \beta r^{a_1}l^{a_2}) + r^{a_1}\sum_{l=1}^{2}p_{il}l^{a_2}\prod_{q=l+1}^{2}(1 + \beta r^{a_1}q^{a_2})$$

假设对于 k, 现在考虑 $k+1$,

$$C_{i,k+1} = C_{ik} + (p_{ik+1} + \beta C_{ik})r^{a_1}(k+1)^{a_2}$$

$$= C_{ik}(1 + \beta r^{a_1}(k+1)^{a_2}) + p_{ik+1}r^{a_1}(k+1)^{a_2}$$

$$= (A + s_i r^{a_1})\prod_{l=1}^{k+1}(1 + \beta r^{a_1}l^{a_2}) + r^{a_1}\sum_{l=1}^{k+1}p_{il}l^{a_2}\prod_{q=l+1}^{k+1}(1 + \beta r^{a_1}q^{a_2})$$

于是引理 2.9 对于工件也成立 $k+1$. 证毕.

本节考虑工件的学习效应不仅依赖于工件的位置, 而且依赖于组所在的位置. 假设组的安装时间是其位置的减函数. 此外假设每组中的工件个数是相同的, 分别讨论以下两个问题:

$$1|p_{ij}^{rk} = (p_{ij} + \beta t)r^{a_1}k^{a_2}, \quad G, \quad s_i^r = s_i r^{a_1}|C_{\max}$$

$$1|p_{ij}^{rk} = (p_{ij} + \beta t)r^{a_1}k^{a_2}, \quad G, \quad s_i^r = s_i r^{a_1}\left|\sum C_j\right.$$

2.5.2 最大完工时间问题

定理 2.22 对于问题 $1|p_{ij}^{rk} = (p_{ij} + \beta t)r^{a_1}k^{a_2}, G, s_i^r = s_i r^{a_1}|C_{\max}$, 如果组内的工件满足 SPT 规则, i.e. $p_{i1} \leqslant p_{i2} \leqslant \cdots \leqslant p_{in}, i = 1, 2, \cdots, m$, 并且按照 $s_i + \sum_{k=1}^{n}p_{ik}k^{a_2}$ $(i = 1, 2, \cdots, m)$ 的非减顺序排列, 可以得到最优序.

证明 假设组 G_i 的两个工件 J_{iu} 和 J_{iv} 满足 $p_{iu} \leqslant p_{iv}$. 设 S 和 S' 分别是两个工件序列: $S = (\pi, J_{iu}, J_{iv}, \pi')$ 和 $S' = (\pi, J_{iv}, J_{iu}, \pi')$, 其中 π 和 π' 表示部分序列. 进一步假设工件 J_{iu} 和 J_{iv} 排在序列中第 r 组的第 k 和第 $k+1$ 个位置. 设 A 表示部分序列 π 中最后一个工件的完工时间, $C_{iv}(S)$ 表示工件 J_{iv} 在序列 S 的完工时间而 $C_{iu}(S')$ 表示工件 J_{iu} 在序列 S' 的完工时间. 为了证明序列 S 优于序列 S', 仅仅需要证明序列 S 和 S' 中的第 $k+1$ 个工件满足 $C_{iv}(S) \leqslant C_{iu}(S')$.

则序列 S 中工件 J_{iv} 和序列 S' 中工件 J_{iu} 的完工时间为

$$C_{iv}(S) = \prod_{l=k}^{k+1}(1 + \beta r^{a_1}l^{a_2})A + p_{iu}r^{a_1}k^{a_2}(1 + \beta r^{a_1}(k+1)^{a_2})$$

$$+ p_{iv}r^{a_1}(k+1)^{a_2} \tag{2.11}$$

和

$$C_{iu}(S') = \prod_{l=k}^{k+1}(1 + \beta r^{a_1} l^{a_2})A + p_{iv}r^{a_1}k^{a_2}(1 + \beta r^{a_1}(k+1)^{a_2})$$
$$+ p_{iu}r^{a_1}(k+1)^{a_2} \tag{2.12}$$

将式 (2.11) 和式 (2.12) 作差可得

$$C_{iu}(S') - C_{iv}(S) = (p_{iv} - p_{iu})[r^{a_1}k^{a_2}(1 + \beta r^{a_1}(k+1)^{a_2}) - r^{a_1}(k+1)^{a_2}]$$
$$\geqslant r^{a_1}(p_{iv} - p_{iu})[k^{a_2} - (k+1)^{a_2}]$$

其中 $a_1 \leqslant 0$ 和 $a_2 \leqslant 0$. 由于 $p_{iu} \leqslant p_{iv}$, 则 $C_{iu}(S') - C_{iv}(S) \geqslant 0$. 于是序列 S 优于序列 S'. 因此, 对于组内工件没有满足 SPT 序重复这样的交换使之满足 SPT 序. 定理的第一部分证毕.

相似于第一部分证明, 假设 $s_i + \sum_{k=1}^n p_{ik}k^{a_2} \leqslant s_j + \sum_{k=1}^n p_{jk}k^{a_2}$. Q 和 Q' 是两个组序列, 其中 Q 和 Q' 是交换组 G_i 和 G_j 所得到的组序列, 即 $Q = (\sigma, G_i, G_j, \sigma')$ 和 $Q' = (\sigma, G_j, G_i, \sigma')$, 其中 σ 和 σ' 表示部分组序列. 为了证明组序列 Q 支配组序列 Q', 仅仅需要证明组序列 Q 中组 G_j 和组序列 Q' 中组 G_i 的最后的工件满足 $C_{jn}(Q) \leqslant C_{in}(Q')$. 根据定义和引理 2.9, 组序列 Q 中组 G_j 和组序列 Q' 中组 G_i 的最后的工件的完工时间分别为

$$C_{jn}(Q) = (C_{in}(Q) + s_j(r+1)^{a_1})\prod_{l=1}^n(1 + \beta(r+1)^{a_1}l^{a_2})$$
$$+ (r+1)^{a_1}\sum_{l=1}^n p_{jl}l^{a_2}\prod_{k=l+1}^n(1 + \beta(r+1)^{a_1}k^{a_2}) \tag{2.13}$$

和

$$C_{in}(Q') = (C_{jn}(Q') + s_i(r+1)^{a_1})\prod_{l=1}^n(1 + \beta(r+1)^{a_1}l^{a_2})$$
$$+ (r+1)^{a_1}\sum_{l=1}^n p_{il}l^{a_2}\prod_{k=l+1}^n(1 + \beta(r+1)^{a_1}k^{a_2}) \tag{2.14}$$

其中

$$C_{in}(Q) = (B + s_i r^{a_1})\prod_{l=1}^n(1 + \beta(r+1)^{a_1}l^{a_2}) + r^{a_1}\sum_{l=1}^n p_{il}l^{a_2}\prod_{k=l+1}^n(1 + \beta r^{a_1}k^{a_2})$$

$$C_{jn}(Q') = (B + s_j r^{a_1})\prod_{l=1}^n(1 + \beta(r+1)^{a_1}l^{a_2}) + r^{a_1}\sum_{l=1}^n p_{jl}l^{a_2}\prod_{k=l+1}^n(1 + \beta r^{a_1}k^{a_2})$$

和 B 是组序列 Q 中组 G_i 和组序列 Q' 中组 G_j 的开始时间.

式 (2.13) 和 (2.14) 作差可得

$$C_{in}(Q') - C_{jn}(Q) = (C_{jn}(Q') - C_{in}(Q) + (s_i - s_j)(r+1)^{a_1})$$

$$\times \prod_{l=1}^{n}(1 + \beta(r+1)^{a_1}l^{a_2})$$

$$+ (r+1)^{a_1}\sum_{l=1}^{n}(p_{il} - p_{jl})l^{a_2}\prod_{k=l+1}^{n}(1 + \beta(r+1)^{a_1}k^{a_2})$$

$$= \left[(s_j - s_i)r^{a_1}\prod_{l=1}^{n}(1 + \beta r^{a_1}l^{a_1}) + (s_i - s_j)(r+1)^{a_1}\right]$$

$$\times \prod_{l=1}^{n}(1 + \beta(r+1)^{a_1}l^{a_2})$$

$$+ r^{a_1}\sum_{l=1}^{n}(p_{jl} - p_{il})l^{a_2}\prod_{l=1}^{n}(1 + \beta(r+1)^{a_1}l^{a_2})$$

$$\times \prod_{k=l+1}^{n}(1 + \beta(r+1)^{a_1}k^{a_2})$$

$$+ (r+1)^{a_1}\sum_{l=1}^{n}(p_{il} - p_{jl})l^{a_2}\prod_{k=l+1}^{n}(1 + \beta(r+1)^{a_1}k^{a_2})$$

$$\geqslant [(s_j - s_i)(r^{a_1} - (r+1)^{a_1})]\prod_{l=1}^{n}(1 + \beta(r+1)^{a_1}l^{a_2})$$

$$+ (r^{a_1} - (r+1)^{a_1})\sum_{l=1}^{n}(p_{jl} - p_{il})l^{a_2}\prod_{k=l+1}^{n}(1 + \beta(r+1)^{a_1}k^{a_2})$$

$$\geqslant (r^{a_1} - (r+1)^{a_1})\left(s_j + \sum_{l=1}^{n}p_{jl}l^{a_2} - s_i - \sum_{l=1}^{n}p_{il}l^{a_2}\right)$$

$$\times \prod_{k=l+1}^{n}(1 + \beta(r+1)^{a_1}k^{a_2})$$

由于 $s_i + \sum_{l=1}^{n}p_{il}l^{a_2} \leqslant s_j + \sum_{l=1}^{n}p_{jl}l^{a_2}$, $a_1 \leqslant 0$ 和 $a_2 \leqslant 0$, 则意味着上式的值是非负的. 于是组序列 Q 支配组序列 Q'. 因此重复交换类似的组使之满足第二个条件, 可以证明定理的第二部分. 证毕.

基于定理 2.22, 对于问题 $1|p_{ij}^{rk} = (p_{ij} + \beta t)r^{a_1}k^{a_2}, G, s_i^r = s_i r^{a_1}|C_{\max}$ 提出一个简单的算法, 目的是确定最小化最大完工时间的最优序, 算法如下.

算法 2.4 步骤 1: 每组工件按照它们的加工时间 p_{ij} 非减顺序排列, 即 $p_{i1} \leqslant$

$p_{i2} \leqslant \cdots \leqslant p_{in}, i = 1, 2, \cdots, m.$

步骤 2: 安排组按照 $s_i + \sum_{k=1}^{n} p_{ik} k^{a_2}, i = 1, 2, \cdots, m$ 的非减顺序.

2.5.3　总完工时间问题

定理 2.23　对于问题 $1|p_{ij}^{rk} = (p_{ij} + \beta t) r^{a_1} k^{a_2}, G, s_i^r = s_i r^{a_1} | \sum C_j$, 如果序列组内的工件满足 SPT 规则, i.e. $p_{i1} \leqslant p_{i2} \leqslant \cdots \leqslant p_{in}, i = 1, 2, \cdots, m$, 并且按照 $s_i + \sum_{k=1}^{n} p_{ik} k^{a_2} (i = 1, 2, \cdots, m)$ 的非减顺序排列, 可以得到最优序.

证明　假设组 G_i 的两个工件 J_{iu} 和 J_{iv} 满足 $p_{iu} \leqslant p_{iv}$. 设 S 和 S' 是两个工件序列:

$$S = (\pi, J_{iu}, J_{iv}, \pi') \quad 和 \quad S' = (\pi, J_{iv}, J_{iu}, \pi')$$

其中 π 和 π' 表示部分序列. 进一步假设工件 J_{iu} 和 J_{iv} 排在序列中第 r 组的第 k 和第 $k+1$ 个位置. 设 A 表示部分序列 π 中最后一个工件的完工时间. $C_{iv}(S)$ 表示工件 J_{iv} 在序列 S 的完工时间而 $C_{iu}(S')$ 表示工件 J_{iu} 在序列 S' 的完工时间. 为了证明序列 S 优于序列 S', 仅仅需要证明序列 S 和 S' 中的第 $k+1$ 个工件满足 $C_{iv}(S) \leqslant C_{iu}(S')$ 和 $C_{iv}(S) + C_{iu}(S) \leqslant C_{iu}(S') + C_{iv}(S')$. 根据定义, 序列 S 中工件 J_{iu} 和 J_{iv} 的完工时间分别为

$$C_{iu}(S) = (1 + \beta r^{a_1} k^{a_2}) A + p_{iu} r^{a_1} k^{a_2} \tag{2.15}$$

和

$$\begin{aligned}
C_{iv}(S) = &\prod_{l=k}^{k+1} (1 + \beta r^{a_1} l^{a_2}) A + p_{iu} r^{a_1} k^{a_2} (1 + \beta r^{a_1} (k+1)^{a_2}) \\
&+ p_{iv} r^{a_1} (k+1)^{a_2}
\end{aligned} \tag{2.16}$$

相似地, 序列 S' 中工件 J_{iu} 和 J_{iv} 的完工时间分别为

$$C_{iv}(S') = (1 + \beta r^{a_1} k^{a_2}) A + p_{iv} r^{a_1} k^{a_2} \tag{2.17}$$

和

$$C_{iu}(S') = \prod_{l=k}^{k+1} (1 + \beta r^{a_1} l^{a_2}) A + p_{iv} r^{a_1} k^{a_2} (1 + \beta r^{a_1} (k+1)^{a_2}) + p_{iu} r^{a_1} (k+1)^{a_2} \tag{2.18}$$

根据定理 2.22, 有 $C_{iu}(S') \geqslant C_{iv}(S)$. 由于 $p_{iu} \leqslant p_{iv}$, 易得 $C_{iv}(S') \geqslant C_{iu}(S)$. 于是 $C_{iv}(S) + C_{iu}(S) \leqslant C_{iu}(S') + C_{iv}(S')$. 由此可得序列 S 支配序列 S'. 因此, 对于组内工件没有满足 SPT 序重复这样的交换使之满足 SPT 序. 定理的第一部分证毕.

相似于第一部分证明, 假设 $s_i + \sum_{k=1}^{n} p_{ik}k^{a_2} \leqslant s_j + \sum_{k=1}^{n} p_{jk}k^{a_2}$. Q 和 Q' 是两个组序列, 其中 Q 和 Q' 是交换组 G_i 和 G_j 所得到的组序列, 即 $Q = (\sigma, G_i, G_j, \sigma')$ 和 $Q' = (\sigma, G_j, G_i, \sigma')$, 其中 σ 和 σ' 表示部分组序列. 为了证明组序列 Q 支配组序列 Q', 仅仅需要证明组序列 Q 中组 G_j 和组序列 Q' 中组 G_i 的最后的工件满足 $C_{jn}(Q) \leqslant C_{in}(Q')$ 和 $\sum_{l=1}^{n} C_{il}(Q) + \sum_{l=1}^{n} C_{jl}(Q) \leqslant \sum_{l=1}^{n} C_{il}(Q') + \sum_{l=1}^{n} C_{jl}(Q')$. 根据引理 2.8, 组序列 Q 和 Q' 中组 G_i 和 G_j 总完工时间为

$$
\sum_{l=1}^{n} C_{il}(Q) = (A + s_i r^{a_1}) \sum_{l=1}^{n} (n - l + 1) \prod_{m=1}^{l} (1 + \beta r^{a_1} m^{a_2})
$$
$$
+ r^{a_1} \sum_{l=1}^{n} (n - l + 1) \sum_{m=1}^{l} p_{im} m^{a_2} \prod_{q=m+1}^{l} (1 + \beta r^{a_1} q^{a_2})
$$

$$
\sum_{l=1}^{n} C_{jl}(Q) = (C_{in}(Q) + s_j(r+1)^{a_1}) \sum_{l=1}^{n} (n - l + 1) \prod_{m=1}^{l} (1 + \beta (r+1)^{a_1} m^{a_2})
$$
$$
+ (r+1)^{a_1} \sum_{l=1}^{n} (n - l + 1) \sum_{m=1}^{l} p_{jm} m^{a_2} \prod_{q=m+1}^{l} (1 + \beta (r+1)^{a_1} q^{a_2})
$$

$$
\sum_{l=1}^{n} C_{jl}(Q') = (A + s_j r^{a_1}) \sum_{l=1}^{n} (n - l + 1) \prod_{m=1}^{l} (1 + \beta r^{a_1} m^{a_2})
$$
$$
+ r^{a_1} \sum_{l=1}^{n} (n - l + 1) \sum_{m=1}^{l} p_{jm} m^{a_2} \prod_{q=m+1}^{l} (1 + \beta r^{a_1} q^{a_2})
$$

和

$$
\sum_{l=1}^{n} C_{il}(Q') = (C_{jn}(Q') + s_i(r+1)^{a_1}) \sum_{l=1}^{n} (n - l + 1) \prod_{m=1}^{l} (1 + \beta (r+1)^{a_1} m^{a_2})
$$
$$
+ (r+1)^{a_1} \sum_{l=1}^{n} (n - l + 1) \sum_{m=1}^{l} p_{im} m^{a_2} \prod_{q=m+1}^{l} (1 + \beta (r+1)^{a_1} q^{a_2})
$$

上述式子作差可得

$$
\left(\sum_{l=1}^{n} C_{il}(Q') + \sum_{l=1}^{n} C_{jl}(Q') \right) - \left(\sum_{l=1}^{n} C_{il}(Q) + \sum_{l=1}^{n} C_{jl}(Q) \right)
$$
$$
= [(C_{jn}(Q') - C_{in}(Q)) + (s_i - s_j)(r+1)^{a_1}] \sum_{l=1}^{n} (n-l+1) \prod_{m=1}^{l} (1 + \beta (r+1)^{a_1} m^{a_2})
$$

$$+ (r+1)^{a_1} \sum_{l=1}^{n} (n-l+1) \sum_{m=1}^{l} (p_{im} - p_{jm}) m^{a_2} \prod_{q=m+1}^{l} (1 + \beta(r+1)^{a_1} q^{a_2})$$

$$+ (A + s_j r^{a_1}) \sum_{l=1}^{n} (n-l+1) \prod_{m=1}^{l} (1 + \beta r^{a_1} m^{a_2})$$

$$+ r^{a_1} \sum_{l=1}^{n} (n-l+1) \sum_{m=1}^{l} p_{jm} m^{a_2} \prod_{q=m+1}^{l} (1 + \beta r^{a_1} q^{a_2})$$

$$- (A + s_i r^{a_1}) \sum_{l=1}^{n} (n-l+1) \prod_{m=1}^{l} (1 + \beta r^{a_1} m^{a_2})$$

$$+ r^{a_1} \sum_{l=1}^{n} (n-l+1) \sum_{m=1}^{l} p_{im} m^{a_2} \prod_{q=m+1}^{l} (1 + \beta r^{a_1} q^{a_2})$$

$$= \left[(s_j r^{a_1} - s_i r^{a_1}) \prod_{l=1}^{n} (1 + \beta r^{a_1} m^{a_2}) + r^{a_1} \sum_{l=1}^{n} (p_{jl} - p_{il}) l^{a_2} \prod_{k=l+1}^{n} (1 + \beta r^{a_1} k^{a_2}) \right.$$

$$\left. + (s_i - s_j)(r+1)^{a_1} \right] \sum_{l=1}^{n} (n-l+1) \prod_{m=1}^{l} (1 + \beta(r+1)^{a_1} m^{a_2})$$

$$+ (r+1)^{a_1} \sum_{l=1}^{n} (n-l+1) \sum_{m=1}^{l} (p_{im} - p_{jm}) m^{a_2} \prod_{q=m+1}^{l} (1 + \beta(r+1)^{a_1} q^{a_2})$$

$$+ (s_j - s_i) \sum_{l=1}^{n} (n-l+1) \prod_{m=1}^{l} (1 + \beta(r+1)^{a_1} m^{a_2})$$

$$+ r^{a_1} \sum_{l=1}^{n} (n-l+1) \sum_{m=1}^{l} (p_{jm} - p_{im}) m^{a_2} \prod_{q=m+1}^{l} (1 + \beta r^{a_1} q^{a_2})$$

$$\geqslant \left(s_j + \sum_{l=1}^{n} p_{jl} l^{a_2} - s_i - \sum_{l=1}^{n} p_{il} l^{a_2} \right) r^{a_1} \prod_{k=l+1}^{n} (1 + \beta r^{a_1} k^{a_2}) \sum_{l=1}^{n} (n-l+1)$$

$$\times \prod_{m=1}^{l} (1 + \beta(r+1)^{a_1} m^{a_2})$$

$$+ \sum_{l=1}^{n} (n-l+1) \left(s_i + \sum_{m=1}^{l} p_{im} m^{a_2} - s_j - \sum_{m=1}^{l} p_{jl} m^{a_2} \right) (r+1)^{a_1}$$

$$\times \prod_{k=l+1}^{n} (1 + \beta r^{a_1} k^{a_2}) \prod_{q=m+1}^{l} (1 + \beta(r+1)^{a_1} q^{a_2})$$

$$+ \sum_{l=1}^{n} (n - l + 1) \left(s_j + \sum_{m=1}^{l} p_{jm} m^{a_2} - s_i - \sum_{m=1}^{l} p_{im} m^{a_2} \right) r^{a_1}$$

$$\times \prod_{q=m+1}^{l} (1 + \beta(r+1)^{a_1} q^{a_2})$$

$$= \sum_{l=1}^{n} (n - l + 1) \left(s_i + \sum_{m=1}^{l} p_{im} m^{a_2} - s_j - \sum_{m=1}^{l} p_{jl} m^{a_2} \right) (r^{a_1} - (r+1)^{a_1})$$

$$\times \prod_{k=l+1}^{n} (1 + \beta r^{a_1} k^{a_2}) \prod_{q=m+1}^{l} (1 + \beta(r+1)^{a_1} q^{a_2})$$

$$+ \sum_{l=1}^{n} (n - l + 1) \left(s_j + \sum_{m=1}^{l} p_{jm} m^{a_2} - s_i - \sum_{m=1}^{l} p_{im} m^{a_2} \right) r^{a_1}$$

$$\times \prod_{q=m+1}^{l} (1 + \beta(r+1)^{a_1} q^{a_2})$$

由于 $s_i + \sum_{l=1}^{n} p_{il} l^{a_2} \leqslant s_j + \sum_{l=1}^{n} p_{jl} l^{a_2}$, $a_1 \leqslant 0$ 和 $a_2 \leqslant 0$, 意味着上式的值是非负的. 于是组序列 Q 支配组序列 Q'. 因此重复交换类似的组使之满足第二个条件, 可以证明定理的第二部分. 证毕.

基于定理 2.23 提出一个简单的算法, 目的是确定总完工时间的最优序, 算法如下.

算法 2.5 步骤 1: 每组工件按照它们的加工时间 p_{ij} 非减顺序排列, 即 $p_{i1} \leqslant p_{i2} \leqslant \cdots \leqslant p_{in}$, $i = 1, 2, \cdots, m$.

步骤 2: 安排组按照 $s_i + \sum_{k=1}^{n} p_{ik} k^{a_2}$ $(i = 1, 2, \cdots, m)$ 的非减顺序.

2.6 重加工具有退化与学习现象的单机批排序问题

生产作业环境中不稳定的工作环境、不熟练的技术、工人的操作失误和不适当的生产机器等因素都可能导致生产过程中工件次品的产生. 为了增加利润, 尽最大可能利用原材料, 这些次品产品不是丢掉而是重新回收重复利用. 最近对于生产的次品工件重加工成为生产作业领域一种流行处理次品工件的方式. 这种做法使厂商从生产的次品中得到收益, 并且减少销毁的费用, 同时也同环境保护的要求相吻合. 这也是逆向物流的研究领域, 是供应链过程的资源重复利用[26].

优良品工件的加工和次品工件的重加工的问题属于逆向物流的研究领域, 逆向物流是处理供应链中的各种回收过程, 是在整个产品生命周期中对产品和物资完整地、有效地和高效地利用过程的协调. 目的是适当地处理物品并获取价值, 减少资源或者能源使用, 并通过减少使用资源或者能源达到减少废弃物的目标, 同时使逆向的物流更有效率, 提高产品的价值, 增进环境保护[27]. 在很多生产作业环境中, 工件的生产和返工作业进程经常遇到. Flapper 和 Jensen[28]、Inderfurth 和 Teunter[29] 提到对于作业计划和控制问题中工件的生产进程如何整合是个挑战, 而次品工件在等待重加工时产生一个退化现象. 次品工件的重加工对于工业生产作业中有着非常重要的影响. 次品工件的重加工产生退化现象, 会导致重加工工件的加工时间和费用增加.

工业滚珠的生产就是一个现实的例子, 滚珠生产的第一步是把熔化的铁水倒入一个模子中, 每次生产一批滚珠. 由于铁的成分的多样性和生产设备固有的不稳定性, 可能会生产出具有内腔的滚珠, 具有如此内腔的滚珠通常被认为是次品, 为了减少生产资料的浪费, 次品工件需要重新加工. 接着第二步就是把次品工件重新加热, 显然滚珠等待重新加工的时间越长, 冷却得越快, 随着时间的流逝重新加热熔化滚珠的时间就会变长. 为了提高生产效率, 滚珠应该成批生产, 每批中的次品应该立即放在一个批中重新加工.

在许多实际的生产实践中, 等待进行重加工的过程可能会引起一个退化进程. 这个退化效应已经被 Flapper 等[30] 发现在生产过程中确实是存在的. 通过研究发现如果退化现象在整个生产进程中连续恶化, 或造成生产加工时间的增加, 重加工次品工件的费用增加, 对于控制和计划生产情况产生很坏的影响. 避免这种现象发生的比较容易实施的办法就是分批生产, 假设重加工的时间和费用增加是线性的, 时间跨度中有次品工件等待被重新加工. 由于在加工过程中, 工人操作逐渐熟练因此产生学习效应[31]. 根据我们整理的资料, 国内研究重加工的文献大多集中在质量控制或者项目管理等方面, 一般性研究往往都是制定政策、控制项目风险, 避免出现这种现象的发生.

本节对于次品工件重加工时, 重加工的工件产生退化和学习效应现象进行了研究. 接下来提供该问题的排序模型, 对于一般情形给出动态规划算法.

2.6.1　模型描述

在单台机器上考虑加工 N 个工件, 对于给定的序列, 假设工件在序列第 j 个位置加工, 则称为工件 j. 所有工件在 0 时刻到达. 工件 J_j 的工期为 d_j, $j = 1, 2, \cdots, N$, 不失一般性, $d_1 \leqslant d_2 \leqslant \cdots \leqslant d_N$. 工件成批加工, 每批工件加工之前产生一个安装时间 s_1. 工件连续加工, 工件之间没有空闲. 工件的生产要求经过一个或者两个工序, 称为加工或重加工. 每个工件加工后要么是优良品, 要么是次品, 生产的次品工件需要进行第二次加工, 即重加工. 假设经过重加工后生产的产品均是优良品. 两次在同一台机器上完成加工. 当次品工件等待重加工时, 由于工件的等待时间或者机器的磨损和工人操作的熟练程度会产生退化和学习现象, 从而导致完工时间和费用的改变. 这种一对一策略或者说方法很容易执行而且是非常著名的方法[32].

假设每批中的优良品和次品工件成块加工, 每块中包括连续加工的 $v-1(v \geqslant 2)$ 个优良品工件和随后加工的一个次品工件. 如果加工的工件一共分为 n 块, 则 $N = nv$. 事实上, 记 $\frac{1}{v}$ 是次品率, 即质量控制方向文献中的不良率或废品率.

给定的批, 所有次品工件的重加工放在该批最后加工, 加工之前有一个安装时间 s_2, 例如图 2.1.

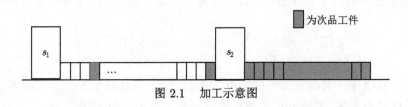

图 2.1　加工示意图

假设每个工件的加工时间相同, 等于 1, 重加工工件的加工时间是生产工件为次品的完工时间和该次品工件重加工的开始时间之差与其在重加工时的位置有关的函数. 不失一般性, 假设工件 j 是次品工件, 其重加工的加工时间为 $(p + at)r^d$, p 是非负的常数, $a > 0$ 是退化率、$d < 0$ 是学习因子, t 是次品 j 重加工的开工时间和其加工完工时间的差值, r 是次品工件重加工的位置. 假设在同一子批的工件同时完工, 完工时间是该子批中最后一个工件的完工时间.

Flapper 等[30] 指出工业生产中不同作业进程中加入的不同的原材料中可能包含有一些未知的成分, 从而导致了次品的产生, 并且次品产生的分布也不均匀. 然而充足的历史统计数据表明较为稳妥的估计和确定出每批生产的产品中相对稳定、相对固定的次品率是有可能的. Barketau 等[33] 研究了在同一机器上安排生产同一产品新的与可回收缺陷产品. 项目分批加工, 每批分为两个连续加工的子批. 在第一个子批中所有的工件都是第一次加工, 生产完工后, 有一部分是优良产品, 另一部分是次品工件, 次品工件需要在第二子批重新加工, 重加工后产生优良品工件, 当它们等待重新加工时会产生退化. 在同一子批的工件同时完工. 假设每批生产的次品率是相同的. 每批开始生产时均有安装时间. 目标函数确定批的大小使得安装费用和库存费用最小, 并且满足所有的要求. 他们对于一般问题和特殊情形给出了动态规划算法.

如同文献中的模型一样, 可以确定我们的模型是现实生产作业的一种简化. 根据我们的最新文献资料整理, 对于一般情形下的问题研究还没有涉及. 假设机器空闲不被允许, 并且一次只能加工一个工件, 工件的加工过程中断不被允许. 由于工件加工时间相同, 很容易得到序列中的工件被分批次加工的工件及随后的重加工的操作所刻画.

考虑以下需要的费用:

α——批安装费用;

β——已经完工的工件的存储费用 (提前完工费用);

γ——次品工件的存储费用和重加工费用.

对于给定的序列, 给出如下定义:

C_j——工件 j 的完工时间;

S_j^R——工件 j 重加工时的开始时间.

假设 S 是具有 k 批工件, 次品工件集合为 Z 的序列, 这个序列的总费用为

$$F(S) = \alpha k + \beta \sum_{j=1}^{N} (d_j - C_j) + \gamma \sum_{j \in Z} (S_j^R - C_j) \tag{2.19}$$

问题是确保在工期之前完成所有工件的加工, 并且每个工件加工或者重加工后变成优良品工件, 求出 $\min F(S)$. 把这个问题表示记为 "RW".

2.6.2　一个动态规划方法和一种特殊情形

动态规划方法是解决最优库存控制问题的通用的数学工具. 用动态规划方法解决 RW 问题的思想为: 在部分最优序列完工后, 每次迭代增加一批新的工件, 考虑增加的批对目标函数的影响. 假设包含 b 批部分序列 S' 已经被安排加工, S' 中最后一个工件在位置 bv 完工的时间为 t. 假设增加批容量为 j, 然后计算增加批对于目标函数的贡献. jv 个优良品工件在它的工期之前完工, 如图 2.2 所示.

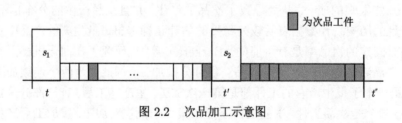

图 2.2　次品加工示意图

在位置 $bv + (i-1)v + 1, \cdots, bv + iv - 1$ $(i = 1, \cdots, j)$ 的优良品工件在时刻 $t' = t + s_1 + jv$ 完工, 在位置 $bv + iv$ $(i = 1, \cdots, j)$ 加工的工件 (需要重加工) 在时刻 $t'' = t' + s_2 + P(j)$ 完工, 其中 $P(j)$ 是重加工子批的工件的完工时间. 增加的规模为 j 的子批对于目标函数的贡献为

$$\Delta(j) = \alpha + \beta (F_q(j) + F_d(j)) + \gamma H(j) \tag{2.20}$$

其中安装时间的贡献为 α, 对于已经完工的工件的库存费用, 优良品工件的贡献用 F_q 表示, 次品工件的贡献用 F_d 表示, 未完成的次品工件的库存费用为 $H(j)$, 则

$$F_q = \sum_{i=1}^{j} \sum_{k=1}^{v-1} [d_{bv+(i-1)v+k} - (t + s_1 + jv)]$$

$$= \sum_{i=1}^{j} \sum_{k=1}^{v-1} d_{bv+(i-1)v+k} - j(v-1)(t + s_1 + jv) \qquad (2.21)$$

为了求出 F_d, 首先计算已完成的次品工件的库存时间和其重加工时的开工时间. h_j 表示次品工件 j 的库存时间, $p_j = (p + ah_j)r^d$ 为次品工件 j 的加工时间, 其中 r 为工件在重加工的工件所处的位置, 则

$$h_1 = s_2, \quad p_1 = p + ah_1$$
$$p_i = (p + ah_i)i^d, \quad h_i = h_{i-1} + p_{i-1}, \quad i = 2, \cdots, j$$

根据归纳法:

$$h_i = \prod_{l=2}^{i} [1 + a(i - l + 1)^d] h_1 + p \sum_{l=2}^{i} (i - l + 1)^d \prod_{k=l+1}^{i} [1 + a(i - k + 1)^d]$$

$$i = 2, \cdots, j$$

$$p_i = (p + ah_i)i^d = i^d p + ah_i i^d$$

则重加工工件所在的子批加工时间为

$$P(j) = \sum_{i=1}^{j} p_i = \sum_{i=1}^{j} (p + ah_i)i^d$$

可以得到增加容量为 j 的批工件的完工时间为

$$T(j) = s_1 + jv + s_2 + P(j) \qquad (2.22)$$

则

$$F_d(j) = \sum_{i=1}^{j} [d_{bv+iv} - (t + T(j))]$$

$$= \sum_{i=1}^{j} d_{bv+iv} - j(t + s_1 + s_2 + jv) - jP(j) \qquad (2.23)$$

未完成的次品工件的库存费用对于目标函数产生的贡献为 $H(j) = \sum_{i=1}^{j} h_i$.

为了确保生产作业排序中增加批是可行的, 则需要检验下述的不等式是否成立:

$$t + s_1 + jv \leqslant d_{bv+1} \tag{2.24}$$

$$t + T(j) \leqslant d_{bv+v} \tag{2.25}$$

由于假设工期按照非减顺序, 则式 (2.24) 和式 (2.25) 确保第一、二子批的 $j(v-1)$ 个优良工件、j 个次品工件分别在工期 d_{bv+1}, d_{bv+v} 之前完工.

对于问题 RW 的动态规划方法利用已经完成加工的部分批, 然后增加一个新的批次的工件, 依次递归. 根据上面的讨论给出动态规划算法. 部分序列工件 bv 的完工时间 t、当前已经完工批次的个数 r 和块的个数 b 为状态变量. $F(t,r,b)$ 表示该状态下的可行序的最小的目标函数值, 这里的 $0 \leqslant t \leqslant d_N$, $0 \leqslant r \leqslant k$ (我们假设工件分 k 批加工), $0 \leqslant b \leqslant n$.

由于问题 RW 的复杂性是未知的. 根据上述式子提供一个拟多项式时间的动态规划算法, 则算法如下.

算法 2.6　步骤 1 (初始条件): 置 $F(t,r,b) = 0$, 其中 $(t,r,b) = (0,0,0)$; $F(t,r,b) = \infty$, 其中 $t = 0,1,\cdots,d_N$, $r = 1,\cdots,k$, $b = 0,1,\cdots,n$, $(t,k,b) \neq (0,0,0)$. 置 $t = 0$, $r = 0$, $b = 0$.

步骤 2 (递归): 对于 $t = 0,1,\cdots,d_N$, $r = 1,\cdots,k$, $b = 0,1,\cdots,n$, 计算

$$F(t,r,b) = \min_{j=1,\cdots,b} \begin{cases} F(t-T(j), r-1, b-j) + \Delta(j), & (2.24),(2.25) \text{ 满足,} \\ \infty, & \text{其他} \end{cases}$$

步骤 3 (最优解的选择): 计算最优解的值 $F^* = \min\{F(t,k,n) | 0 \leqslant t \leqslant d_N\}$.

如果 $F^* = \infty$, 则对于工期 $d_1,\cdots,d_N$ 来说, 没有适合条件的序列;

如果 $F^* < \infty$, 则利用往回追溯的方法就可以找到最优解.

下面计算该算法的时间复杂性. 显然状态变量的时间复杂性为 $O(n^2 d_N)$, 算法中每个 $F(t,k,n)$ 的值可在 $O(n)$ 时间内得到, 计算式 (2.24), (2.25) 以及验证 $F(t,k,n)$ 是否满足工期的限制可以在 $O(nN)$ 时间内完成, 则整个算法的时间复杂性为 $O(n^3 d_N + nN)$. 显然该问题不是强 NP 难的.

下面我们考虑一种特殊情况, 并给出多项时间算法. 假设批工件的完工时间和批的规模满足一致关系, 即对于任意的两个批 j_{i-1}, j_i, 批的规模假定为 j_{i-1}, j_i, 则满足 $\dfrac{T(j_{i-1})}{j_{i-1}} \leqslant \dfrac{T(j_i)}{j_i}$, $i = 2,\cdots,k$. 对于给定的序列 $S = (j_1,\cdots,j_k)$, 则该序列的最小目标函数值为 $F(S)$. 我们有下面的定理成立.

定理 2.24　对于任意的两个可行序列 $S^{(1)} = (j_1,\cdots,j_{i-2},j_{i-1},j_i,j_{i+1},\cdots,j_k)$ 和 $S^{(2)} = (j_1,\cdots,j_{i-2},j_i,j_{i-1},j_{i+1},\cdots,j_k)$, 其中 j_i 表示第 i 批并且该批的规模为 j_i, 可以得到

$$F(S^{(1)}) \leqslant F(S^{(2)}) \Leftrightarrow \frac{T(j_{i-1})}{j_{i-1}} \leqslant \frac{T(j_i)}{j_i}$$

证明 易知 $S^{(1)}, S^{(2)}$ 两个序列中批的个数和未完成加工的次品工件的库存费用相等, 而其目标函数的对应部分的费用也相等, 除第 j_{i-1}, j_i 批外, $S^{(1)}, S^{(2)}$ 中的所有完工的工件的库存费用也相同. 为了研究的方便, 假设 $F_q^{(m)}(S)$ 和 $F_d^{(m)}(S)$ 表示在序列 S 中第 m 批优良品工件和已经完工的次品工件的库存费用 $f(S) = F(S) - H(S)$, 则有

$$f(S^{(l)}) = E + \beta[F_q^{(i-1)}(S^{(l)}) + F_q^{(i)}(S^{(l)}) + F_d^{(i-1)}(S^{(l)}) + F_d^{(i)}(S^{(l)})], \quad l = 1, 2$$

其中 E 为在序列 $S^{(l)}$ 中除第 j_{i-1}, j_i 批外已完工的工件的总费用. 假设部分序列 $j_1, \cdots, j_{i-2}, j_{i-1}$ 中包含 b 个次品工件, 它的完工时间为 t, 则有

$$\begin{aligned}
f(S^{(1)}) &= E + \beta[F_q^{(i-1)}(S^{(1)}) + F_q^{(i)}(S^{(1)}) + F_d^{(i-1)}(S^{(1)}) + F_d^{(i)}(S^{(1)})] \\
&= E + \beta\left[\sum_{r=1}^{j_{i-1}} \sum_{k=1}^{v-1} d_{bv+r(v-1)+k} - j_{i-1}(v-1)(t + s_1 + j_{i-1}v) \right. \\
&\quad + \sum_{r=1}^{j_i} \sum_{k=1}^{v-1} d_{(b+j_{i-1})v+r(v-1)+k} - j_i(v-1)(t + T(j_{i-1}) + s_1 + j_i v) \\
&\quad + \sum_{r=1}^{j_{i-1}} d_{bv+rv} - j_{i-1}(t + T(j_{i-1})) \\
&\quad \left. + \sum_{r=1}^{j_i} d_{(b+j_{i-1})v+rv} - j_i(t + T(j_{i-1}) + T(j_i)) \right] \\
&= a + \beta[A - v j_i T(j_{i-1})]
\end{aligned}$$

其中

$$\begin{aligned}
A &= \sum_{r=1}^{(j_{i-1}+j_i)v} d_{bv+r} - (t + s_1)(v-1)(j_{i-1} + j_i) - (v-1)v(j_{i-1}^2 + j_i^2) \\
&\quad - t(j_{i-1} + j_i) - j_{i-1}T(j_{i-1}) - j_i T(j_i)
\end{aligned}$$

相似地

$$\begin{aligned}
f(S^{(2)}) &= E + \beta[F_q^{(i-1)}(S^{(2)}) + F_q^{(i)}(S^{(2)}) + F_d^{(i-1)}(S^{(2)}) + F_d^{(i)}(S^{(2)})] \\
&= a + \beta[A - v j_{i-1} T(j_i)]
\end{aligned}$$

作差可得 $f(S^2) - f(S^1) = \beta v(j_{i-1}T(j_i) - j_iT(j_{i-1}))$. 由于 $H(S^1) = H(S^2)$, 即证. 证毕.

通过本节得到如果批工件的完工时间和批的规模满足一致关系, 则通过一系列相邻批的交换使其满足定理, 可以得到满足目标函数的最优序. 因此满足一致条件下, 当前排序模型的最优解可以在 $O(k \log k)$ 时间内得到, 其中 k 是序列中批的个数.

2.7　时间相关排序中的矩阵方法

时间相关的排序问题, 具有一些相似的结构. 比如, 对于加工时间为 $p_j = \alpha_j t$, 按照退化率 α_j 的非减顺序可以得到最小化总完工时间的最优序列; 对于加工时间为 $p_j = 1 + \alpha_j t$, 按照退化率 α_j 的非减顺序可以得到最小化时间表长的最优序列. 在这一节将提供平行机下的时间相关排序的任意实例, 称为初始问题, 转化为另一个时间相关排序问题的实例, 称为转化问题. 通过改变初始问题工件的加工时间和权重, 转化为另一个问题的新的加工时间和新的权重. 进而证明这两个问题具有一定的相关性.

2.7.1　问题描述

在 m 台平行机 $M_1, M_2, \cdots, M_m$ 上考虑 n 个工件 $J_1, \cdots, J_n$. 机器 M_k, $1 \leqslant k \leqslant m$, 可行加工时间为 t_0^k. 若工件 J_j 的开工时间为 t, 工件 J_j(实际) 加工时间为 $p_j(t) = p_j + b_j t$, $j = 1, \cdots, n$. p_j 称为工件 J_j 的基本加工时间, b_j 是一个非负函数, 且 $t \geqslant t_0^k$.

首先考虑在单台机器上的单位加工时间的特殊情形, 工件的完工时间可以表示为

$$C_j = \begin{cases} 1, & j = 0, \\ C_{j-1} + p_j C_{j-1} = 1 + \beta_j C_{j-1}, & j = 1, 2, \cdots, n \end{cases} \tag{2.26}$$

其中 $\beta_j = 1 + b_j$, $j = 0, 1, \cdots, n$. 令 $\beta = (\beta_1, \beta_2, \cdots, \beta_n)$, $\widehat{\beta} = (\beta_0, \beta_1, \beta_2, \cdots, \beta_n)$.

因此有

$$\begin{aligned} & C_0 = 1 \\ & -\beta_1 C_0 + C_1 = 1 \\ & \cdots\cdots \\ & -\beta_n C_{n-1} + C_n = 1 \end{aligned} \tag{2.27}$$

利用矩阵的方法重新写为

$$
\begin{pmatrix}
1 & 0 & \cdots & 0 & 0 \\
-\beta_1 & 1 & \cdots & 0 & 0 \\
\vdots & \vdots & & \vdots & \vdots \\
0 & 0 & \cdots & -\beta_n & 1
\end{pmatrix}
\begin{pmatrix}
C_0 \\ C_1 \\ \vdots \\ C_{n-1} \\ C_n
\end{pmatrix}
=
\begin{pmatrix}
1 \\ 1 \\ \vdots \\ 1 \\ 1
\end{pmatrix}
$$

即 $A(\beta)C(\beta) = d(1)$, 其中

$$
A(\beta) =
\begin{pmatrix}
1 & 0 & \cdots & 0 & 0 \\
-\beta_1 & 1 & \cdots & 0 & 0 \\
\vdots & \vdots & & \vdots & \vdots \\
0 & 0 & \cdots & -\beta_n & 1
\end{pmatrix}, \quad
C(\beta) =
\begin{pmatrix}
C_0 \\ C_1 \\ \vdots \\ C_{n-1} \\ C_n
\end{pmatrix}, \quad
d(1) =
\begin{pmatrix}
1 \\ 1 \\ \vdots \\ 1 \\ 1
\end{pmatrix}
$$

注意到 $|A(\beta)| = 1$, 则

$$
A^{-1}(\beta) =
\begin{pmatrix}
1 & 0 & \cdots & 0 & 0 \\
\beta_1 & 1 & \cdots & 0 & 0 \\
\vdots & & \vdots & \vdots & \vdots \\
\beta_1\beta_2\cdots\beta_n & \beta_2\cdots\beta_n & \cdots & \beta_n & 1
\end{pmatrix}
$$

根据线性方程组的克拉默法则, 则 $C(\beta) = A^{-1}(\beta)d(1)$, 进而 $C_k(\beta) = \sum_{i=0}^{k}\prod_{j=i+1}^{k}\beta_j$, 其中 $k = 0, 1, \cdots, n$.

2.7.2 平行机排序中的矩阵形式

考虑一个线性方程组 $A(\beta)C(\beta) = D$, 则分块矩阵形式表示为

$$
\begin{pmatrix}
A_1 & 0 & \cdots & 0 \\
0 & A_2 & \cdots & 0 \\
\vdots & \vdots & & \vdots \\
0 & 0 & \cdots & A_m
\end{pmatrix}
\begin{pmatrix}
C^1 \\ C^2 \\ \vdots \\ C^m
\end{pmatrix}
=
\begin{pmatrix}
d^1 \\ d^2 \\ \vdots \\ d^m
\end{pmatrix}
$$

其中 $A_i = A(a^i) = \begin{pmatrix} 1 & 0 & \cdots & 0 & 0 \\ -\beta_1^i & 1 & \cdots & 0 & 0 \\ \vdots & \vdots & & \vdots & \vdots \\ 0 & 0 & \cdots & -\beta_{n_i}^i & 1 \end{pmatrix}$, $C(\beta) = \begin{pmatrix} C^1 \\ C^2 \\ \vdots \\ C^m \end{pmatrix}$, $D = \begin{pmatrix} d^1 \\ d^2 \\ \vdots \\ d^m \end{pmatrix}$,

且 $C^i = (C_0^i, C_1^i, \cdots, C_{n_i}^i)$, $d^i = (d, d, \cdots, d)$.

注意到 $|A(\beta)| = 1$, 则 $A(\beta)$ 是一个非奇异矩阵, 进而有

$$A^{-1}(\beta) = \begin{pmatrix} A_1^{-1} & 0 & \cdots & 0 \\ 0 & A_2^{-1} & \cdots & 0 \\ \vdots & \vdots & & \vdots \\ 0 & 0 & \cdots & A_m^{-1} \end{pmatrix}$$

$$A^{-1}(a^i) = \begin{pmatrix} 1 & 0 & \cdots & 0 & 0 \\ \beta_1^i & 1 & \cdots & 0 & 0 \\ \vdots & \vdots & & \vdots & \vdots \\ \beta_1^i\beta_2^i\cdots\beta_n^i & \beta_2^i\cdots\beta_n^i & \cdots & \beta_n^i & 1 \end{pmatrix}$$

2.7.3　等价排序问题

本节将给出等价排序的概念, 给出具有成比例或者线性加工时间的平行机排序问题. 为了给出等价排序的概念, 首先介绍时间相关排序问题的任意实例的一般转换方法, 时间相关的排序问题称为初始问题, 另一个具有总权开始时间的时间相关的排序问题称为转换问题. 这两个问题关注单机问题或者平行机排序问题, 对于工件的完工时间和权重可以带有一定的限制也可以没有限制. 一个排序问题对于初始问题是最优的, 则对于构建的转换问题也是最优的.

1. 初始问题

对于总权开始时间的问题 $\mathrm{Pm}|p_j = a_j + b_j t\left|\sum w_j S_j\right.$, 其中 S_j 为工件 J_j 的开始加工时间, 这个问题成为初始问题. 注意到 $S_j = C_{j-1}$, 则 $\sum w_j S_j = \sum_{j=0}^n w_{j+1}C_j$. 然后为了避免出现歧义, 本小节仅仅采用的目标函数是 $\sum w_j S_j$.

根据文献 [34], 接下来描述平行机排序的初始问题. 令序列 $\sigma = (\sigma^1, \sigma^2, \cdots, \sigma^m)$, 其中 σ^i 表示第 i 台机器的子序列, $1 \leqslant i \leqslant m$, 进一步机器 M_i 的子序列 σ^i 形式写为 $\sigma^i = ((a_1^i, \beta_1^i, w_1^i), (a_2^i, \beta_2^i, w_2^i), \cdots, (a_{n_i}^i, \beta_{n_i}^i, w_{n_i}^i))$, 这里的 $\sum_{i=1}^m n_i = n$. 子序列 σ^k 能够被表示如下

$$T(\sigma^k) = \begin{pmatrix} a_0^k & a_1^k & a_2^k & \cdots & a_{n_k}^k \\ & \beta_1^k & \beta_2^k & \cdots & \beta_{n_k}^k \\ & w_1^k & w_2^k & \cdots & w_{n_k}^k & w_{n_k+1}^k \end{pmatrix}$$

其中机器 M_i 的开始加工工件的时间为 $a_0^k = t_0^k \geqslant 0, 1 \leqslant k \leqslant m$. 在递归方程中工件的加工时间为 $C_j^k(\sigma^k) = \beta_j^k C_{j-1}^k(\sigma^k) + a_j^k, 1 \leqslant j \leqslant n_k$ 和 $C_0^k(\sigma^k) = a_0^k$.

正常加工时间和权重可以用向量描述为 $a(\sigma) = (a^1, a^2, \cdots, a^m)^{\mathrm{T}}, w(\sigma) = (w^1, w^2, \cdots, w^m)^{\mathrm{T}}$, 这里的 $a^k = (a_1^k, a_2^k, \cdots, a_{n_i+1}^k), 1 \leqslant k \leqslant m$.

进而, 对于任意的序列 σ, 则有 $C_j^k(\sigma^k) = \sum_{l=0}^{j} \beta_j^k \prod_{i=l+1}^{j} a_i^k, 1 \leqslant j \leqslant n_k$;

$$w^{\mathrm{T}}C(\sigma) = \sum_{l=0}^{m}\sum_{j=0}^{n_k} w_{j+1}^k C_j^k(\sigma^k) = \sum_{k=1}^{m}\sum_{j=0}^{n_k} w_{j+1}^k \sum_{l=0}^{j} \beta_j^k \prod_{i=l+1}^{j} a_i^k$$

该问题的矩阵形式可以写为

$$\mathrm{Pm} = \begin{cases} \min & W_{\mathrm{Pm}}(\sigma) = w^{\mathrm{T}}C(\sigma), \\ \mathrm{s.t.} & A(\sigma)C(\sigma) = a, \quad \sigma \in G_n(\sigma_0) \end{cases}$$

这里 $G_n(\sigma_0)$ 表示初始序列 σ_0 的三元组的所有扰动集合, 即对于任意可能的 k, l, 扰动三元组 $(a_i^k, \beta_i^k, w_i^k)$ 和 $(a_j^l, \beta_j^l, w_j^l)$ 都会得到不同的排序, 即使是 $k = l$, 这里的 $1 \leqslant i \leqslant n_k, 1 \leqslant j \leqslant n_l$.

2. 转换问题

这一节将考虑如何从初始问题的实例构建其他问题的实例, 也叫作转换问题. 换一种说法就是这两个问题是等价的. 为了得到转换问题, 将利用对偶关系替换式 $W_{\mathrm{Pm}}(\sigma) = w^{\mathrm{T}}C(\sigma)$, 其中 $A(\sigma)C(\sigma) = a$. 对于问题 Pm: $\mathrm{Pm}|p_j = a_j + b_j t|\sum w_j S_j$, 定义问题 Dm 如下

$$\mathrm{Dm} = \begin{cases} \min & W_{\mathrm{Dm}}(\bar{\sigma}) = \bar{a}^{\mathrm{T}}C(\bar{\sigma}), \\ \mathrm{s.t.} & A(\bar{\sigma})C(\bar{\sigma}) = \bar{w}, \quad \bar{\sigma} \in G_n(\bar{\sigma}_0) \end{cases}$$

其中 $\bar{a} = (\bar{a}^1, \bar{a}^2, \cdots, \bar{a}^m)^{\mathrm{T}}, \bar{w} = (\bar{w}^1, \bar{w}^2, \cdots, \bar{w}^m)^{\mathrm{T}}, \bar{a}^k = (a_{n_k}^k, a_{n_k-1}^k, \cdots, b_0^k)^{\mathrm{T}}, \bar{w}^k = (w_{n_k+1}^k, w_{n_k}^k, \cdots, w_1^k)^{\mathrm{T}}, 1 \leqslant k \leqslant m$.

定义 2.3 平行机的等价问题, 给定一个序列 $\sigma = (\sigma^1, \sigma^2, \cdots, \sigma^m) \in G_n(\sigma^0)$, 其中 $\sigma^i = ((a_1^i, \beta_1^i, w_1^i), (a_2^i, \beta_2^i, w_2^i), \cdots, (a_{n_i}^i, \beta_{n_i}^i, w_{n_i}^i))$, 令 $\bar{\sigma} = (\bar{\sigma}^1, \bar{\sigma}^2, \cdots, \bar{\sigma}^m) \in G_n(\bar{\sigma}^0)$, 其中 $\bar{\sigma}^i = ((w_{n_k}^i, \beta_{n_k}^i, a_{n_k}^i), (w_{n_k-1}^i, \beta_{n_k-1}^i, a_{n_k-1}^i), \cdots, (w_1^i, \beta_1^i, a_1^i)), 1 \leqslant i \leqslant m$, 则

(1) $\sigma \leftrightarrow \bar{\sigma}$ 称为问题 Pm 的序列 σ 到对应问题 Dm 的转换, 反之亦然;

(2) 问题 Pm 和问题 Dm 称为等价问题.

给定序列 σ 的初始问题 Pm, 基于表 $T(\sigma^k)$, 给出序列 $\bar{\sigma}$ 的初始问题 Dm, 并

用下表进行描述

$$T(\bar{\sigma}^k) = \begin{pmatrix} w_{n_k+1}^k & w_{n_k}^k & w_{n_k-1}^k & \cdots & w_1^k \\ & \beta_{n_k}^k & \beta_{n_k-1}^k & \cdots & \beta_1^k \\ & a_{n_k}^k & a_{n_k-1}^k & \cdots & a_1^k & a_0^k \end{pmatrix}$$

子序列 σ^k 能够被表示如下

$$T(\sigma^k) = \begin{pmatrix} a_0^k & a_1^k & a_2^k & \cdots & a_{n_k}^k \\ & \beta_1^k & \beta_2^k & \cdots & \beta_{n_k}^k \\ & w_1^k & w_2^k & \cdots & w_{n_k}^k & w_{n_k+1}^k \end{pmatrix}$$

其中在问题 Dm 中, 机器 M_i 的开始加工工件的时间为 $C_0^k(\bar{\sigma}^k) = w_{n_k+1}^k$; 在问题 Pm 中, 机器 M_i 的开始加工工件的时间为 $C_0^k(\sigma^k) = a_0^k$.

定理 2.25 给定一个序列 $\sigma = (\sigma^1, \sigma^2, \cdots, \sigma^m)$ 是 $G_n(\sigma^0)$ 的任意序列, 且 $\sigma^i = ((a_1^i, \beta_1^i, w_1^i), (a_2^i, \beta_2^i, w_2^i), \cdots, (a_{n_i}^i, \beta_{n_i}^i, w_{n_i}^i))$, 令 $\bar{\sigma} = (\bar{\sigma}^1, \bar{\sigma}^2, \cdots, \bar{\sigma}^m)$ 是转换排序 $G_n(\bar{\sigma}^0)$ 的一个序列, 且 $\bar{\sigma}^i = ((w_{n_k}^i, \beta_{n_k}^i, a_{n_k}^i), (w_{n_k-1}^i, \beta_{n_k-1}^i, a_{n_k-1}^i), \cdots, (w_1^i, \beta_1^i, a_1^i))$, $1 \leqslant i \leqslant m$, 则

(1) 如果 $\bar{\sigma}$ 是由转换 $\sigma \leftrightarrow \bar{\sigma}$ 获得, 则下列等式成立

$$W_{\text{Pm}}(\sigma) = w^{\text{T}} C(\sigma) = \bar{a}^{\text{T}} C(\bar{\sigma}) = W_{\text{Dm}}(\bar{\sigma})$$

(2) σ^* 是问题 Pm 的最优序列当且仅当 $\bar{\sigma}^*$ 是问题 Dm 的最优序列, 且

$$W_{\text{Pm}}(\sigma^*) = W_{\text{Dm}}(\bar{\sigma}^*).$$

证明 (1) 提示, 利用对偶定理以及二次型理论证明.

(2) 令 σ^* 是问题 Pm 的最优序列, 存在问题 Dm 的一个序列 $\bar{\xi} \in G_n(\bar{\sigma}^0)$, 满足 $\bar{\xi} \neq \bar{\sigma}^*$, 则 $W_{\text{Dm}}(\bar{\sigma}^*) > W_{\text{Dm}}(\bar{\xi})$. 考虑 $\bar{\xi}$ 的等价问题 $\xi \in G_n(\sigma^0)$, 则 $W_{\text{Pm}}(\xi) = W_{\text{Dm}}(\bar{\xi}) < W_{\text{Dm}}(\bar{\sigma}^*) = W_{\text{Dm}}(\sigma^*)$, 这是矛盾的. 进而有 $W_{\text{Pm}}(\sigma^*) = W_{\text{Dm}}(\bar{\sigma}^*)$. 证毕.

3. 等价问题

这一节讨论总权开始时间的多机器问题 $\sum w_j S_j (\sum w_j C_j)$, 等价于总机器负载 $\sum C_{\max}^k$. 根据定理可以得到以下的推论.

推论 2.1 如果 $t_0^k > 0$, 且 $1 \leqslant k \leqslant m$, 则问题 $\text{Pm}|p_j = b_j t|\sum wC_j$ 和问题 $\text{Pm}|p_j = w + b_j t|\sum a_0^k C_{\max}^k$ 是等价的.

接下来的性质将提供 $m\,(\geqslant 2)$ 机器的等价问题的共同特征. 首先给出在最优序中的相同的下界.

性质 2.1[35] 如果 $t_0^k = 1$, $w = 1$, $h = \left\lfloor \dfrac{n}{m} \right\rfloor$, $r = n - hm$ 且 $1 \leqslant k \leqslant m$, 则问题 $\mathrm{Pm}|p_j = w + b_j t|\sum a_0^k C_{\max}^k$ 中最优负载不超过 $m \sum_{i=1}^{h} \sqrt[m]{\prod_{j=1}^{im+r} \beta_j} + \sum_{j=1}^{r} \beta_j$.

下面的定理将给出等价问题具有相同的复杂性.

定理 2.26 令 $t_0^k = a_0 > 0$, $w > 0$, $1 \leqslant k \leqslant m$ 是问题 $\mathrm{Pm}|p_j = b_j t|\sum w C_j$ 和问题 $\mathrm{Pm}|p_j = w + b_j t|\sum a_0^k C_{\max}^k$ 中机器 M_k 共同的开始加工时间, 则这两个问题有共同的时间复杂性. 特别地, 如果 $m \geqslant 2$, 这两个问题都是一般意义下 NP 难的.

证明 利用定理, 可以得到证明. 一般意义下的 NP 难证明可以由问题[35-37] $\mathrm{P2}|p_j = b_j t|\sum C_j$ 得到. 证毕.

定理 2.27 除非 P=NP, 否则 $\mathrm{P}|p_j = w + b_j t|\sum a_0^k C_{\max}^k$ 不存在常数最坏竞争比的多项式近似方案, 对于问题 $\mathrm{Pm}|p_j = w + b_j t|\sum a_0^k C_{\max}^k$ 存在一个 FPTAS.

证明 利用推论 2.1 可以证明结论. 最坏竞争比和 FPTAS 可以通过问题[35] $P|p_j = b_j t|\sum C_j$ 不存在常数最坏竞争比的多项式近似方案, 对于问题[38] $\mathrm{Pm}|p_j = b_j t|\sum w_j C_j$ 得到. 证毕.

2.8 本章小结

本章考虑了与时间相关的排序问题; 研究了工件的到达时间依赖于资源分配的排序问题, 对于最大完工时间问题和最小化资源消耗总量问题, 给出了最优算法; 具有退化效应和可变维修限制的单机排序问题, 对于维修区间个数任意时给出了强 NP 难的证明, 当维修区间个数固定时给出了一般意义下 NP 难的证明. 相同退化率和维修区间长度线性增加这两种特殊情形分别给出了多项式时间算法; 时间相关和指数相关的学习效应的排序问题, 对于最大完工时间问题和总完工时间问题给出了多项式时间算法, 利用经典的排序规则给出了加权总完工时间问题、最大延迟问题、折扣总完工时间和总误工工件个数的最坏竞争比分析; 重加工具有退化与学习现象的单机批排序问题, 当次品工件重加工时, 对重加工的工件产生退化和学习效应现象进行了研究, 对于一般情形给出动态规划算法; 时间相关排序中的矩阵方法, 考虑基于问题的矩阵形式的对偶关系, 对于给定的具有线性退化加工时间和总权开始加工时间的平行机排序的初始问题, 转化成另一个问题, 并且证明它们是等价的.

参 考 文 献

[1] Wang X L, Cheng T C E. Single-machine scheduling with deteriorating jobs and learning effects to minimize the makespan. European Journal of Operational Research, 2007, 178: 57-70.

[2] Blazewicz J. Selected optics in scheduling theory. Annals of Discrete Mathematics, 1987, 31: 60-61.

[3] Bachman A, Janiak A. Scheduling deteriorating jobs dependent on resources for the makespan minimization // Operations research proceedings 2000, Berlin, Heidelberg: Springer, 2001: 29-34.

[4] Zhao C L, Zhang Q L, Tang H Y. Single machine scheduling with linear processing times. Acta Automatica Sinica, 2003, 29: 703-708.

[5] Zhao C L, Tang H Y. Single machine scheduling problems with deteriorating jobs. Applied Mathematics and Computation, 2005, 161: 865-874.

[6] Zhu V C Y, Sun L Y, Sun L H, et al. Single-machine scheduling time-dependent jobs with resource-dependent ready times. Computers & Industrial Engineering, 2010, 58: 84-87.

[7] Cheng T C E, Ding Q. Single machine scheduling with deadlines and increasing rates of processing times. Acta Informatica, 2000, 36: 673-692.

[8] Ji M, He Y, Cheng T C E. Scheduling linear deteriorating jobs with an availability constraint on a single machine. Theoretical Computer Science, 2006, 362: 115-126.

[9] Luo W C, Cheng T C E, Ji M. Single-machine scheduling with a variable maintenance activity. Computers and Industrial Engineering, 2015, 79: 168-174.

[10] Smith W E. Various optimizers for single-stage production. Naval Research Logistics Quarterly, 1956, 3: 59-66.

[11] Mosheiov G. Scheduling problems with a learning effect. European Journal of Operational Research, 2001, 132: 687-693.

[12] Kise H, Ibaraki T, Mine H. Performance analysis of six approximation algorithms for the one machine maximum lateness scheduling problem with ready times. Journal of the Operation Research Society of Japan, 1979, 22: 205-224.

[13] Cheng T C E, Wang G. Single machine scheduling with learning effect considerations. Annal of Operations Research, 2000, 98: 273-290.

[14] Pinedo M. Scheduling: Theorey, Algorithms and Systems. 5th ed. Berlin: Springer, 2016.

[15] Rachaniotis N P, Pappis C P. Scheduling fire-fighting tasks using the concept of "deteriorating jobs". Canadian Journal of Forest Research, 2006, 36: 652-658.

[16] Guo A X, Wang J B. Single machine scheduling with deteriorating jobs under the group technology assumption. Internal Journal of Pure and Applied Mathematics, 2005, 18(2): 225-231.

[17] Xu F, Guo A X, Wang J B, et al. Single machine scheduling problem with linear deterioration under group technology. Internal Journal of Pure and Applied Mathematics,

2006, 28: 401-406.

[18] Wang J B, Guo A X, Shan F, et al. Single machine group scheduling under decreasing linear deterioration. Journal of Applied. Mathematics and Computing, 2007, 24: 283-293.

[19] Wang J B, Lin L, Shan F. Single-machine group scheduling problems with deteriorating jobs. International Journal of Advance Manufacturing Technology, 2008, 39: 808-812.

[20] Wu C C, Shiau Y R, Lee W C. Single-machine group scheduling problems with deterioration consideration. Computers & Operations Research, 2008, 35: 1652-1659.

[21] Wu C C, Lee W C. Single-machine group-scheduling problems with deteriorating setup times and job-processing times. International Journal of Production Economics, 2008, 115: 128-133.

[22] 程明宝, 孙世杰, 何龙敏. 单机作业在成组加工下的极小迟后范围问题. 应用科学学报, 2003, 21: 141-145.

[23] 赵又里, 赵传立. 线性加工时间单机成组排序问题. 沈阳师范大学学报 (自然科学版), 2005, 23(3): 236-239.

[24] Yang S J, Yang D L. Single-machine group scheduling problems under the effects of deterioration and learning. Computers and Industrial Engineering, 2010, 58: 754-758.

[25] Lee W C, Wu C C. A note on single-machine group scheduling problems with position-based learning effect. Applied Mathematical Modelling, 2009, 33: 2159-2163.

[26] de Brito M P, Dekker R. Reverse logistics: A framework// Dekker R, Fleischmann M, Inderfurth K, et al. Reverse Logistics: Quantitative Models for Closed-Loop Supply Chains. Berlin: Springer, 2004: 3-27.

[27] Minner S, Lindner G. Lot sizing decisions in product recovery management// Dekker R, et al. Reverse Logistics-Quantitative Models for Closed-Loop Supply Chains. Berlin, Heidelberg: Springer, 2004: 157-179.

[28] Flapper S D P, Jensen T. Logistic planning and control of rework. Inter-national Journal of Production Research to Appear, 2003.

[29] Inderfurth K, Teunter R H. Production planning and control of closed-loop supply chains//Guide V D R van Wassenhove L N. Business Perspectives on Closed-Loop Supply Chains. Pittsburgh: Carnegie Mellon University Press, 2003: 149-173.

[30] Flapper S D P, Fransoo J C, Broekmeulen R A, et al. Planning and control of rework in the process industries: A review. Production Planning & Control, 2002, 1: 26-34.

[31] Biskup D. A state-of-the-art review on scheduling with learning effects. European Journal of Operational Research, 2008, 188: 315-329.

[32] Lindner G, Busher U, Flapper S D P. An optimal lot and batch size policy for a single item produced and remanufactured on one machine. Working paper, Otto-von-Guericke-University Magdeburg, Germany, 2001: 10.

[33] Barketau M S, Cheng T C E, Kovalyov M Y. Batch scheduling of deteriorating rework-ables. European Journal of Operational Research, 2008, 189(3): 1317-1326.

[34] Gawiejnowicz S, Kurc W, Pankowska L. Equivalent time-dependent scheduling problems. European Journal of Operational Research, 2009, 196(3): 919-929.

[35] Chen Z L. Parallel machine scheduling with time dependent processing times. Discrete Applied Mathematics, 1996, 70(1): 81-93.

[36] Jeng A A K, Lin B M T. Makespan minimization in single machine scheduling with step-deterioration of processing times. Journal of the Operational Research Society, 2004, 55(3): 274-256.

[37] Kononov A. Scheduling problems with linear increasing processing times// Zimmermann U, et al. Operations Research 1996. Berlin, Heidelberg: Springer, 1997: 208-212.

[38] Woeginger G J. When does a dynamic programming formulation guarantee the existence of an FPTAS. INFORMS Journal on Computing, 2000, 12(1): 57-74.

第 3 章　工期相关的排序问题

3.1　位置退化和共同交货期的窗时问题

研究窗时排序的问题是现代生产运作管理的一个重要课题. Liman 等[1] 研究了单台机器下的共同交货期问题, 目的是找到一个最优的交货期窗时的大小和位置, 使得工件的提前费用和误工费用、窗时大小和位置的总费用和最小. Mosheiov 和 Sarig[2] 拓展了 Liman 等[1] 的模型, 考虑了加工时间与序列中位置相关的函数, 他们提出了一个复杂性为 $O(n^3)$ 的多项式时间算法. Gordon 和 Strusevich[3] 考虑单机窗时排序问题, 加工时间依赖于它加工时所在序列的位置. 目标函数包括工期改变的费用、在工期不能完工时而放弃工件的费用, 还有提前完工的工件的费用. 对于两种常见的工期指派问题: CON(common due date) 和 SLK(slack due date), 给出了多项式时间的动态规划算法.

本节研究具有位置退化的单机排序问题, 工件具有共同交货期. 共同窗时是由一个工期和窗时组成的. 如果工件在窗时内完工不发生惩罚费用, 工件在工期之前完工发生提前的惩罚费用, 工件在窗时之后完工发生延误的惩罚费用. 目标函数是得到最优窗时的大小和位置, 使得基于提前、延误、窗时的大小和位置的总费用最小.

考虑一个非中断的、n 个工件 (N 表示工件的集合) 的单机排序问题. 在零时刻所有的工件达到. 设工件 J_j 的正常加工时间为 p_j ($j \in N$), 工件 J_j 排在序列中第 r 个位置加工时的实际加工时间为 $p_{jr} = p_j r^{a_j}$, $j, r = 1, \cdots, n$, 其中 a_j (> 0) 为工件 J_j 的退化因子. 如果工件在序列中第 j 个位置完工, 表示为 $C_{[j]}$. d ($\geqslant 0$) 表示窗时的开始时间, 即在 d 之前或者刚好在 d 完工的工件认为是提前完工的. D ($\geqslant 0$) 表示窗时的长度, 在 $d + D$ 之后完工的工件是延误工件. 工件 j 的提前表示为 $E_{[j]} = \max\{d - C_{[j]}, 0\}$, $j = 1, \cdots, n$. 工件 j 的延误表示为 $T_{[j]} = \max\{C_{[j]} - d - D, 0\}$, $j = 1, \cdots, n$. 设 σ 表示任意序列, 则目标函数写为 $f(\sigma, d, D) = \sum_{j \in N} (\alpha E_j + \beta T_j + \delta d + \gamma D)$, 其中 $\alpha > 0$, $\beta > 0$, $\delta > 0$ 和 $\gamma > 0$ 分别表示单位提前费用、单位延误费用、单位窗期开始费用和单位窗时大小费用. 关于 $\alpha, \beta, \delta, \gamma$ 采用 Panwalkar 等[4] 的解释和分析.

3.1.1　初步的分析和结果

首先给出三个引理.

引理 3.1　最优序列中, 工件的开工时间为 0, 工件是连续加工的, 直至所有的工件都完工, 也就是说, 工件与工件之间没有空闲.

证明　这个结果是很显然的, 证明过程省略. 证毕.

引理 3.2　(i) 如果 $\delta > \gamma$, 存在一个最优序列, 窗时的开始时间在零时刻; (ii) 如果 $\beta < \min\{\delta, \gamma\}$, 存在一个最优序列, 窗时的大小等于 0, 即窗时的开始时间和结束时间相等, 问题退化为准时排序问题.

证明　利用 d 的小扰动技巧, 这里证明过程省略. 证毕.

引理 3.3　对于任何的序列 π, 存在一个最优序列共同窗时的开始时间 (d) 和结束时间 $(d + D)$ 均为某个工件的完工时间.

证明　假设存在一个工件序列 π, 在零时刻开始加工. 在序列中的第 k 和第 $k + m$ 个位置的工件满足以下条件: $C_{[k]} < d < C_{[k+1]}$ 和 $C_{[k+m]} < d + D < C_{[k+m+1]}$, 其中 $0 \leqslant k \leqslant k + m \leqslant n$. 不失一般性, 假设工件序列 $\pi = \{1, \cdots, n\}$. 设 $\Delta_1 = d - C_k$ 和 $\Delta_2 = d + D - C_{k+m}$. 显然 $0 \leqslant \Delta_1 \leqslant p_k r^{a_k}$ 和 $0 \leqslant \Delta_2 \leqslant p_{k+m+1} r^{a_{k+m+1}}$. 如图 3.1 所示.

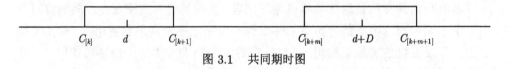

$$C_{[k]} \quad\quad d \quad\quad C_{[k+1]} \quad\quad\quad\quad C_{[k+m]} \quad\quad d+D \quad\quad C_{[k+m+1]}$$

图 3.1　共同期时图

工件 J_j 的提前费用 (Z_j 表示), $j = k, k-1, \cdots, 1$, 则

$$Z_k = \alpha \Delta_1$$

$$Z_{k-1} = \alpha[\Delta_1 + p_k k^{a_k}]$$

$$\cdots\cdots$$

$$Z_1 = \alpha \left[\Delta_1 + \sum_{r=2}^{k} p_r r^{a_r} \right]$$

工件 J_j 的延误费用 (Z_j 表示), $j = k+m+1, \cdots, n$, 则

$$Z_{k+m+1} = \beta[p_{k+m+1}(k+m+1)^{a_{k+m+1}} - \Delta_2]$$

$$\cdots\cdots$$

$$Z_n = \beta \left[\sum_{r=k+m+1}^{n} p_r r^{a_r} - \Delta_2 \right]$$

窗期开始费用 (Z_d 表示)

$$Z_d = n\delta \left[\sum_{r=1}^{k} p_r r^{a_r} + \Delta_1 \right]$$

窗时大小费用 (Z_D 表示)

$$Z_D = n\gamma \left[\sum_{r=k+1}^{k+m} p_r r^r + \Delta_2 - \Delta_1 \right]$$

则总费用为 $Z = A\Delta_1 + B\Delta_2 + C$, 其中 $A = \alpha n + \delta n - \gamma n$, $B = \gamma n - \beta(n-k-m)$,

$$C = \sum_{r=1}^{k} [\delta n + \alpha(r-1)] p_r r^{a_r} + \sum_{r=k+1}^{k+m} \gamma n p_r r^{a_r} + \sum_{r=k+m+1}^{n} \beta(n-r+1) p_r r^{a_r}$$

由于 A, B, C 是常数, Δ_1, Δ_2 是不相关的, 并且 $C > 0$. 若使 Z 最小, 则随后的条件之一成立:

(1) 如果 $A \geqslant 0, B \geqslant 0$, 则 $\Delta_1 = \Delta_2 = 0$;

(2) 如果 $A \leqslant 0, B \leqslant 0$, 则 $\Delta_1 = p_{k+1}(k+1)^{a_{k+1}}, \Delta_2 = p_{k+m+1}(k+m+1)^{a_{k+m+1}}$;

(3) 如果 $A \geqslant 0, B \leqslant 0$, 则 $\Delta_1 = 0, \Delta_2 = p_{k+m+1}(k+m+1)^{a_{k+m+1}}$;

(4) 如果 $A \leqslant 0, B \geqslant 0$, 则 $\Delta_1 = p_{k+1}(k+1)^{a_{k+1}}, \Delta_2 = 0$.

综上所述能够得到: 存在一个最优序列使得窗时的开始时间 (d) 和结束时间 ($d+D$) 刚好是某个工件的完工时间. 证毕.

根据引理 3.3, 假设 $C_{[k]} = d$ 和 $C_{[k+m]} = d + D$, 其中 k 和 $k+m$ 表示在窗时的开始和结束完工工件的标记, m 表示窗时内完工的工件个数.

引理 3.4 对于任何的序列 π, 存在一个最优序列共同窗时, 它的开始时间 $d = C_{[k]}$, 其中 $k = \left\lceil \dfrac{n(\gamma - \delta)}{\alpha} \right\rceil$; 结束时间 $d + D = C_{k+m}$, 其中 $k + m = \left\lceil \dfrac{n(\beta - \delta)}{\beta} \right\rceil$.

证明 证明过程相似于 Mosheiov 和 Sarig[2], 这里省略. 证毕.

引理 3.5[5] 任意的两个序列 $(x_1, \cdots, x_n)$ 和 $(y_1, \cdots, y_n)$, 如果两个序列的数按照单调相反 (同) 的顺序排列, 则对应数的乘积之和 $\sum_{i=1}^{n} x_i y_i$ 最小 (大).

3.1.2　窗时问题的一个最优解

根据引理 3.3, 该模型的最优序中共同窗时的开始时间和结束时间是某个工件的完工时间. 总费用为

$$Z = \sum_{j=1}^{n} (\alpha E_j + \beta T_j + \delta d + \gamma D)$$

$$= \alpha \sum_{j=1}^{k} (d - C_{[j]}) + \beta \sum_{j=k+m+1}^{n} (C_{[j]} - d - D) + n\delta \sum_{j=1}^{k} p_{[j]} j^{a_j} + n\gamma \sum_{j=k+1}^{k+m} p_{[j]} j^{a_j}$$

$$= \sum_{j=1}^{k} [n\delta + \alpha(j-1)] p_{[j]} j^{a_j} + \sum_{j=k+1}^{k+m} n\gamma p_{[j]} j^{a_j} + \sum_{j=k+m+1}^{n} \beta(n-j+1) p_{[j]} j^{a_j}$$

下面把该模型转化为指派问题: 假设

$$x_{jr} = \begin{cases} 1, & \text{工件 } j \text{ 排在序列第 } r \text{ 个位置加工,} \\ 0, & \text{否则} \end{cases}$$

则

$$\min \quad Z = \sum_{j=1}^{n} (\alpha E_j + \beta T_j + \delta d + \gamma D)$$

$$= \sum_{j=1}^{n} \left\{ \sum_{r=1}^{k} [n\delta + \alpha(r-1)] p_j j^{a_j} x_{jr} + \sum_{r=k+1}^{k+m} n\gamma p_j j^{a_j} x_{jr} \right.$$

$$\left. + \sum_{r=k+m+1}^{n} \beta(n-r+1) p_j j^{a_j} x_{jr} \right\}$$

$$\text{s.t.} \quad \begin{cases} \sum_{r=1}^{n} x_{jr} = 1, & j = 1, \cdots, n \\ \sum_{j=1}^{n} x_{jr} = 1, & r = 1, \cdots, n \\ x_{jr} = 1 \text{ 或 } 0; & j = 1, \cdots, n, \ r = 1, \cdots, n \end{cases}$$

基于上述分析, 对于该模型利用指派问题的解法给出多项式时间算法.

算法 3.1　步骤 1: 根据引理 3.4, 计算窗时的开始时间 $d = C_{[k]}$ 和结束时间 $d + D = C_{[k+m]}$.

步骤 2: 利用指派算法求解该问题, 得到最优解和总费用.

在组合优化领域, 指派问题始终受到特别的关注, 例如 [6,7]. 指派问题的时间复杂性为 $O(n^3)$, 有以下的结论成立.

推论 3.1 问题 $1|p_{jr} = p_j r^{a_j}|\sum_{j \in N} (\alpha E_j + \beta T_j + \delta d + \gamma D)$ 能够在 $O(n^3)$ 时间内得到最优解.

接下来给出一个例子来说明算法的过程.

例 3.1 假设序列中具有 8 个工件如表 3.1 所示, $\alpha = 11$, $\beta = 18$, $\delta = 5$, $\gamma = 7$; 根据引理 3.4, $k = \left\lceil \dfrac{8(7-5)}{11} \right\rceil = 2$, $k + m = \left\lceil \dfrac{8(18-7)}{18} \right\rceil = 5$. 并且

$$
Z(j, r) = \begin{cases}
[\alpha(r-1) + n\delta]p_j j^{a_j}, & r = 1, 2, \\
n\gamma p_j j^{a_j}, & r = 3, 4, 5, \\
\beta(n - r + 1)p_j j^{a_j}, & r = 6, 7, 8
\end{cases}
$$

表 3.1

j	1	2	3	4	5	6	7	8
p_j	15	9	16	24	10	4	17	21
a_j	0.02	0.08	0.01	0.02	0.03	0.1	0.01	0.06

利用 MATLAB 9.0 计算指派问题得到下面的最优解.

$Z(j,r)$	$r=1$	$r=2$	$r=3$	$r=4$	$r=5$	$r=6$	$r=7$	$r=8$
$j=1$	600	775.679	950.660	**836.616**	1115.329	839.553	561.430	384.658
$j=2$	360	485.171	609.262	563.113	737.043	**506.904**	378.576	191.323
$j=3$	640	**838.941**	1036.465	847.088	1228.602	928.196	622.625	312.980
$j=4$	960	1232.514	1504.437	1362.762	1756.036	1319.430	880.977	**441.077**
$j=5$	400	517.119	**633.774**	575.744	743.553	559.702	374.287	187.644
$j=6$	160	208.286	256.310	233.512	**302.247**	227.928	152.657	76.635
$j=7$	**680**	929.128	1176.394	1093.561	1437.734	1089.140	743.466	376.730
$j=8$	840	1116.481	1390.715	1278.000	1665.290	1262.706	**849.625**	428.300

最优工件序列为 $(7, 3, 5, 1, 6, 2, 8, 4)$, 工件 J_7 和工件 J_3 为提前完工工件; 工件 J_5, J_1 和 J_6 为窗时内完工的工件; 工件 J_2, J_8 和 J_4 为误工工件, 且 $d^* = 33.450$, $D^* = 29.842$ 和 $Z^* = 5089.184$.

3.1.3 窗时问题的一个特例

假设工件具有相同的退化因子, 即 $a_j = a$. 该窗时排序问题的模型表示为 $1|p_{jr} = p_j r^a|\sum_{j \in N} (\alpha E_j + \beta T_j + \delta + d\gamma D)$.

引理 3.6 对于窗时排序问题 $1|p_{jr} = p_j r^a|\sum_{j=1}^{n} (\alpha E_j + \beta T_j + \gamma d + \delta D)$, 存在最优解满足下列 3 个条件:

(1) 第一个工件和最后一个工件之间没有空闲时间;

(2) 提前的工件 E_j 是按照 LPT 序排列的, 误工的工件 T_j 按照 SPT 序排列的;

(3) 共同交货期窗口内的工件按照 SPT 序排列.

证明　(1) 如果在一个最优解中第一个工件和最后一个工件之间具有空闲时间, 那么把共同交货期的窗时开始时间 d 前完工的工件尽量后移, 或者把共同交货期的窗时结束时间 $d + D$ 后完工的工件尽量前移, 或者共同交货期窗时内的工件尽量往窗时开始时间 d 移动, 从而使工件之间不存在空闲; 这样所得到的解的目标函数值不会增加, 仍是最优解.

(2) 如果最优解中共同交货期窗时后的误工工件不是按照 SPT 序排列, 或者共同交货期窗时前的提前工件不是按照 LPT 序排列, 那么根据 (2), 调整它们分别满足 SPT 或者 LPT 序, 重排后不会增加目标函数值. 利用二交换法可以证明, 仅仅证明提前工件满足 SPT 序. 假设共同交货期前的工件集合中的两个相邻的工件 J_i 和 J_j, 在序列中的第 r 和 $r+1$ 个位置加工, 假设 $p_i \leqslant p_j$,

$$
\begin{aligned}
Z = {} & n\delta p_{[1]} + (n\delta + \alpha)p_{[2]}2^a + \cdots + [n\delta + (r-1)\alpha]p_i r^a \\
& + [n\delta + r\alpha]p_i(r+1)^a + \cdots + [n\delta + (k-1)\alpha]p_{[k]}k^a \\
& + \sum_{j=k+1}^{k+m} n\gamma p_{[j]}j^a + \sum_{j=k+m+1}^{n} \beta(n-j+1)p_{[j]}j^a
\end{aligned}
$$

交换工件 J_i 和 J_j 的位置, 则总费用为

$$
\begin{aligned}
Z' = {} & n\delta p_{[1]} + (n\delta + \alpha)p_{[2]}2^a + \cdots + [n\delta + (r-1)\alpha]p_j r^a \\
& + [n\delta + r\alpha]p_i(r+1)^a + \cdots + [n\delta + (k-1)\alpha]p_{[k]}k^a \\
& + \sum_{j=k+1}^{k+m} n\gamma p_{[j]}j^a + \sum_{j=k+m+1}^{n} \beta(n-j+1)p_{[j]}j^a
\end{aligned}
$$

接着有

$$
Z - Z' = n\delta(p_i - p_j)(r^a - (r+1)^a) + \alpha\{(p_i - p_j)[(i-1)i^a - i(i+1)^a]\}
$$

由于 $p_i \leqslant p_j$, $a > 0$, 则 $p_i - p_j \leqslant 0, r^a - (r+1)^a < 0$.

利用微分法, 可以得到 $g(x) = (x-1)x^a - x(x+1)^a$ 是减函数. 因此有 $g(i) \leqslant g(1) = -2^a < 0$, 即 $(i-1)i^a - i(i+1)^a < 0$. 故有 $Z \geqslant Z'$ 成立. 然后依次调整提前的工件, 可以得到共同交货期窗时之前的工件满足 LPT 序. 类似可以证明共同交货期窗时之后的工件满足 SPT 序.

(3) 窗时内的工件对于目标函数的贡献为 $\sum_{j=k+1}^{k+m} n\gamma p_{[j]}j^a$, 根据引理 3.5, 由于 $(k+1)^a < \cdots < (k+m)^a$, 则工件的排列顺序为最大加工时间优先安排 (即 LPT 序), 使得 $\sum_{j=k+1}^{k+m} n\gamma p_{[j]}j^a$ 达到最小. 证毕.

该问题的目标函数可以写为

$$\min Z = \sum_{j=1}^{n} (\alpha E_j + \beta T_j + \delta d + \gamma D)$$

$$= \sum_{j=1}^{k} [n\delta + \alpha(j-1)]p_{[j]}j^a + \sum_{j=k+1}^{k+m} n\gamma p_{[j]}j^a + \sum_{j=k+m+1}^{n} \beta(n-j+1)p_{[j]}j^a$$

$$= \sum_{j=1}^{n} W_j p_{[j]}$$

其中

$$W_j = \begin{cases} [\alpha(j-1)+n\delta]j^a, & j=1,\cdots,k, \\ n\gamma j^a, & j=k+1,\cdots,k+m, \\ \beta(n-j+1)j^a, & j=k+m+1,\cdots,n \end{cases}$$

也可以写为 $W_j = \min\{[\alpha(j-1)+n\delta]j^a, n\gamma j^a, \beta(n-j+1)j^a\}, j=1,\cdots,n.$ 显然 W_j 可以看作位置权重. 如下方法可以得到 k 的值.

满足 $[\alpha(j-1)+n\delta]j^a \leqslant \min\{n\gamma j^a, \beta(n-j+1)j^a\}$ 的最大值 j, 如果这样的 j 不存在, 则 $k=0$. 相似的方法可以得到 $k+m$ 的值: $n\gamma j^a \leqslant \min\{[\alpha(j-1)+n\delta]j^a, \beta(n-j+1)j^a\}$ 的最大值 j, 如果这样的 j 不存在, 则 $m=0$. 根据这个思想提出了一个算法.

算法 3.2 步骤 1: 计算 $W_j = \min\{[\alpha(j-1)+n\delta]j^a, n\gamma j^a, \beta(n-j+1)j^a\}$, $j=1,\cdots,n.$

步骤 2: 根据引理 3.6, 加工时间最大的工件分配给最小的位置权重 W_j, 加工时间第二大的工件分配给次小的位置权重 W_j, 以此类推.

步骤 3: 如果 $W_j = [\alpha(j-1)+n\delta]j^a$, 则第 j 个位置的工件为提前工件, 如果 $W_j = n\gamma j^a$, 则第 j 个位置的工件为提前工件窗时内的工件. $W_j = \beta(n-j+1)j^a$, 则第 j 个位置的工件为误工工件.

算法 3.2 仅仅需要计算出序列中工件的实际加工时间大小顺序, 等价于加工时间匹配权重, 因此它的时间复杂性为 $O(n\log n)$.

举一个例子来说明是怎样进行算法实现的.

例 3.2 考虑 7 个工件 (表 3.2), 其中位置退化因子为 $a=0.5, \alpha=11, \beta=18, \delta=5, \gamma=7.$

表 3.2

工件 j	1	2	3	4	5	6	7
p_j	3	4	6	9	14	18	20

根据算法有表 3.3.

表 3.3

工件 j	1	2	3	4	5	6	7
j^a	1	1.414	1.732	2	2.236	2.449	2.646
$[n\delta+\alpha(j-1)]j^a$	**35**	**65.044**	98.724	136	176.644	220.41	267.246
$n\gamma j^a$	49	69.286	**84.868**	**98**	**109.564**	120.001	129.654
$\beta(n-j+1)j^a$	126	152.712	155.88	144	120.744	**88.164**	**47.628**
W_j	35	65.044	88.868	98	109.564	88.164	47.628

根据步骤 2, 工件在序列中的顺序为 7, 5, 3, 2, 1, 4, 6. 即工件 7 和 5 为提前工件, 工件 3, 2 和 1 为窗时内的工件, 工件 4 和 6 为误工工件. 则 $d^* = p_7 + p_5 2^a = 39.796$, $D^* = p_3 3^a + p_2 4^a + p_1 5^a = 25.1$, 总费用为 $\sum_{j=1}^{n} W_j p_j = 4389.296$.

3.2 具有维修区间的单机排序问题

在现实生产与实践中, 机器或设备的长期运转, 会使生产机器故障频发, 而每一次随机故障都会给整个生产车间的正常运转带来一定的影响, 进而降低生产效率, 或者会出现机器设备老化影响机器运转效率等情况. 为了避免机器故障的发生或者防止机器或设备过快老化, 就需要经常对设备进行维护, 进而降低故障发生的概率或者老化速度. 但机器维护与生产计划之间又经常会发生冲突, 如果两者不能够很好地协调, 也会造成资源的极大浪费. 这就要求在合理安排生产计划的同时也要兼顾机器维护, 因此近年来机器维护的重要性逐渐得到了人们的认识, 关于机器维护和机器速率改变行为的研究成为排序领域的一个热门研究方向. Lee 和 Leon[8] 根据电子生产装配线生产作业中的实际情况, 介绍了一个基本的速率改变行为的机器排序模型. 速率改变行为是根据改变装配线的生产率考虑的, 工件的加工时间依赖于安排在速率改变行为前还是后, 决策者考虑怎样安排机器的速率改变行为, 怎样安排工件顺序进行加工来实现最优的实施方案. Lee 和 Lin[9] 考虑了维修和维护的速率改变行为的机器排序问题. 当机器的运行速率低于某个设定的速率时, 生产商决定是否停止机器运转对机器进行维护或维修, 或者暂时不停止机器运转, 以后再进行维护或维修. 如果机器选择不进行维修而继续工作, 则机器可能会出现故障或者损坏. 这就要求维修立即进行, 对机器进行维护或者维修可以使机器的运行速率从次正常运行变成正常运行, 这种行为也叫作速率改变行为. 目的就是同时安排工件生产和安排机器维修时刻以达到最优化目标. 假设工件的加工时间是确定的, 机器出现故障是随机的, 但是遵循一定的分布.

本节研究了最大完工时间最小化问题和总完工时间最小化问题, 分析了这两种情形的复杂性, 即在一些特殊情形下也是 NP 难的, 接着对于最大完工时间最小化问题提出了拟多项式时间算法和全多项式时间算法. 对于总完工时间最小化问题, 具有一致的速率改变率时, 提出拟多项式时间算法.

假设 n 个工件: $\{J_1, \cdots, J_n\}$, 所有的工件都不允许中断, 在零时刻均可以安排加工. 假设在序列 σ 中, 机器具有多次维修 (譬如说 $\tilde{m}$ 次, $\tilde{m}$ 是个决策变量), 并且每次的维修时间是 t. 维修区间分布在工件序列之间, 每两个维修区间的工件看作成组加工, 显然零时刻到一个维修区间及最后一个维修区间到最后一个工件完工时间, 均可以看作一个组, 用 G 表示. 如图 3.2 所示.

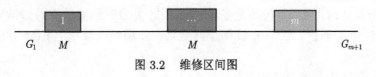

$$G_1 \qquad M \qquad\qquad\qquad M \qquad\qquad\qquad G_{m+1}$$

图 3.2 维修区间图

则 $\sigma = \{G_1, M, \cdots, M, G_{\tilde{m}+1}\}$, M 是维修区间, 工件的实际加工时间为 $p_{jr} = p_j r^{a_j}$, $a_j(>0)$ 是工件 J_j 的位置退化因子. 目标函数为 $\sum_{j=1}^{n}(\alpha E_j + \beta T_j + \gamma d + \delta D)$.

对于给定的序列 π, 假设 $\tilde{m} = m_0$ (m_0 是已知的定值), 则工件可分成 m_0+1 组, 每组的工件表示为 $G_i = \{J_{i1}, \cdots, J_{in_i}\}$, $i = 1, \cdots, m_0+1$. 令工件 J_{ir} 是排在第 G_i 组的第 r 个位置的工件, 它的正常加工时间和退化因子分别为 p_{ir} 和 a_{ir}. 显然有 $n_1 + n_2 + \cdots + n_{m_0+1} = n$ 成立. C_{ir} 表示工件 J_{ir} 的完工时间. 接着有

$$C_{11} = p_{11}$$

$$C_{12} = p_{11} + p_{12}2^{a_{12}} = \sum_{r=1}^{2} p_{1r} r^{a_{1r}}$$

$$\cdots\cdots$$

$$C_{1n} = \sum_{r=1}^{n_1} p_{1r} r^{a_{1r}}$$

$$\cdots\cdots$$

$$C_{2j} = \sum_{r=1}^{n_1} p_{1r} r^{a_{1r}} + t + \sum_{r=1}^{j} p_{2r} r^{a_{2r}}, \quad j = 1, \cdots, n_2$$

$$\cdots\cdots$$

$$C_{lj} = \sum_{i=1}^{l-1} \sum_{r=1}^{n_i} p_{ir} r^{a_{ir}} + (l-1)t + \sum_{r=1}^{j} p_{lr} r^{a_{lr}}, \quad j = 1, \cdots, n_l$$

......

$$C_{m_0+1,j} = \sum_{i=1}^{m_0} \sum_{r=1}^{n_i} p_{ir} r^{a_{ir}} + m_0 t + \sum_{r=1}^{j} p_{m_0+1,r} r^{a_{m_0+1,r}}, \quad j = 1, \cdots, n_{m_0+1}$$

......

$$C_{m_0+1,n_{m_0+1}} = \sum_{i=1}^{m_0} \sum_{r=1}^{n_i} p_{ir} r^{a_{ir}} + m_0 t$$

本节的主要结果:

当 $\tilde{m} = 0$ 时, 得到该问题是多项时间算法, 并且时间复杂性为 $O(n^3)$;

当 $\tilde{m} = 1$ 时, 文献 [10] 证明该问题具有多项时间算法, 并且时间复杂性为 $O(n^4)$.

接下来考虑当 $\tilde{m} \geqslant 2$ 的情形.

引理 3.7　存在一个最优解使得要么共同窗时在维修区间之间, 要么共同窗时内存在维修区间.

证明　假设这两种情形不满足, 只需要调整一个共同窗时的大小就可以, 调整如下: 如果窗时的开始时间在维修区间, 那么把共同窗时的开始时间提前到维修区间的开始时间; 如果窗时的结束时间刚好在维修区间内, 那么把窗时的结束时间顺延到维修区间的结束时间. 原因是: 在维修区间内机器要停止, 任何工件都不会加工, 这样的调整不会改变提前工件和误工工件的个数. 只不过会影响共同窗时的大小, 由于窗时的大小 D 是个常数, 对于目标函数不产生影响.

引理 3.8　对于任何的序列 π, 存在一个最优序列共同窗时的开始时间 (d) 和结束时间 $(d+D)$ 均为某个工件的完工时间.

证明　利用对 d 和 $d+D$ 的微扰技术证明. 证毕.

下面分两种情况讨论.

情形 1　共同窗时内没有维修区间. 如图 3.3 所示.

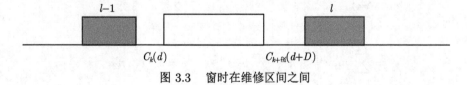

图 3.3　窗时在维修区间之间

假设第 k 个工件在组 G_l 的位置为 k', 则 $k = n_1 + \cdots + n_{l-1} + k'$. 由于共同窗时在组 G_l 中, 因此

$$d = \sum_{i=1}^{l-1} \sum_{r=1}^{n_i} p_{ir} r^{a_{ir}} + (l-1)t + \sum_{r=1}^{k'} p_{lr} r^{a_{lr}}$$

$$D = \sum_{r=k'+1}^{m} p_{lr} r^{a_{lr}}$$

总费用为

$$Z = \sum_{j=1}^{n} (\alpha E_j + \beta T_j + \gamma d + \delta D)$$

$$= \alpha \sum_{j=1}^{k} (d - C_j) + \beta \sum_{j=k+m+1}^{n} (C_j - d - D) + n\gamma \sum_{j=1}^{k} [C_j + (l-1)t] + n\delta \sum_{j=k+1}^{k+m} C_j$$

$$= \alpha \left[\sum_{i=1}^{l-1} \sum_{r=1}^{n_i} \left(\sum_{\lambda=1}^{i-1} n_\lambda + r - 1 \right) p_{ir} r^{a_{ir}} + \sum_{i=1}^{l-1} n_{l-i} i t \right]$$

$$+ \beta \left[\sum_{i=l+1}^{m_0+1} \sum_{r=1}^{n_i} \left(\sum_{\lambda=1}^{m_0+1} n_\lambda - r + 1 \right) p_{ir} r^{a_{ir}} \right.$$

$$+ \sum_{r=k'+m+1}^{n_l} (n_l - r + 1) p_{lr} r^{a_{lr}} + \sum_{i=l+1}^{m_0+1} n_i (i-l) t \right] + n\delta \sum_{r=k'+1}^{k'+m} p_{lr} r^{a_{lr}}$$

$$+ n\gamma \left[\sum_{i=1}^{l-1} \sum_{r=1}^{n_i} p_{ir} r^{a_{ir}} + (l-1)t + \sum_{r=1}^{k'} p_{lr} r^{a_{lr}} \right]$$

$$= \sum_{i=1}^{l-1} \sum_{r=1}^{n_i} \left[\alpha \left(\sum_{\lambda=1}^{i-1} n_\lambda + r - 1 \right) + n\gamma \right] p_{ir} r^{a_{ir}}$$

$$+ \sum_{i=l+1}^{m_0+1} \sum_{r=1}^{n_i} \beta \left(\sum_{\lambda=1}^{m_0+1} n_\lambda - r + 1 \right) p_{ir} r^{a_{ir}}$$

$$+ \sum_{r=k'+m+1}^{n_l} \beta(n_l - r + 1) p_{lr} r^{a_{lr}} + \sum_{r=1}^{k'} n\gamma p_{lr} r^{a_{lr}} + \sum_{r=k'+1}^{k'+m} n\delta p_{lr} r^{a_{lr}}$$

$$+ \left[\sum_{i=1}^{l-1} \alpha n_{l-i} i + \sum_{i=l+1}^{m_0+1} \beta n_i (i-l) + n\gamma(l-1) \right] t$$

令

$$
\tilde{Z} = \sum_{i=1}^{l-1} \sum_{r=1}^{n_i} \left[\alpha \left(\sum_{\lambda=1}^{i-1} n_\lambda + r - 1 \right) + n\gamma \right] p_{ir} r^{a_{ir}}
$$

$$
+ \sum_{i=l+1}^{m_0+1} \sum_{r=1}^{n_i} \beta \left(\sum_{\lambda=1}^{m_0+1} n_\lambda - r + 1 \right) p_{ir} r^{a_{ir}}
$$

$$
+ \sum_{r=k'+m+1}^{n_l} \beta(n_l - r + 1) p_{lr} r^{a_{lr}} + \sum_{r=1}^{k'} n\gamma p_{lr} r^{a_{lr}} + \sum_{r=k'+1}^{k'+m} n\delta p_{lr} r^{a_{lr}}
$$

定义一个 0/1 变量 x_{jir}, 当工件 j 排在第 G_i 组的第 r 个位置时 $x_{jir} = 1$, 否则 $x_{jir} = 0$. 可以利用指派问题求解 $\min \tilde{Z}$:

$$
\min \quad \tilde{Z} = \sum_{j=1}^{n} \left\{ \sum_{i=1}^{l-1} \sum_{r=1}^{n_i} \left[\alpha \left(\sum_{\lambda=1}^{i-1} n_\lambda + r - 1 \right) + n\gamma \right] p_{ir} r^{a_{ir}} x_{jir} \right.
$$

$$
+ \sum_{i=l+1}^{m_0+1} \sum_{r=1}^{n_i} \beta \left(\sum_{\lambda=1}^{m_0+1} n_\lambda - r + 1 \right) p_{ir} r^{a_{ir}} x_{jir}
$$

$$
+ \sum_{r=k'+m+1}^{n_l} \beta(n_l - r + 1) p_{lr} r^{a_{lr}} x_{jlr} + \sum_{r=1}^{k'} n\gamma p_{lr} r^{a_{lr}} x_{jlr}
$$

$$
\left. + \sum_{r=k'+1}^{k'+m} n\delta p_{lr} r^{a_{lr}} x_{jlr} \right\}
$$

$$
\text{s.t.} \quad \begin{cases} \sum_{j=1}^{n} x_{jir} = 1, & i = 1, \cdots, m_0 + 1; r = 1, \cdots, n_i, \\ \sum_{i=1}^{m_0+1} x_{jir} = 1, & j = 1, \cdots, n; r = 1, \cdots, n_i, \\ x_{jir} = 0 \text{ 或 } 1, & i = 1, \cdots, m_0 + 1; r = 1, \cdots, n_i; j = 1, \cdots, n \end{cases}
$$

下面讨论 n_i 的值. 根据引理 3.8, 若使

$$
A = \sum_{i=1}^{l-1} \alpha n_{l-i} i + \sum_{i=l+1}^{m_0+1} \beta n_i (i - l) + n\gamma(l - 1)
$$

达到最小值, 则有 $n_1 \leqslant \cdots \leqslant n_{l-1}$ 和 $n_{l+1} \geqslant \cdots \geqslant n_{m_0+1}$ 成立.

根据文献 [21] 的思想, 最优安排是维修区间排在工件的中间, 由于工件分为 $m_0 + 1$ 组, 所以每组工件的最小数目为 $\left\lfloor \dfrac{n}{m_0+1} \right\rfloor$. 余下的 $n - (m_0 + 1) \left\lfloor \dfrac{n}{m_0+1} \right\rfloor$

个工件依次安排在 $G_{l-1}, G_{l+1}, G_{l-2}, G_{l+2}, \cdots$. 而各个组的工件数目给定后, 则

$$A = \sum_{i=1}^{l-1} \alpha n_{l-i} i + \sum_{i=l+1}^{m_0+1} \beta n_i(i-l) + n\gamma(l-1)$$

为定值, 即是说 A 的值不受组内工件大小的影响. 所以 $\min Z = \tilde{Z} + At$, 仅仅需要考虑 $\min \tilde{Z}$ 即可. 给予上述分析提供一个算法:

算法 3.3 步骤 1: 根据引理 3.4, 计算 $k = \left\lceil \dfrac{n(\gamma - \delta)}{\alpha} \right\rceil$ 和 $k+m = \left\lceil \dfrac{n(\beta - \delta)}{\beta} \right\rceil$.

步骤 2: $\tilde{m} = 1$, 计算各组的工件个数 $n_i, i = 1, \cdots, \tilde{m}+1$.

步骤 3: 利用指派问题的方法, 计算 $\min \tilde{Z}$ 和总费用 Z.

步骤 4: $\tilde{m} = \tilde{m}+1$, 计算各组的工件个数 $n_i, i = 1, \cdots, \tilde{m}+1$. 如果 $k < n$, 转步骤 3. 否则转到步骤 5.

步骤 5: 算出最小的总费用 Z 及最优的工件序列.

当机器维修次数确定后, 需要计算各个区间的工件数目, 时间复杂性为 $O(n)$, 指派问题的时间复杂性为 $O(n^3)$. 由于机器维修次数未知, 最多需要把 n 个工件全部穷举一遍. 因此有以下的结论成立:

推论 3.2 算法 3.3 的时间复杂性为 $O(n^5)$.

情形 2 共同窗时内具有维修区间, 如图 3.4 所示.

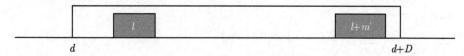

图 3.4　窗时内存在维修区间

假设窗时的开始时间是 G_l 组中的第 k' 个工件, 结束的时间是 $G_{l+m'+1}$ 组第 m'' 个工件. 显然有 $n_1 + \cdots + n_{l-1} + k' = k$, $n_l - k' + n_{l+1} + \cdots + n_{l+m'} + m'' = m$;

$$d = \sum_{i=1}^{l-1} \sum_{r=1}^{n_i} p_{ir} r^{a_{ir}} + (l-1)t + \sum_{r=1}^{k'} p_{lr} r^{a_{lr}}$$

$$D = \sum_{r=k'+1}^{n_l} p_{lr} r^{a_{lr}} + \sum_{i=l+1}^{l+m'} \sum_{r=1}^{n_i} p_{ir} r^{a_{ir}} + m't + \sum_{r=1}^{m''} p_{l+m'+1,r} r^{a_{l+m'+1,r}}$$

总费用为

$$Z = \sum_{j=1}^{n} (\alpha E_j + \beta T_j + \gamma d + \delta D)$$

$$= \alpha \sum_{j=1}^{k} (d - C_j) + \beta \sum_{j=k+m+1}^{n} (C_j - d - D)$$

$$+ n\gamma \sum_{j=1}^{k} [C_j + (l-1)t] + n\delta \sum_{j=k+1}^{k+m} C_j$$

$$= \alpha \left[\sum_{i=1}^{l-1} \sum_{r=1}^{n_i} \left(\sum_{\lambda=1}^{i-1} n_\lambda + r - 1 \right) p_{ir} r^{a_{ir}} + \sum_{i=1}^{l-1} n_{l-i} it \right]$$

$$+ \beta \left[\sum_{i=l+m'+1}^{m_0+1} \sum_{r=1}^{n_i} \left(\sum_{\lambda=1}^{m_0+1} n_\lambda - r + 1 \right) p_{ir} r^{a_{ir}} \right.$$

$$+ \sum_{r=m''+1}^{n_{l+m'+1}} (n_{l+m'+1} - r + 1) p_{l+m'+1,r} r^{a_{l+m'+1,r}} + \left. \sum_{i=l+m'+2}^{m_0+1} n_i (i - l - m' - 1)t \right]$$

$$+ n\delta \left[\sum_{r=k'+1}^{n_l} p_{lr} r^{a_{lr}} + m't + \sum_{i=l+1}^{l+m'+1} \sum_{r=1}^{n_i} p_{ir} r^{a_{ir}} + \sum_{r=1}^{m''} p_{l+m'+1,r} r^{a_{l+m'+1,r}} \right]$$

$$+ n\gamma \left[\sum_{i=1}^{l-1} \sum_{r=1}^{n_i} p_{ir} r^{a_{ir}} + (l-1)t + \sum_{r=1}^{k'} p_{lr} r^{a_{lr}} \right]$$

$$= \sum_{i=1}^{l-1} \sum_{r=1}^{n_i} \left[\alpha \left(\sum_{\lambda=1}^{i-1} n_\lambda + r - 1 \right) + n\gamma \right] p_{ir} r^{a_{ir}}$$

$$+ \sum_{i=l+m'+1}^{m_0+1} \sum_{r=1}^{n_i} \beta \left(\sum_{\lambda=1}^{m_0+1} n_\lambda - r + 1 \right) p_{ir} r^{a_{ir}}$$

$$+ \sum_{r=m''+1}^{n_{l+m'+1}} \beta (n_{l+m'+1} - r + 1) p_{l+m'+1,r} r^{a_{l+m'+1,r}} + \sum_{r=1}^{k'} n\gamma p_{lr} r^{a_{lr}}$$

$$+ \sum_{r=k'+1}^{n_l} n\delta p_{lr} r^{a_{lr}} + \sum_{i=l+1}^{l+m'+1} \sum_{r=1}^{n_i} n\delta p_{ir} r^{a_{ir}} + \sum_{r=1}^{m''} n\delta p_{l+m'+1,r} r^{a_{l+m'+1,r}}$$

$$+ \left[\sum_{i=1}^{l-1} \alpha n_{l-i} i + \sum_{i=l+m'+2}^{m_0+1} \beta n_i (i - l - m' - 1)t + n\gamma(l-1) + n\delta m' \right] t$$

令

$$\tilde{Z} = \sum_{i=1}^{l-1} \sum_{r=1}^{n_i} \left[\alpha \left(\sum_{\lambda=1}^{i-1} n_\lambda + r - 1 \right) + n\gamma \right] p_{ir} r^{a_{ir}}$$

$$+ \sum_{i=l+m'+1}^{m_0+1} \sum_{r=1}^{n_i} \beta \left(\sum_{\lambda=1}^{m_0+1} n_\lambda - r + 1 \right) p_{ir} r^{a_{ir}}$$

$$+ \sum_{r=m''+1}^{n_l+m'+1} \beta(n_{l+m'} - r + 1)p_{l+m'+1\,r} r^{a_{l+m'+1\,r}} + \sum_{r=1}^{k'} n\gamma p_{lr} r^{a_{lr}}$$

$$+ \sum_{r=k'+1}^{n_l} n\delta p_{lr} r^{a_{lr}} + \sum_{i=l+1}^{l+m'+1} \sum_{r=1}^{n_i} n\delta p_{ir} r^{a_{ir}} + \sum_{r=1}^{m''} n\delta p_{l+m'+1,r} r^{a_{l+m'+1,r}}$$

定义一个 0/1 变量 x_{jir}, 当工件 j 排在第 G_i 组的第 r 个位置时 $x_{jir} = 1$, 否则 $x_{jir} = 0$. 可以利用指派问题求解 $\min \tilde{Z}$:

$$\min \quad \tilde{Z} = \sum_{j=1}^{n} \left\{ \sum_{i=1}^{l-1} \sum_{r=1}^{n_i} \left[\alpha \left(\sum_{\lambda=1}^{i-1} n_\lambda + r - 1 \right) + n\gamma \right] p_{ir} r^{a_{ir}} x_{jir} \right.$$

$$+ \sum_{i=l+m'+1}^{m_0+1} \sum_{r=1}^{n_i} \beta \left(\sum_{\lambda}^{m_0+1} n_\lambda - r + 1 \right) p_{ir} r^{a_{ir}} x_{jir}$$

$$+ \sum_{r=m''+1}^{n_l+m'+1} \beta(n_{l+m'+1} - r + 1)p_{l+m'+1,r} r^{a_{l+m'+1,r}} x_{j,l+m'+1,r}$$

$$+ \sum_{r=1}^{k'} n\gamma p_{lr} r^{a_{lr}} x_{jlr}$$

$$+ \sum_{r=k'+1}^{n_l} n\delta p_{lr} r^{a_{lr}} x_{jlr} + \sum_{i=l+1}^{l+m'+1} \sum_{r=1}^{n_i} n\delta p_{ir} r^{a_{ir}} x_{jir}$$

$$\left. + \sum_{r=1}^{m''} n\delta p_{l+m'+1,r} r^{a_{l+m'+1,r}} x_{j,l+m'+1,r} \right\}$$

$$\text{s.t.} \quad \begin{cases} \displaystyle\sum_{j=1}^{n} x_{jir} = 1, & i = 1, \cdots, m_0 + 1; r = 1, \cdots, n_i, \\ \displaystyle\sum_{i=1}^{m_0+1} x_{jir} = 1, & j = 1, \cdots, n; r = 1, \cdots, n_i, \\ x_{jir} = 0/1, & i = 1, \cdots, m_0 + 1; r = 1, \cdots, n_i; j = 1, \cdots, n \end{cases}$$

下面讨论 n_i 的值. 根据引理 3.6, 若使 $B = \sum_{i=1}^{l-1} \alpha n_{l-i} i + \sum_{i=l+m'+2}^{m_0+1} \beta n_i (i - l - m' - 1)t + n\gamma(l-1) + n\delta m'$ 达到最小值, 则有 $n_1 \leqslant \cdots \leqslant n_{l-1}$ 和 $n_{l+m'+2} \geqslant \cdots \geqslant n_{m_0+1}$ 成立. 根据文献 [11] 的思想, 最优安排是维修区间排在工件的中

间, 由于工件分为 $m_0 + 1$ 组, 所以每组工件的最小数目为 $\left\lfloor \dfrac{n}{m_0 + 1} \right\rfloor$. 余下的 $n - (m_0 + 1)\left\lfloor \dfrac{n}{m_0 + 1} \right\rfloor$ 个工件首先考虑安排在 $G_l + 1, \cdots, G_{l+m'}$, 然后剩下的工件依次安排在 $G_l, G_{l+m'+1}, G_{l-1}, G_{l+m'+2}, \cdots$. 而各个组的工件数目确定后, 则 $B = \sum_{i=1}^{l-1} \alpha n_{l-i} i + \sum_{i=l+m'+2}^{m_0+1} \beta n_i (i - l - m' - 1)t + n\gamma(l-1) + n\delta m'$ 为定值, 即是说 B 的值不受组内工件大小的影响. 所以 $\min Z = \tilde{Z} + At$, 仅需要考虑 $\min \tilde{Z}$ 即可. 给予上述分析提供一个算法.

算法 3.4 步骤 1: 根据引理 3.4, 计算 $k = \left\lceil \dfrac{n(\gamma - \delta)}{\alpha} \right\rceil$ 和 $k+m = \left\lceil \dfrac{n(\beta - \delta)}{\beta} \right\rceil$.

步骤 2: $\tilde{m} = 1$, 此时 $m' = 1$. 计算各组的工件个数 $n_i, i = 1, \cdots, \tilde{m} + 1$.

步骤 3: 利用指派问题的方法, 计算 $\min \tilde{Z}$ 和总费用 Z.

步骤 4: $\tilde{m} = \tilde{m} + 1, m' = 1, \cdots, m_0$, 计算各组工件个数 $n_i, i = 1, \cdots, \tilde{m} + 1$. 如果 $k < n$, 转步骤 3, 否则转到步骤 5.

步骤 5: 算出最小总费用 Z 及最优的工件序列.

当机器维修次数确定后, 需要计算各个区间的工件数目, 时间复杂性为 $O(n)$, 指派问题的时间复杂性为 $O(n^3)$. 由于机器维修次数未知, 最多需要把工件全部穷举一遍, 并且需要把 m' 穷举一遍. 因此有以下的结论成立:

推论 3.3 算法 3.4 的时间复杂性为 $O(n^6)$.

3.3 工期指派与学习效应的单机排序问题

由于具有很强的实际应用价值, 涉及工期的排序问题, 已经逐渐引起广大理论界和应用界学者的注意. 生产运作管理者或者服务组织者, 常常会给他们的客户提出可能的交货期 (工期). 顾客也常常要求为他提供服务的供应商在交货期 (工期) 前提供服务或产品, 否则将会面临一定的惩罚. 例如: Slotnick 和 Sobel[12] 援引航空工业的一个例子, 对于飞机的零部件的转包商来说, 如果延误飞机零部件的供应可能会面临上百万美元的误工惩罚或者客户可能会放弃合作. 为了避免误工惩罚发生, 当然也可能避免客户流失, 在这种持续增加的压力下, 公司将会生产能够满足工期的客户订单. 自然地, 显然工期比较长的订单很容易满足要求. 但是公司承诺的生产工期太长的话可能对于客户来讲是不可能接受的, 并且这个客户也可能会被提供较短工期的有竞争力公司抢走订单. 在这种情况下可能要提供一个较大的折扣来吸引顾客, 重新获得这个订单. 同时较短的工期可能会出现误工. 因此需要权衡安排短工期的顾客订单和避免误工惩罚. 这就需要找到一个很好的方法, 即允许公司提出能够到达交货期, 同时又可以最优地获得有效的生产排序.

在排序中, 得到满意的工期一直是非常重要的研究目标之一. 供应商提供的交货期就是排序中的工期指派, 订单对应的就是工件. 考虑工期的传统的排序问题的一个综述文献参见 Baker 和 Scudder[13]. 一个更加灵活的系统中, 常常考虑是否能够合适地提出交货期. 作为排序发展的一部分, 这也是最近关于工期问题的研究增加非常迅速的原因. 证明怎样控制交货期是改进生产系统的主要因素. Seidmann 等[14] 研究了问题 $1|d_j|\sum_{i=1}^{n}(\alpha\max\{0, d_i - A\} + \beta E_i + \gamma T_i)$, 其中 A 表示顾客考虑的可以接受的交货时间 (工期), α, β, γ 分别是工期、提前惩罚和误工惩罚单位费用. Biskup 和 Jahnke[15] 着重分析共同工期指派的排序问题, 工件的加工时间是可控的, 但是考虑以前研究问题的方法, 这里仅仅考虑可能减少的工件加工时间是相同的比例的情形. 目标是确定最优的序列 S 和使得 $\sum_{i=1}^{n}(\alpha E_i + \beta T_i + \gamma d)$ 最小. Shabtay 和 Steiner[16] 研究了单机排序下, 工期指派和可控制的工件的加工时间, 加工时间是分配给工件的连续可分的不可再生的资源消耗量的线性或者凸函数. 工期指派方法包括: 共同工期、松弛工期和一般的无关工期.

3.3.1 模型介绍以及性质分析

为了提高产品质量铸造厂生产的钢板或者条钢需要检查其表面缺陷, 可以把需要检查的每个板块实际面积或每个条钢的实际长度看作为工件, 把检查者作为处理器 (机器). 检查者的学习率不仅依赖已经检查过的钢板或者钢条, 而且依赖已经检查过的实际钢板的实际总面积或条钢的总长度. 公司和员工从执行的工件学习更多, 学习效应的结果就是加工时间越长, 越能较好进行生产. 这两个情形就是工件的加工时间依赖已经加工过的工件的加工时间之和的问题对于工期相关的问题, Gordon 等[17] 提供了一个综述, 工期依赖于加工时间 (共同松弛工期、总工件内容和加工时间加上等待时间) 或者工件的位置, 描述最优解的性质和算法的复杂性. 本节的研究范围也属于工期指派范畴. 首先给出几个概念.

(1) 共同工期指派方法 (CON): 所有的工件具有相同的工期, 即 $d_j = d$, $j = 1, \cdots, n$, d 是一个决策变量.

(2) 松弛工期指派方法 (SLK): 每个工件的工期为其加工时间加上一个松弛变量 q, 也相当于等待时间, 即 $d_j = p_j + q$, $j = 1, \cdots, n$, 其中 q $(\geqslant 0)$ 是一个决策变量.

本节考虑一个单机排序的模型: 工件集合 $N = \{J_1, \cdots, J_n\}$. 在零时刻所有的工件可以加工. 工件 J_j 的基本时间为 p_j, $j \in N$. 如果工件 J_j 在序列中的第 r 个位置加工, a (< 0) 是常数, 则工件 J_j 实际加工时间为

$$p_{jr} = p_j\left(1 + \sum_{i=1}^{r-1} p_i\right)^a$$

假设每个工件 J_j 都有 d_j 个工期, 也是客户理想的交货期. 对于工件 J_j, 如果 $C_j \leqslant d_j$, 称提前工件, 其中 C_j 表示工件 J_j 的完工时间. 假定工件 J_j 提前 $E_j = d_j - C_j$. 在该问题中, 集合 N 的工件分为两部分: 一部分是提前完工的工件, 用 N_E 表示; 另一部分是工件不能在它的工期前完工, 这样的工件将被放弃, 不安排加工, 用 N_T 表示. 丢弃的工件 J_j 具有一个惩罚费用 α_j, $j \in N_T$. 显然在可行的序列中, 仅仅需要安排 N_E 中的工件. 目标就是合理地选择工件的工期, 最优的安排 N_E 中的工件, 并且使丢弃的工件的惩罚总费用最小. 目标函数可以写为

$$F(d,\pi) = \varphi(d) + \delta \sum_{j \in N_E} E_j + \sum_{j \in N_T} \alpha_j \tag{3.1}$$

其中 π 是一个可行的工件序列, d 是一个工期向量, $\varphi(d)$ 是依赖工期选择规则进行工期指派 (选派) 的费用函数, $\delta \, (\geqslant 0)$ 是常数.

解决该问题需要考虑以下问题:

(1) 确定哪些工件被接受, 哪些工件被丢弃;

(2) 对于接受的工件指派工期;

(3) 安排接受的工件序列.

由于决策进程中, 第二部分看起来是最重要的. 称这部分问题为工期指派问题, 简称 DDA 问题. 从供应链排序角度来讲, 最小化 $F(d,\pi)$ 的 DDA 问题有以下的解释: $\varphi(d)$ 组成部分与工期有关, 是制造商和客户经过谈判的结果. 双方共同感兴趣的有尽可能小的工期, 但是制造商具有生产能力的限制. 不能按时完工的订单要被放弃, 支付彼此可以接受的费用或罚款. 此外, 提前完工的工件, 由于达到交货期, 没有交付给客户. 制造商不得不储存这些工件, 这可能发生一些额外的库存费用, 这就是目标中的总提前费用的比例系数 δ.

首先, 研究一个和提出的问题非常接近的单机问题. 这个问题是制造商关心自己的利益, 不去考虑丢弃的工件. 很显然这个问题是当前模型的一个简化. 类似于前面的模型分析, 这个问题的目标函数为

$$f(\pi) = \beta d(\pi) + \delta \sum_{k=1}^{n} E_{\pi(k)} \tag{3.2}$$

$\pi = \{\pi(1), \cdots, \pi(n)\}$ 表示一个可行的工件序列, $\beta > 0, \delta \geqslant 0, d(\pi)$ 是序列中最后一个工件 $\pi(n)$ 的完工时间, 它看作所有工件的共同工期.

$$E_{\pi(k)} = d(\pi) - C_{\pi(k)} = \sum_{j=1}^{n} p_{\pi(j),j} - \sum_{j=1}^{k} p_{\pi(j),j}$$

$$= \sum_{j=k+1}^{n} p_{\pi(j),j} = \sum_{j=k+1}^{n} p_{\pi(k)} \left(1 + \sum_{i=1}^{j-1} p_{\pi(i)}\right)^a \tag{3.3}$$

其中 $E_{\pi(k)}$ 是工件 $\pi(k)$ 的提前.

引理 3.9 对于问题 $1|p_{jr} = p_j \left(1 + \sum_{i=1}^{j-1} p_i\right)^a |\beta d(\sigma) + \delta \sum_{k=1}^{n} E_{\pi(\sigma)}$, 其中 σ 为可行序列, 最优的序列可以通过 LPT 序得到.

证明 假设序列 $\pi = \{\pi(1), \cdots, \pi(n)\}$ 为最优序列. 任取第 $u\, (1 \leqslant u \leqslant n-1)$ 个位置的工件. 通过交换序列 π 中的工件 $\pi(u)$ 和 $\pi(u+1)$, 得到一个新的序列 $\pi' = \{\pi(1), \cdots, \pi(u+1), \pi(u), \cdots, \pi(n)\}$. 由于假设序列 π 为最优序列, 就接着需要证明 $\Delta = f(\pi) - f(\pi') \leqslant 0$ 成立.

定义: $\Delta_0 = d(\pi) - d(\pi')$; $\Delta_k = E_{\pi(k)} - E_{\pi(k')}$, $1 \leqslant k \leqslant n$. 则 $\Delta = \beta \Delta_0 + \delta \sum_{k=1}^{n} \Delta_k$. 根据 (3.3) 序列 π 和 π' 中排在工件 $\pi(u+1)$ 的工件具有相同的加工时间, 因此 $\Delta_k = 0$, $u+1 \leqslant k \leqslant n$.

对于 k, $1 \leqslant k \leqslant u-1$, 有

$$\Delta_k = \sum_{j=k+1}^{n} p_{\pi(j),j} - \sum_{j=k+1}^{n} p_{\pi'(j),j} = p_{\pi(u),u} + p_{\pi(u+1),u+1} - p_{\pi(u),u+1} - p_{\pi(u+1),u}$$

$$= (p_{\pi(u)} - p_{\pi(u+1)}) \left(1 + \sum_{i=1}^{u-1} p_{\pi(i)}\right)^a + p_{\pi(u+1)} \left(1 + \sum_{i=1}^{u-1} p_{\pi(i)} + p_{\pi(u)}\right)^a$$

$$- p_{\pi(u)} \left(1 + \sum_{i=1}^{u-1} p_{\pi(i)} + p_{\pi(u+1)}\right)^a$$

此外当 $k = u$ 时,

$$\Delta_u = \sum_{j=u+1}^{n} p_{\pi(j),j} - \sum_{j=u+1}^{n} p_{\pi'(j),j} = p_{\pi(u+1),u+1} - p_{\pi(u),u+1}$$

$$= p_{\pi(u+1)} \left(1 + \sum_{i=1}^{u-1} p_{\pi(i)} + p_{\pi(u)}\right)^a - p_{\pi(u)} \left(1 + \sum_{i=1}^{u-1} p_{\pi(i)} + p_{\pi(u+1)}\right)^a$$

由于

$$\Delta_0 = \sum_{j=1}^{n} p_{\pi(j),j} - \sum_{j=1}^{n} p_{\pi'(j),j} = p_{\pi(u),u} + p_{\pi(u+1),u+1} - p_{\pi(u),u+1} - p_{\pi(u+1),u}$$

$$= (p_{\pi(u)} - p_{\pi(u+1)}) \left(1 + \sum_{i=1}^{u-1} p_{\pi(i)}\right)^a + p_{\pi(u+1)} \left(1 + \sum_{i=1}^{u-1} p_{\pi(i)} + p_{\pi(u)}\right)^a$$

$$- p_{\pi(u)} \left(1 + \sum_{i=1}^{u-1} p_{\pi(i)} + p_{\pi(u+1)}\right)^a$$

进而有

$$\Delta = [\beta + \delta(u-1)](p_{\pi(u)} - p_{\pi(u+1)}) \left(1 + \sum_{i=1}^{u-1} p_{\pi(i)}\right)^a$$

$$+ (\beta + \delta u) p_{\pi(u+1)} \left(1 + \sum_{i=1}^{u-1} p_{\pi(i)} + p_{\pi(u)}\right)^a$$

$$- p_{\pi(u)} \left(1 + \sum_{i=1}^{u-1} p_{\pi(i)} + p_{\pi(u+1)}\right)^a$$

若使得 $\Delta \leqslant 0$, 一定有 $\forall u \in \{1, \cdots, n\}$, $p_{\pi(u)} - p_{\pi(u+1)} \geqslant 0$ 成立, 即工件满足 LPT 序列. 证毕.

本节研究的问题与目标函数为 (3.1) 的 DDA 问题是非常接近的. 运用当前问题的序列规则来设计 DDA 问题.

3.3.2　CON 指派问题

本节研究最小化 F 的共同工期的指派的单机排序问题. 共同工期就是指所有的工件具有相同的工期 d. 对于 CON 模型, 所有工件的工期都相同, 假设 $\varphi(d)$ 的费用为 β, 其中 $\beta > 0$. 则对于可行序列 π, 该问题的目标函数为

$$F(d, \pi) = \beta d(\pi) + \delta \sum_{j \in N_E} E_j + \sum_{j \in N_T} \alpha_j \tag{3.4}$$

关于给定的共同工期的丢弃工件总数最小化问题是 NP 难的[18]. 相似于 (3.4) 的目标的共同工期问题, 常数的加工时间可以找到多项式时间算法[20].

对于最小化 (3.4) 的 DDA 问题, 可能需要发现一个最优序, 在这个序列中刚好有其中一个工件是及时完工的, 就是说它的完工时间是它的工期. 否则的话, 可以减少工期, 使得工期的大小刚好是某个工件的完工时间, 这样可以减少目标函数费用, 而且不会增加误工工件个数 (被丢弃的工件). 因此, N_E 中的工件从零时刻开始加工, 直到 N_E 中的最后一个工件完工, 加工过程中工件之间没有空隙, 并且 N_E 中的最后一个工件刚好在工期 $d(N_E$ 中工件的共同工期) 完工. 对于给定的工件集合 N_E, 找到一个工件序列使得这些工件对于目标函数的贡献最小. 工件集合 N_E 对函数 (3.4) 的贡献为 $\beta d(\pi) + \delta \sum_{j \in N_E} E_j$, 其中 $d(\pi) = \sum_{j \in N_E} p_{jr}$. 根据函数 (3.2) 的解法, 比较容易对工件集合 N_E 进行处理.

为了使函数 (3.4) 的费用总体最小, 还需要考虑放弃加工的工件形成的总费用对于目标函数的贡献. 接下来利用动态规划的方法解决这方面的情形.

利用动态规划算法使得函数 (3.4) 最小化的思路是: 首先根据引理 3.9 提供的工件序列, 决定丢弃哪些工件 N_T 或者安排哪些工件 N_E. 前一种情形, 当前工件的工期不发生改变, 目标函数值增加放弃加工的工件权重. 后一种情形, 排在最后一个位置的提前工件的完工时间确定新的工期, 这样会出现两种情形:

(1) 由于增加了工期, 因此增加嵌入工件的目标函数乘以它的权 β;

(2) 先前安排的工件由于新的工件嵌入, 增加了工期, 从而使得之前工件的提前费用会增加.

这个算法正式的叙述如下.

状态范式 (k, r), k 是已经考虑的工件个数, r $(0 \leqslant r \leqslant k)$ 是这些工件中作为提前工件已经排好的工件个数. $f(k, r)$ 表示已经考虑的 k 个工件, r 个作为提前工件排列的部分排序最小的目标函数值. 下面给出动态规划算法:

算法 CON 步骤 1: 输入 p_j, $j \in N$. 按照引理 3.9 重新标记工件. 初始状态 $f(0, 0) = 0$.

步骤 2: 把 k 从 1 取到 n, 计算

$$f(k, 0) = f(k-1, 0) + \alpha_k$$
$$f(k, r) = \min\{f(k-1, r) + \alpha_k, f(k-1, r-1)$$
$$+ [\beta + \delta(r-1)]p_{kr}\}, \quad 0 \leqslant r \leqslant k-1$$
$$f(k, k) = f(k-1, k-1) + [\beta + \delta(r-1)]p_{kk}$$

步骤 3: 最优的函数值 $F = \min\{f(n, r) | 0 \leqslant r \leqslant n\}$.

由于每次都决定第 k 个工件是放弃还是作为提前工件安排, 所以 p_{kr} 根据定义很容易求出. 算法产生不超过 $O(n^2)$ 个状态变量, 因此它的运行时间为 $O(n^2)$. 接着有:

定理 3.1 最小化目标函数 (3.4) 的具有学习效应的工期指派单机排序问题, 利用算法 CON 可以在 $O(n^2)$ 的时间得到最优解.

3.3.3 SLK 指派问题

本节考虑 SLK 指派问题, 目标是最优化函数 F. SLK 就是每个工件的工期是它的实际加工时间增加一个非负常数 q. SLK 模型在排序方面也是非常著名的工期指派方法. 在 SLK 模型中, 最主要的问题就是选择一个合适的松弛 q, 使得目标函数最小.

假设集合 N_E 中有 h 个工件, 构成一个序列 $\pi = \{\pi(1), \cdots, \pi(h)\}$. 排在位置 r 的工件 J_j $(j \in N_E)$ 的工期为 $d_j = p_j + q$. 为了保证 N_E 中的工件全部在它们的工期完工, 松弛 q 一定要依赖于这些工件的序列, 就是 $q = q(\pi)$. 对于 SLK 模

型, 工期本质上是通过选择松弛值 q 得到的. 本问题中选择 βq 作为 $\varphi(d)$ 的费用来最小化函数 (3.1), 其中 β 是个正的常数. 本节中研究的目标函数变为

$$F(d,\pi) = \beta q(\pi) + \delta \sum_{j \in N_E} E_j + \sum_{j \in N_T} \alpha_j \qquad (3.5)$$

接着对该问题建立某些构造的性质. 仅仅限制考虑在最优序中至少有一个工件是按时完工的, 否则, 通过减少松弛 q 的值, 使得存在至少一个按时完工的工件, 这样会使目标函数值不会增加, 也不会创造新的误工工件.

引理 3.10 S 是最小化目标函数 (3.5) 的工件序列, 集合 N_E 中的工件根据序列 $\pi = \{\pi(1), \cdots, \pi(h)\}$ 进行加工, 其中 $h \leqslant n$. 则仅仅 π 中的最后一个工件 $\pi(h)$ 是按时完工的, 松弛 q 等于按时完工工件 $\pi(h)$ 之前的所有工件的加工时间之和.

证明 假设序列 S 之中, 按时完工的工件不是序列的最后一个工件, 譬如为某个工件 $\pi(k)$, $1 \leqslant k \leqslant h-1$, $C_{\pi(k)} = d(\pi(k))$. 接着

$$C_{\pi(k)} = \sum_{j=1}^{k} p_{\pi(j),j} = d(\pi(k)) = p_{\pi(k),k} + q(\pi) \Rightarrow q(\pi) = \sum_{j=1}^{k-1} p_{\pi(j),j}$$

然而 $C_{\pi(k+1)} = \sum_{j=1}^{k+1} p_{\pi(j),j}$, $d(\pi(k+1)) = p_{\pi(k),k} + q(\pi) < C_{\pi(k+1)}$. 这与假设矛盾, 因此只有最后一个工件 $\pi(h)$ 是按时完工的, 即 $C_{\pi(h)} = \sum_{j=1}^{h} p_{\pi(j),j} = d(\pi(h)) = p_{\pi(h),h} + q(\pi)$ 和 $q(\pi) = \sum_{j=1}^{h-1} p_{\pi(j),j}$. 同时注意到工件 $\pi(h)$ 之前的任何工件的完工时间都不超过 $q(\pi)$, 因此它们中的任何一个工件在相对应的工期完工. 证毕.

引理 3.10 意味着是松弛变量的值依赖按时完工工件之前的工件, 而不是它本身. 因此尽可能让每一个工件作为按时完工的工件, 剩下的工件找到一个最优序列. 这种情形会出现以下两种情形: 固定一个按时工件得到最好的序列, 或者得不到一个序列满足条件, 所有的工件都被放弃加工. 后一种情形是很平凡的, 考虑前一种情形. 假设存在某个按时工件 $h(\in N)$ 并且集合 N_E 已知. 需要在工件集合 $N_E \backslash \{h\}$ 发现一个序列使得这些工件对于目标函数的贡献最小. 根据函数 (3.2) 的解法, 比较容易对工件集合 N_E 进行处理.

为了使函数 (3.5) 的费用总体最小, 还需要考虑放弃加工的工件形成的总费用对于目标函数的贡献. 相似于 CON 模型, 接下来利用动态规划的方法解决最小化函数 (3.5), 根据引理 3.9 提供的恰当的序列检测工件. 对每一个选择的按时完工的工件动态规划算法需要对剩下的工件进行逐个检验, 要么丢弃工件 (把这个工件放在集合 N_T 里), 要么在序列中安排这个工件 (把这个工件放在集合 N_E 里). 前一种情形, 当前工件的工期不发生改变, 目标函数值增加放弃加工的工件

权重. 后一种情形, 工件直接排在按时完工的工件之前, 松弛变量 q 增加嵌入工件的加工时间, 并且之前的工件 (除去按时工件) 的提前时间也都增加嵌入工件的加工时间.

这个算法正式的叙述如下:

状态范式 (h, k, r), 其中 h 是选择的按时完工工件, k 是已经考虑的工件个数, r $(0 \leqslant r \leqslant k)$ 是这些工件中作为提前工件已经排好的工件个数. $f(h, k, r)$ 表示按时完工工件 h, 已经考虑 k 个工件, r 个作为提前工件的部分排序的最小目标函数值. 下面给出动态规划算法:

算法 SLK 步骤 1: 输入 p_j, $j \in N$. 按照引理 3.9 重新标记工件.

步骤 2: 把 h 从 1 取到 n.

步骤 2.1: 初始状态 $f(0, 0) = 0$. 移除工件 J_h. 如果 $h < n$, 重新计算剩余的工件数 $h+1, \cdots, n$, 并把它们都减去 1, 以便形成工件组成的序列数为 $1, \cdots, n-1$.

步骤 2.2: 把 k 从 1 取到 $n-1$, 计算

$$f(h, k, 0) = f(h, k-1, 0) + \alpha_k$$
$$f(h, k, r) = \min\{f(h, k-1, r) + \alpha_k, f(h, k-1, r-1)$$
$$+ [\beta + \delta(r-1)]p_{kr}\}, \quad 0 \leqslant r \leqslant k-1$$
$$f(h, k, k) = f(k-1, k-1) + [\beta + \delta(r-1)]p_{kk}$$

步骤 3: 最优的函数值 $F = \min\{f(h, n, r) | 0 \leqslant r \leqslant n, 1 \leqslant h \leqslant n\}$.

当 h 固定时, 每次都决定第 k 个工件是放弃还是作为提前工件安排, 所以 p_{kr} 根据定义很容易求出. 算法 SLK 产生不超过 $O(n^3)$ 个的状态变量, 因此它的运行时间为 $O(n^3)$. 如果算法得到的最优函数值为 $\sum_{j \in N} \alpha_j$, 也就意味着最优的选择是放弃所有的工件. 算法 SLK 的一个重要特征是选择的按时完工的工件很明显对于目标函数没有任何贡献, 原因是这个工件对于松弛变量 q 没有影响, 并且它的前提为 0. 由于其他的提前工件嵌在按时工件之前, 它的位置和实际加工时间会改变, 但是没有必要更新那些加工时间. 这些结果归纳为:

定理 3.2 最小化目标函数 (3.5) 的具有学习效应的工期指派单机排序问题, 利用算法 SLK 可以在 $O(n^3)$ 的时间得到最优解.

3.4 具有松弛指派和多个维修区间的排序问题

工件 J_i 具有正常加工时间 p_i, 如果该工件被安排在第 l 个位置加工, 并且分配的资源为 r_i, 则实际加工时间被定义为

$$p_{il} = p_i \varphi(l, r_i), \quad i, l = 1, 2, \cdots, n$$

其中 $\varphi(x,y)$ 是关于变量 x,y 的连续的二元非增凸函数.

机器需要进行多次维修服务, 其中第 i 个维修的正常参数 a^j 是常数. 如果维修的开始时间为 s, 则维修区间长度为

$$\phi^j = a^j + b^j s, \quad 1 \leqslant j \leqslant \chi$$

其中 b^j 是退化因子, χ 为维修的次数. 本节假设维修开始时间和维修位置事先未知, 且维修之后机器恢复到之前的状态.

令 $\pi = (G_1, M_1, \cdots, G_\chi, M_\chi, G_{\chi+1})$ 表示维修区间顺序和组顺序, 其中 G_j, M_j 表示第 j 组和第 j 个维修区间, $1 \leqslant j \leqslant \chi+1$, 则排在第 j 组中第 l 个位置的工件 J_i 的加工时间为

$$p_{jil} = p_{ji}\varphi(l, r_{ji}), \quad 1 \leqslant j \leqslant \chi+1, \quad i, l = 1, 2, \cdots, n_j$$

其中 p_{ji} 表示正常加工时间, 组 G_j 的工件个数为 n_j, 且 $\sum_{j=1}^{\chi+1} n_j = n$.

令 $[d_i^1, d_i^2]$ 表示工件 J_i 的时间窗, $D_i = d_i^2 - d_i^1$ 表示时间窗的长度. 很显然如果 $d_i^1 = d_i^2$, 该问题就归结为准时问题.

在窗时排序问题中, 最理想的安排方案就是工件尽可能地在时间窗内加工, 或者尽可能地靠近时间窗的开始时间或者结束时间, 因此决策者就需要合理安排工件的顺序, 权衡损失和利益. 本节考虑两种类型的资源分配问题: 一种是总完工时间、时间表长和总绝对偏差, 即 $Z_1 = \lambda C_{\max} + \mu \sum C_j + \nu \sum_{i,j=1,2,\cdots,n} |C_i - C_j| + \sum \vartheta_i r_i$, 其中 $\lambda, \mu, \nu \geqslant 0, \vartheta_i > 0$; 另一种是 SLK 模型, $Z_2 = \sum (\alpha_i E_i + \beta_i T_i + \rho_i d_i^1 + \eta_i D_i + \theta_i r_i)$, 其中组 G_i 内, $d_{ji}^1 = p_{ji} + q_j^1, d_{ji}^2 = p_{ji} + q_j^2$, 且 $D_{ji} = D_j = q_j^2 - q_j^1$, 本节仅仅考虑组内的提前和误工单位惩罚 α_i, β_i、时间窗的开始时间和长度的单位费用 ρ_i, η_i, 以及资源费用系数 $\theta_i > 0$ 相等的情形, 即 $\alpha_{1i} = \alpha_{2i} = \cdots = \alpha_{n_i i} = \alpha_i$, 其他类似. 为了方便把工件分为 $\chi+1$ 组, 即 $G_i, i = 1, 2, \cdots, \chi+1$. 最后一个目标是 $1|\text{SLK}, p_{il} = p_i\varphi(l, r_i)|Z : \mathcal{V}$, 且 $q^1 = q^2$, 机器不存在维修区间, 也即第二个目标 $\mathcal{V}$ 不超过一个给定的值, 最小化 Z, 其中 $Z_2 = \sum \theta_i r_i$, $\mathcal{V} = \sum_{i=1}^n w_i U_i + \sum_{i=1}^n c_i d_i$.

3.4.1 组合目标函数问题

注意到工件被划分为 $\chi+1$ 组, 则维修区间和组序列为 $(G_1, M_1, G_2, M_2, \cdots, M_\chi, G_{\chi+1})$. 令 $u_{[ji]}, p_{[ji]}, C_{[ji]}$ 分别表示排在组 G_j 内第 i 个位置的工件的资源分配量、正常加工时间和完工时间. 接着有

$$C_{[11]} = p_{[11]}\varphi(1, r_{11})$$

$$\cdots\cdots$$

$$C_{[n_1,1]} = \sum_{l=1}^{n_1} p_{l1}\varphi(l, r_{l1})$$

$$C_{[12]} = C_{[n_1,1]} + a^1 + b^1 C_{[n_1,1]} + p_{[12]}\varphi(1, r_{12})$$

$$= a^1 + (1 + b^1) \sum_{l=1}^{n_1} p_{l1}\varphi(l, r_{l1}) + p_{[12]}\varphi(1, r_{12})$$

……

$$C_{[n_2,2]} = a^1 + (1 + b^1) \sum_{l=1}^{n_1} p_{l1}\varphi(l, r_{l1}) + \sum_{l=1}^{n_1} p_{l2}\varphi(l, r_{l2})$$

……

$$C_{[n_{\chi+1},\chi+1]} = \sum_{j=1}^{\chi} \prod_{m=j+1}^{\chi} (1 + b^m)a^j + \sum_{j=1}^{\chi+1} \prod_{m=j}^{\chi} (1 + b^m) \sum_{l=1}^{n_j} p_{lj}\varphi(l, r_{lj}).$$

进一步, 总完工可以直接计算获得

$$\sum C_j = \sum_{j=1}^{\chi+1} \sum_{l=1}^{n_j} C_{[lj]}$$

$$= \sum_{j=1}^{\chi} \sum_{l=1}^{\chi} \left(\prod_{m=j}^{l} n_{l+1}(1 + b^{m+1})a^j + \prod_{m=j}^{l} n_{l+1}(1 + b^m) \right) p_{[lj]}\varphi(l, r_{[lj]})$$

$$+ \sum_{j=1}^{\chi+1} \sum_{l=1}^{n_j} \prod_{m=j}^{\chi} (1 + n_j - l)p_{lj}\varphi(l, r_{lj})$$

下面给出总绝对偏差:

$$\sum_{i,j=1,2,\cdots,n} |C_i - C_j| = \sum_{j=1}^{\chi+1} \sum_{l=1}^{n_j} \left[l - 1 + (j-1)n_j - \sum_{m=j+1}^{\chi+1} n_m \right]$$

$$\times (n_j - l + 1)p_{lj}\varphi(l, r_{[lj]})$$

$$+ \sum_{j=1}^{\chi+1} \left[(j-1)n_j - \sum_{m=j+1}^{\chi+1} n_m \right] \left[\sum_{s=1}^{j-1} n_j \prod_{m=s+1}^{j-1} (1 + b^m)a^s \right.$$

$$\left. + \prod_{m=s}^{j-1} (1 + b^m) \sum_{l=1}^{n_s} p_{ls}\varphi(l, r_{ls}) \right]$$

基于上面的讨论, 得到下面的性质.

性质 3.1 对于给定的序列 $\pi = (G_{[1]}, M_{[1]}, \cdots, M_{[\chi]}, G_{[\chi+1]})$, 则目标函数能

够化为

$$Z_1 = \lambda C_{\max} + \mu \sum_{i=1}^{n} C_i + \nu \sum_{i=1}^{n} \sum_{j=1}^{n} |C_i - C_j| + \sum_{i=1}^{n} \vartheta_i r_i$$

$$= \sum_{i=1}^{\chi+1} \left[(i-1)n_i \nu + \mu - \sum_{l=i+1}^{\chi+1} n_l \right] \sum_{r=1}^{n_i} C_{ir} + \lambda C_{\max} + \sum_{i=1}^{n} \vartheta_i r_i$$

$$= \sum_{j=1}^{\chi+1} \left[\lambda \prod_{m=j+1}^{\chi} (1+b^m) + \mu \sum_{q=j}^{\chi} \prod_{m=j+1}^{q} n_{q+1}(1+b^m)a^j \right]$$

$$+ \sum_{j=1}^{\chi+1} \sum_{l=1}^{n_j} \left[\lambda \prod_{m=i}^{\chi} (1+b^m) + (\mu + \nu(l-1))(n_j - l + 1) \right.$$

$$\left. + \mu \sum_{q=j}^{\chi} \prod_{m=j}^{q} n_{q+1}(1+b^m) \right] p_{[lj]} \varphi(l, r_{[lj]}) + \sum_{i=1}^{n} \vartheta_i r_i$$

接下来详细阐述如何获得最优的资源分配量. 考虑到式子

$$\sum_{j=1}^{\chi+1} \left[\lambda \prod_{m=j+1}^{\chi} (1+b^m) + \mu \sum_{q=j}^{\chi} \prod_{m=j+1}^{q} n_{q+1}(1+b^m)a^j \right]$$

与资源分配量 $r_{[lj]}$ 无关, 则这里仅仅需要考虑式子 Z_1 的第二部分, 即

$$\sum_{j=1}^{\chi+1} \sum_{l=1}^{n_j} \left[\lambda \prod_{m=i}^{\chi} (1+b^m) + (\mu + \nu(l-1))(n_j - l + 1) \right.$$

$$\left. + \mu \sum_{q=j}^{\chi} \prod_{m=j}^{q} n_{q+1}(1+b^m) \right] p_{[lj]} \varphi(l, r_{[lj]}) + \sum_{i=1}^{n} \vartheta_i r_i$$

为了方便, 把该部分记为 $H_{r_{[lj]}}$. 由于 $\varphi(x,y)$ 是关于变量 x, y 的连续的二元非增凸函数, 则有

$$\frac{dH}{dr_{[lj]}} = \left[\lambda \prod_{m=i}^{\chi} (1+b^m) + (\mu + \nu(l-1))(n_j - l + 1) \right.$$

$$\left. + \mu \sum_{q=j}^{\chi} \prod_{m=j}^{q} n_{q+1}(1+b^m) \right] p_{[lj]} \frac{\partial \varphi(l, r_{[lj]})}{\partial r_{[lj]}} + \vartheta_{[lj]}$$

其中 $j = 1, 2, \cdots, \chi + 1$, $l = 1, 2, \cdots, n_j$. 通过求 $\dfrac{dH}{dr_{[lj]}} = 0$ 可以求出 $r_{[lj]}$. 由于 $H_{r_{[lj]}}$ 和 $\varphi(l, r_{[lj]})$ 均是可微凸函数, 则 $r_{[lj]}^*$ 满足式子, 即是说 $r_{[lj]}^*$ 是一个解析解,

而不是显式解. 首先在给定的维修频率 k 之下, 确定最优的序列. 假设 $y_{lj} = 1$, 如果工件 J_i 被安排在第 l 个位置加工, 否则等于 0. 最优的序列可以通过应用经典的指派问题得到

$$
\begin{aligned}
\min \quad & \sum_{i=1}^{n} \sum_{j=1}^{\chi+1} \sum_{l=\varsigma_{j-1}+1}^{\varsigma_j} \left[\lambda \prod_{l=i}^{\chi} (1+b^l) + (\mu + \nu(l - \varsigma_{j-1} - 1))(\varsigma_j - l + 1) \right. \\
& \left. + \mu \sum_{q=j}^{\chi} \prod_{m=j}^{q} n_{q+1}(1+b^m) \right] p_{[lj]} \phi(l - \varsigma_{j-1}, r_{[lj]}) y_{li} + \sum_{i=1}^{n} \vartheta_i r_i y_{li}
\end{aligned}
$$

$$
\text{s.t.} \quad
\begin{cases}
\sum_{i=1}^{n} y_{li} = 1, & l = 1, 2, \cdots, n, \\
\sum_{l=1}^{n} y_{li} = 1, & i = 1, 2, \cdots, n, \\
y_{li} = 0, 1, & i, l = 1, 2, \cdots, n
\end{cases}
$$

由于 $\sum_{\lambda=1}^{i} n_\lambda = \varsigma_i$, 以及指派问题的时间复杂性, 可以得到如下结论.

引理 3.11 当前模型的最优序列和资源分配通过经典的指派问题归结, 可以在时间 $O(n^{n+2})$ 内获得.

证明 前两个约束确保每个工件都可以恰当地被安排一次加工, 且每个位置安排一个工件. 对于给定的维修频率 χ 和组内工件个数序列 $(n_1, n_2, \cdots, n_{\chi+1})$, 利用经典的指派问题可以在多项式时间 $O(n^3)$ 得到解决[7].

进而关键问题是确定 $(n_1, n_2, \cdots, n_{\chi+1})$ 有多少组向量存在. 由于组 G_i 中工件个数 n_i 可能是 $1, 2, \cdots, n - \chi$, 且 $n_1 + \cdots + n_{\chi+1} = n$, 如果确定了前 χ 组的工件个数就可以确定最后一组的工件个数. 由于维修区间的频率 $\chi \leqslant n - 1$, 则 $(n_1, n_2, \cdots, n_{\chi+1})$ 向量组的个数最多是 n^{n-1}. 证毕.

3.4.2 无限制情形和限制情形

在这一节将考虑具有限制集合和无限制集合的松弛时间窗问题, 这里的限制集合是指总的资源分配量或者目标函数值是否是一个给定的常数.

1. 无限制的情形

这一节考虑如何确定最优的工件序列、时间窗的开始时间和时间窗的大小. 目的是最小化资源分配量、误工费用、提前费用、时间窗的开始时间的组合. 接下来的两个性质, 在本节仍然是成立的. 这两个性质的证明可以参考文献 [21].

性质 3.2 给定最优的工件序列, 提前工件安排在某个位置之前加工, 误工工件在另一个位置加工, 进一步对于工件 J_i, J_{i+1} 有 $C_{i-1} \leqslant d_{i-1}^1 \Rightarrow C_i \leqslant d_i^1$, $C_i \geqslant d_i^2 \Rightarrow C_{i+1} \geqslant d_{i+1}^2$.

性质 3.3   在最优序列中, q_1, q_2 的值是某两个工件的完工时间, 即 $q_1 = C_{[l_1^* - 1]}$, $q_2 = C_{[l_2^* - 1]}$, 其中 l_1^* 是 n 和 $\max\left\{0, \dfrac{n(\gamma - \delta)}{\alpha}\right\}$ 的最小值, l_1^* 是 n 和 $\max\left\{0, \dfrac{n(\beta - \gamma)}{\beta}\right\}$ 的最小值, 其中 $C_{[0]} = 0$.

注意到 $q_2 \geqslant q_1 \geqslant 0$, 则 $l_1^* \leqslant l_2^*$. 如果 $l_1^* = l_2^*$, 则 SLK 模型就简化为 JIT 模型 [7]. 因此接下来考虑 $l_1^* \leqslant l_2^*$.

根据性质 3.2 和性质 3.3, l_{j1} 和 l_{j2} 是与组 G_j 内工件的加工时间无关的. 若序列 π 的第一个工件的开工时间为 0, 则

$$q_j^1 = C_{[l_{j1}^* - 1]} = \sum_{t=1}^{j-1} C_{n_t, t} + \sum_{l=1}^{l_{j1}^* - 1} p_{[lj]}, \quad q_j^2 = C_{[l_{j2}^* - 1]} = \sum_{t=1}^{j-1} C_{n_t, t} + \sum_{l=1}^{l_{j2}^* - 1} p_{[lj]}$$

基于 $d_{l_{j1}^*}^1 = q_j^1 + p_{[l_{j1}^*]} = C_{[l_{j1}^*]}$, $d_{l_{j2}^*}^2 = q_j^2 + p_{[l_{j2}^*]} = C_{[l_{j2}^*]}$, 则有 $D_j = d_j^2 - d_j^1 = \sum_{l=l_{j1}^*}^{l_{j2}^* - 1} p_{[lj]}$.

对于组 G_j, 提前完工的工件在位置 $l_{j1}^* - 1$ 之前加工, 工件 $[l_{j1}^* - 1]$ 也是提前的, 位于位置 l_{j1}^* 和 $l_{j2}^* - 1$ 之间的工件处于时间窗之内, 和工件 $[l_{j2}^* - 1]$ 都是按时完工的工件, 其余的工件是误工的. 特别地, 当 $l_{j1}^* = 0$ 时, 提前的工件不存在; 当 $l_{j1}^* = h^*$ 时, 按时完工和误工的工件不存在. 进一步假设每组内提前单位惩罚、误工单位惩罚, 时间窗的开始时间单位费用和时间窗的长度单位费用相等, 因此 $z(\pi, d_j^1, D_j)$ 能被 E_j, T_j, d_j^1, D_j 转化为随后的形式

$$z(\pi, d_j^1, D_j) = \sum_{j=1}^{\chi+1} \left\{ \sum_{l=1}^{l_{j1}^* - 1} ((n_j + 1)\rho_j + \alpha_j l) p_{lj} \varphi(l, r_{lj}) \right.$$

$$\left. + \sum_{l=l_{j1}^*}^{l_{j2}^* - 1} (n_j \eta_j + \rho_j) p_{lj} \varphi(l, r_{lj}) + \sum_{l=l_{j2}^*}^{n_j} (\beta(n_j - l) + \rho_j) p_{lj} \varphi(l, r_{lj}) \right\}$$

$$+ \sum_{j=1}^{\chi+1} \sum_{l=1}^{n_j} \theta_{lj} r_{lj} + \sum_{j=1}^{\chi+1} \sum_{m=j+2}^{\chi+1} n_m \rho_m \prod_{q=j+1}^{m-2} a^q (1 + b^q) a^j$$

$$+ \sum_{j=1}^{\chi+1} \sum_{m=j}^{\chi+1} n_m \rho_m \prod_{q=j}^{m-1} a^q (1 + b^q) \sum_{l=1}^{n_j} p_{lj} \varphi(l, r_{lj})$$

$$= \sum_{j=1}^{\chi+1} \left\{ \sum_{l=1}^{l_{j1}^* - 1} \left((n_j + 1)\rho_j + \alpha_j l + \sum_{m=j}^{\chi+1} n_m \rho_m \prod_{q=j}^{m-1} a^q (1 + b^q) \right) \right.$$

$$+ \sum_{l=l_{j1}^*}^{l_{j2}^*-1} \left(n_j \eta_j + \rho_j + \sum_{m=j}^{\chi+1} n_m \rho_m \prod_{q=j}^{m-1} a^q(1+b^q) \right)$$

$$+ \sum_{l=l_{j2}^*}^{n_j} \left(\beta(n_j - l) + \rho_j + \sum_{m=j}^{\chi+1} n_m \rho_m \prod_{q=j}^{m-1} a^q(1+b^q) \right) \bigg\} p_{lj}\varphi(l, r_{lj})$$

$$+ \sum_{j=1}^{\chi+1} \left(\sum_{l=1}^{n_j} \theta_{lj} r_{lj} + \sum_{m=j+2}^{\chi+1} n_m \rho_m \prod_{q=j+1}^{m-2} a^q(1+b^q) a^j \right)$$

由于给定的序列式子 $\sum_{j=1}^{\chi+1} \sum_{m=j+2}^{\chi+1} n_m \rho_m \prod_{q=j+1}^{m-2} a^q(1+b^q) a^j$ 是一个常数, 接下来仅仅考虑 $z(\pi, d_j^1, D_j)$ 的前半部分, 即

$$Z_0 = \sum_{j=1}^{\chi+1} \sum_{l=1}^{n_j} \left(\omega_{lj} p_{lj} \varphi(l, r_{lj}) + \sum_{l=1}^{n_j} \theta_{lj} r_{lj} \right)$$

其中

$$\omega_{lj} = \begin{cases} (n_j + 1)\rho_j + \alpha_j l + \sum_{m=j}^{\chi+1} n_m \rho_m \prod_{q=j}^{m-1} a^q(1+b^q), & 1 \leqslant l \leqslant l_{j1}^* - 1, \\ n_j \eta_j + \rho_j + \sum_{m=j}^{\chi+1} n_m \rho_m \prod_{q=j}^{m-1} a^q(1+b^q), & l_{j1}^* \leqslant l \leqslant l_{j2}^* - 1, \\ \beta(n_j - l) + \rho_j + \sum_{m=j}^{\chi+1} n_m \rho_m \prod_{q=j}^{m-1} a^q(1+b^q), & l_{j2}^* \leqslant l \leqslant n_j \end{cases}$$

对于给定的资源分配量, $\sum_{m=j}^{\chi+1} n_m \rho_m \prod_{q=j}^{m-1} a^q(1+b^q)$ 与组 G_j 中工件位置无关, 且 $\omega_{lj} p_{lj} \varphi(l, r_{lj}) + \sum_{l=1}^{n_j} \theta_{lj} r_{lj}$ 仅仅依赖于组 G_j 中工件的位置. 进而, 通过随后的引理给出如何确定最优的资源分配量.

引理 3.12 对于任意给定工件序列, 无限制集合问题的最优资源量能够通过下面式子获得

$$r_{lj}^* = \begin{cases} 0, & \dfrac{\partial(\varphi(l, r_{lj}))}{\partial(r_{lj})} > -\dfrac{\theta_{lj}}{\omega_{lj} p_{lj}}, \\ r_{lj}, & \dfrac{\partial(\varphi(l, r_{lj}))}{\partial(r_{lj})} = -\dfrac{\theta_{lj}}{\omega_{lj} p_{lj}}, \\ \bar{r}_{lj}^*, & \dfrac{\partial(\varphi(l, r_{lj}))}{\partial(r_{lj})} < -\dfrac{\theta_{lj}}{\omega_{lj} p_{lj}} \end{cases}$$

其中 r_{lj}^* 是组 G_j 内排在第 l 个位置的工件的最优资源分配量.

证明　由于给定的工件序列, ω_{lj} 是一个常数. 工件 J_i 对于 Z_0 仅仅影响 $\varphi(l, r_{ij})$ 和 $\theta_{lj}r_{lj}$. 基于 $\omega_{lj}p_{ij}\varphi(l, r_{lj}) + \theta_{lj}r_{lj}$ 关于 r_{lj} 的连续性, 则有

$$\frac{dZ_0}{dr_{lj}} = \omega_{lj}p_{ij}\frac{\partial(\varphi(l, r_{lj}))}{\partial(r_{lj})} + \theta_{lj}$$

其中 $l = 1, 2, \cdots, n_j, j = 1, 2, \cdots, \chi + 1$. 则通过求导, 随后的三个式子能够获得

(1) 工件 J_i 不安排资源分配, 如果 $\dfrac{\partial(\varphi(l, r_{li}))}{\partial(r_{li})} > -\dfrac{\theta_{li}}{\omega_{li}p_{li}}$;

(2) 工件 J_i 分配最大可行的资源分配量, 如果 $\dfrac{\partial(\varphi(l, r_{li}))}{\partial(r_{li})} = -\dfrac{\theta_{li}}{\omega_{li}p_{li}}$;

(3) 工件 J_i 可以安排任意可行的资源分配量, 如果 $\dfrac{\partial(\varphi(l, r_{li}))}{\partial(r_{li})} < \dfrac{\theta_{li}}{\omega_{li}p_{li}}$. 证毕.

根据上述讨论, 在最优的工件序列确定的情况下, 指派问题可以提供一个发现最优资源分配的方法, 令

$$\nu_{lij} = \begin{cases} w_{lj}p_{ij}\varphi(l, 0), & \dfrac{\partial(\varphi(l, r_{li}))}{\partial(r_{li})} > -\dfrac{\theta_{li}}{\omega_{li}p_{li}}, \\[3mm] w_{lj}p_{ij}\varphi(l, r_{lj}) + \theta_{lj}r_{lj}, & \dfrac{\partial(\varphi(l, r_{li}))}{\partial(r_{li})} = -\dfrac{\theta_{li}}{\omega_{li}p_{li}}, \\[3mm] w_{lj}p_{ij}\varphi(l, r_{lj}) + \theta_{lj}r_{lj}^*, & \dfrac{\partial(\varphi(l, r_{li}))}{\partial(r_{li})} < -\dfrac{\theta_{li}}{\omega_{li}p_{li}} \end{cases}$$

置 $y_{lij} = 1, 0$, 即如果工件 J_i 排在组 G_j 的第 l 个位置加工, 则 $y_{lij} = 1$, 否则 $y_{lij} = 0$. 则设计随后的指派问题如下

$$\min \sum_{i=1}^{n}\sum_{j=1}^{\chi+1}\sum_{l=1}^{n_i}\nu_{jil}y_{jil}$$

$$\text{s.t.} \begin{cases} \displaystyle\sum_{i=1}^{n}y_{jil} = 1, & j = 1, 2, \cdots, x+1, \quad l = 1, 2, \cdots, n, \\[4mm] \displaystyle\sum_{j=1}^{\chi+1}y_{jil} = 1, & i = 1, 2, \cdots, n, \quad l = 1, 2, \cdots, n_i, \\[4mm] \displaystyle\sum_{i=1}^{n}y_{jil} = 1, & j = 1, 2, \cdots, \chi+1, \quad l = 1, 2, \cdots, n_i, \\[4mm] \displaystyle\sum_{l=1}^{n_i}y_{jil} = 1, & j = 1, 2, \cdots, \chi+1, \quad i = 1, 2, \cdots, n, \\[4mm] y_{jil} = 0 或 1 \end{cases}$$

根据著名的匈牙利方法, 指派问题可以在时间 $O(n^3)$ 内得到解决, 其中 n 是问题的规模, 因此最优的工件序列能够被随后的定理确定.

定理 3.3 最小化 Z_2 问题能够通过上述指派问题在时间 $O(n^{n+2})$ 内得到解决.

证明 基于上述分析, 证明过程省略. 证毕.

2. 某种限制的情形

在这一节考虑某种限制下的资源分配量和加工序列组合问题, 考虑两种情况: 一种是总资源分配量存在一个上界限制, 即 $\sum_{i=1}^{n} r_i \leqslant \mathcal{U}$; 另一种是组合目标函数存在一个上界限制, 即 $\sum_{i=1}^{n} \alpha_i E_i + \beta_i T_i + \rho_i d_i^1 + \eta_i D_i^1 + \theta_i r_i \leqslant \mathcal{L}$, 其中 $\mathcal{U}, \mathcal{L}$ 是两个给定的正数.

利用数学规划原理, 可以把资源限制问题转化为

$$\min \quad \sum_{i=1}^{n} \alpha E_i + \beta T_i + \rho d_i^1 + \eta D_i^1 + \theta_i r_i$$

$$\text{s.t.} \quad \sum_{i=1}^{n} r_i \leqslant \mathcal{U}$$

因此将提出一个解的充分必要条件:

引理 3.13 对于问题 $1|p_{li} = p_i \varphi(l, r_i), \sum_{i=1}^{n} r_i \leqslant \mathcal{U} \big| \sum_{i=1}^{n} \alpha E_i + \beta T_i + \rho d_i^1 + \eta D_i^1 + \theta_i r_i$, 最优解能被发现当且仅当等号成立, 即 $\sum_{i=1}^{n} r_i = \mathcal{U}$.

证明 由于目标函数是个凸函数, 且 $\sum_{i=1}^{n} r_i \leqslant \mathcal{U}$, 根据 KKT 条件, 可以得到 $\sum_{i=1}^{n} r_i = \mathcal{U}$. 令 λ 表示拉格朗日乘子, 则式子 $L(r_1, r_2, \cdots, r_n, \lambda)$ 可以由下面的式子表示

$$L(r_1, r_2, \cdots, r_n, \lambda) = Z_2 + \lambda \left(\sum_{i=1}^{n} r_i - \mathcal{U} \right)$$

$$= \sum_{j=1}^{\chi+1} \sum_{m=j+2}^{\chi+1} n_m \rho_m \prod_{q=j+1}^{m-2} a^q (1+b^q) a^j + \sum_{j=1}^{\chi+1} \sum_{l=1}^{n_j} \omega_{lj} p_{lj} \varphi(l, r_{lj})$$

$$+ \sum_{i=1}^{n} \theta_i r_i + \lambda \left(\sum_{i=1}^{n} r_i - \mathcal{U} \right) \tag{3.6}$$

分别对上式做关于 λ 和 r_{lj} 的导数:

$$\frac{\partial L(r_{11}, \cdots, r_{n_i,i}, \cdots, r_{n_{\chi+1}, \chi+1}, \lambda)}{\partial \lambda} = \sum_{j=1}^{\chi+1} \sum_{l=1}^{n_j} r_{lj} - \mathcal{U} = 0$$

$$\frac{\partial L(r_{11}, \cdots, r_{n_i,i}, \cdots, r_{n_{\chi+1}, \chi+1}, \lambda)}{\partial r_{lj}} = \omega_i p_i \frac{\partial \varphi(l, r_{lj})}{\partial r_{lj}} + \lambda + \theta_i = 0 \tag{3.7}$$

则有 $\dfrac{\partial \phi(l, r_{lj})}{\partial r_{lj}} = -\dfrac{\theta_{lj} + \lambda}{\omega_{lj} p_{lj}}$.

由于 $\dfrac{\theta_{lj} + \lambda}{\omega_{lj} p_{lj}}$ 与 r_{lj} 无关, 则利用数学分析基础知识可以得到 r_{lj}^* 的一个隐式解, 即 $r_{lj}^* = F(p_{lj}, \omega_{lj}, \theta_{lj})$ 是关于 $p_{lj}, \omega_{lj}, \theta_{lj}$ 的一个关系式.

根据式 (3.7), 可以得到

$$\frac{\partial \varphi(l, r_{lj})}{\partial r_{lj}} = -\frac{\theta_{lj} + \lambda}{\omega_{lj} p_{lj}} \tag{3.8}$$

由于式 (3.8) 与资源分配量 r_{lj} 无关, 则 $r_{lj}^* = F(p_{lj}, \omega_{lj}, \theta_{lj})$ 可以通过式 (3.7) 进行简单的数学计算得到. 进而 λ 根据 r_{lj}^* 和 $\sum_{i=1}^{n} r_i = \mathcal{U}$ 可以求出, 进而通过用 λ 代换, 求出 $r_{lj}^* = F_1(p_{lj}, \omega_{lj})$. 证毕.

因此下面的引理可以通过引理 3.13 得到证明.

引理 3.14   对于资源限制的问题, 最优的资源分配量为 $r_{lj}^* = F_1(p_{lj}, \omega_{lj})$.

接下来考虑资源分配限制的逆问题, 即

$$1|p_{li} = p_i \varphi(l, r_i), \quad \sum_{i=1}^{n} \alpha E_i + \beta T_i + \rho d_i^1 + \eta D_i^1 + \theta_i r_i \leqslant \mathcal{L} \left| \sum_{i=1}^{n} r_i \right.$$

类似的方法可以转为数学规划问题如下

$$\min \quad \sum_{i=1}^{n} r_i$$

$$\text{s.t.} \quad \sum_{i=1}^{n} \alpha E_i + \beta T_i + \rho d_i^1 + \eta D_i^1 + \theta_i r_i \leqslant \mathcal{L}$$

对于给定的工件序列, 利用拉格朗日松弛方法可得

$$L(r_{11}, \cdots, r_{n_1, i}, \cdots, r_{n_{\chi+1}, \chi+1}, \lambda)$$
$$= \lambda \left(\sum_{i=1}^{n} \alpha E_i + \beta T_i + \rho d_i^1 + \eta D_i^1 + \theta_i r_i - \mathcal{L} \right) + \sum_{i=1}^{n} r_i \tag{3.9}$$

其中 λ 为拉格朗日乘子, 接着对式 (3.9) 中的 λ, r_{lj} 进行求导有

$$\frac{\partial L(r_1, r_2, \cdots, r_n, \lambda)}{\partial \lambda} = \sum_{j=1}^{\chi+1} \sum_{m=j+2}^{\chi+1} n_m \rho \prod_{q=j+1}^{m-2} a^q (1 + b^q) a^j$$
$$+ \sum_{i=1}^{\chi+1} \sum_{l=1}^{n_j} w_{lj} p_{lj} \varphi(l, r_{lj}) - \mathcal{L} = 0 \tag{3.10}$$

$$\frac{\partial L(r_1, r_2, \cdots, r_n, \lambda)}{\partial r_{lj}} = w_i p_i \frac{\partial \phi(l, r_{lj})}{\partial r_{lj}} + \theta_i + 1 = 0$$

基于式 (3.10), 则有

$$\frac{\partial \varphi(l, r_{lj})}{\partial r_{lj}} = -\frac{\theta_{lj} + 1}{w_i p_i} \tag{3.11}$$

由于式 (3.11) 与资源分配量 r_{lj} 无关, 则 $r_{lj}^* = G(p_{lj}, \omega_{lj}, \theta_{lj})$ 可以通过式 (3.10) 进行简单的数学计算得到. 进而 λ 根据 r_{lj}^* 和

$$\sum_{j=1}^{\chi+1} \sum_{m=j+2}^{\chi+1} n_m \rho \prod_{q=j+1}^{m-2} a^q (1 + b^q) a^j + \sum_{i=1}^{\chi+1} \sum_{l=1}^{n_j} \omega_{lj} p_{lj} \varphi(l, r_{lj}) = \mathcal{L}$$

可以求出, 进而通过用 λ 代换, 求出 $r_{lj}^* = G_1(p_{lj}, \omega_{lj})$. 因此下面的定理能够有效地给出最优的资源分配量.

定理 3.4 对于当前逆问题, 工件 J_i 的最优资源分配量为 $r_i^* = G_1(p_i, \omega_i)$.

3.4.3 双目标的排序问题

为了方便仅仅考虑不分组的情形, 即维修次数为 0. 双目标分别是总资源消耗量 $Z = \sum_{i=1}^{n} \theta_i r_i$ 和总权误工工件个数与时间窗费用之和 $\mathcal{V} = \sum_{i=1}^{n} \omega_i U_i + c_i d_i$, 其中 θ_i, ω_i, c_i 分别表示工件 J_i 的资源分配指数、权重、单位时间窗费用. 进一步考虑一种特殊情形, 即准时模型, $q^1 = q^2$. 进而 $\mathcal{V} = \sum_{i=1}^{n} \omega_i U_i + c_i d_i = \sum_{i=1}^{n} \omega_i U_i + q^1 \sum_{i=1}^{n} c_i + \sum_{i=1}^{n} c_i p_i$. 利用 Agnetis 等[22] 关于竞争代理排序的概念, 本节问题可以表示为 $1|\text{SLK}, p_{li} = p_i \varphi(l, r_i)|Z : \mathcal{V}$. 接下来的引理能够利用最优解的结构证明, 这里省略.

引理 3.15 对于问题 $1|\text{SLK}, p_{li} = p_i \varphi(l, r_i)|Z : \mathcal{V}$ 的最优序中, 最优的 SLK 的工期要么是 0, 要么是某个工件的完工时间, 除了最后一个工件.

置 $\mathcal{F}$ 能被划分为三个子集合: 提前工件集 $E = \{J_i | C_i < d_i\}$、单个按时工件集 $N = \{J_i | C_i = d_i\}$ 和误工工件集 $T = \{J_i | C_i > d_i\}$. 则 $\mathcal{F} = E \cup N \cup T$, E, N, T 是互不相交的集合. 目标函数 $\mathcal{V}$ 可以重新写为

$$\mathcal{V} = \sum_{i \in T} \omega_i + \sum_{i \in \mathcal{F}} c_i d_i$$
$$= \sum_{i \in T} \omega_i + \sum_{i \in E} (C + c_i) p_{[i]} \varphi(i, r_{[i]}) + \sum_{i \in N \cup T} c_i p_{[i]} \varphi(i, r_{[i]})$$

其中 $C = \sum_{i \in \mathcal{F}} c_i$.

对于任何划分, 问题 $1|\text{SLK}, p_{li} = p_i \varphi(l, r_i)|Z : \mathcal{V}$ 能被转换为随后的连续的资源分配问题:

$$\min \quad Z = \sum_{i \in \mathcal{F}} \theta_i r_i$$

$$\text{s.t.} \quad \begin{cases} \sum_{i \in T} \omega_i + \sum_{i \in E} (C + c_i) p_{[i]} \varphi(i, r_{[i]}) + \sum_{i \in N \cup T} c_i p_{[i]} \varphi(i, r_{[i]}) \leqslant \mathcal{J}, \\ r_i \geqslant 0, \quad i = 1, 2, \cdots, n \end{cases}$$

通过拉格朗日方法, 目的是得到最优的资源分配量:

$$L(r_1, r_2, \cdots, r_n, \lambda) = \sum_{i \in T} \theta_i r_i + \lambda \left(\sum_{i \in T} \omega_i + \sum_{i \in E} (C + c_i) p_{[i]} \varphi(i, r_{[i]}) \right.$$

$$\left. + \sum_{i \in N \cup T} c_i p_{[i]} \varphi(i, r_{[i]}) - \mathcal{J} \right)$$

其中 λ 为拉格朗日乘子. 考虑到 $L(r_1, r_2, \cdots, r_n, \lambda)$ 是一个凸连续函数. 一个充分必要条件是能够通过对 λ 和 r_i 求导获得

$$\frac{\partial L(r_1, r_2, \cdots, r_n, \lambda)}{\partial \lambda} = \sum_{i \in T} \omega_i + \sum_{i \in E} (C + c_i) p_{[i]} \varphi(i, r_{[i]})$$

$$+ \sum_{i \in N \cup T} c_i p_{[i]} \varphi(i, r_{[i]}) - \mathcal{J} = 0$$

$$\frac{\partial L(r_1, r_2, \cdots, r_n, \lambda)}{\partial r_i} = \lambda \varpi_i p_i \frac{\partial \varphi(i, r_{lj})}{\partial r_i} + \theta_i = 0$$

其中 $\varpi_i = \begin{cases} C + c_i, & i \in E, \\ c_i, & i \in N \cup T. \end{cases}$

由 $\dfrac{\partial \varphi(i, r_{lj})}{\partial r_i} = -\dfrac{\theta_i}{\lambda \varpi_i p_i}$ 的右边与资源分配量 r_i, $r_i^* = \mathcal{F}(p_i, \theta_i, \varpi_i)$ 根据上式可以得到. 接着 λ 能够容易得到. 进一步 $r_i^* = \mathcal{F}(p_i, \varpi_i)$. 因此从引理 3.16 能够发现最优的资源分配量.

引理 3.16　给定一个工件可行序列, 最优的资源分配量为 $r_i^* = \mathcal{F}(p_i, \varpi_i)$.

定义 3.1　序列 π, 对于目标函数 $Z, \mathcal{V}$, 如果不存在任何序列 π', 满足 $Z(\pi) \geqslant Z(\pi')$ 和 $\mathcal{V}(\pi) \geqslant \mathcal{V}(\pi')$, 且至少一个不等式严格成立, 则序列 π 称为 Pareto 序.

假设四元组 $(\mathcal{E}_i(\varpi_i), \varpi_i, \mathcal{N}_i, \mathcal{J}_i)$ 是集合 $\mathcal{F}_i$ $(i = 1, 2, \cdots, j)$ 的一个可行的部分划分 $\varpi_i \cup \mathcal{N}_i \cup \mathcal{J}_i$ 分为提前完工、按时完工和误工工件, 其中 $\varpi_i = \sum_{i \in \mathcal{J}_i} w_i$, $\mathcal{E}_i(\varpi_i)$ 表示对应的提前费用. 进而随后的消去规则能够证明是成立的.

引理 3.17　对于给定的两个部分划分, 集合 $\mathcal{F}_i$ 中 $\varpi_i \cup \mathcal{N}_i \cup \mathcal{J}_i$ 和 $\varpi_i' \cup \mathcal{N}_i' \cup \mathcal{J}_i'$ 表示两个四元组, $(\mathcal{E}_i(\varpi_i), \varpi_i, \mathcal{N}_i, \mathcal{J}_i)$ 和 $(\mathcal{E}_i'(\varpi_i), \varpi_i', \mathcal{N}_i', \mathcal{J}_i')$. 如果 $|\mathcal{N}_i| \leqslant |\mathcal{N}_i'|$ 和 $\mathcal{E}_i(\varpi_i) \leqslant \mathcal{E}_i'(\varpi_i)$, 则第一部分划分将被第二部分划分支配, 其中 $|\mathcal{N}_i|$ 表示集合 $\mathcal{N}_i$ 中工件的个数.

动态规划算法能够提供如下: 集合 $\mathcal{L}_i$, 包括集合 $\mathcal{F}_i$ 所有可能的非支配的四元组. 算法的初始状态为 $i = 0$, 即 $(\mathcal{E}_0(\varpi_0), \varpi_0, \mathcal{N}_0, \mathcal{J}_0) = (0, 0, \varnothing, \varnothing)$ 为一个空划分. 令集合 $\mathcal{L}_{i-1}$ 中提前完工的工件个数为 $l - 1$, 因此从 $\mathcal{L}_{i-1}$ 到 $\mathcal{L}_i$ 的迭代归结为以下三种情况:

(1) 如果工件 J_i 是提前工件, $i < n$ 且 $|\mathcal{N}_i| = 1$, 则 $\mathcal{E}_i(\varpi_i) = \mathcal{E}_{i-1}(\varpi_{i-1}) + (C + c_i)\varphi(l, r_i)$, $\varpi_i = \varpi_{i-1}$, $\mathcal{N}_i = \mathcal{N}_{i-1}$, $\mathcal{J}_i = \mathcal{J}_{i-1}$.

(2) 如果工件 J_i 是误工工件, $i < n$ 且 $|\mathcal{N}_i| = 1$, 则 $\mathcal{E}_i(\varpi_i) = \mathcal{E}_{i-1}(\varpi_{i-1})$, $\varpi_i = \varpi_{i-1} + w_i$, $\mathcal{N}_i = \mathcal{N}_{i-1}$, $\mathcal{J}_i = \mathcal{J}_{i-1} \cup J_i$. 注意这里 $\mathcal{J}_i = \mathcal{J}_{i-1} \cup J_i$ 一定要被满足.

(3) 如果工件 J_i 是按时工件, 存在可行解, 且 $|\mathcal{N}_{i-1}| = 0$, 则 $\mathcal{E}_i(\varpi_i) = \mathcal{E}_{i-1}(\varpi_{i-1})$, $\varpi_i = \varpi_{i-1}$, $\mathcal{N}_i = \mathcal{N}_{i-1} \cup J_i$, $\mathcal{J}_i = \mathcal{J}_{i-1}$.

进而对于 $0 \leqslant \varpi_i \leqslant \min\left\{\sum_{j=1}^i w_i, \mathcal{J} - 1\right\}$, 确保任何四元组 $(\mathcal{E}_i(\varpi_i), \varpi_i, \mathcal{N}_i, \mathcal{J}_i)$ 是满足集合 $\mathcal{F}_i$ 中相同 $\varpi_i, \mathcal{N}_{i-1}$ 的可行四元组的最小化提前费用之一, 也仅仅考虑最小化的 $\mathcal{E}_i(\varpi_i)$ 值. 基于以上的讨论, 算法 SLK 被描述为

算法 SLK 步骤 1: 置 $(\mathcal{E}_0(\varpi_0), \varpi_0, \mathcal{N}_0, \mathcal{J}_0) = (0, 0, \varnothing, \varnothing)$.

步骤 2: 对于 i 从 1 到 n 和给定的 $\mathcal{J}$,

(1) 如果工件 J_i 是提前工件, $i < n$ 且 $|\mathcal{N}_i| = 1$, 则 $\mathcal{E}_i(\varpi_i) = \mathcal{E}_{i-1}(\varpi_{i-1}) + (C + c_i)\varphi(l, r_i)$, $\varpi_i = \varpi_{i-1}$, $\mathcal{N}_i = \mathcal{N}_{i-1}$, $\mathcal{J}_i = \mathcal{J}_{i-1}$.

(2) 如果工件 J_i 是误工工件, $i < n$ 且 $|\mathcal{N}_i| = 1$, 则 $\mathcal{E}_i(\varpi_i) = \mathcal{E}_{i-1}(\varpi_{i-1})$, $\varpi_i = \varpi_{i-1} + w_i$, $\mathcal{N}_i = \mathcal{N}_{i-1}$, $\mathcal{J}_i = \mathcal{J}_{i-1} \cup J_i$. 注意这里 $\mathcal{J}_i = \mathcal{J}_{i-1} \cup J_i$ 一定要被满足.

(3) 如果工件 J_i 是按时工件, 存在可行解, 且 $|\mathcal{N}_{i-1}| = 0$, 则 $\mathcal{E}_i(\varpi_i) = \mathcal{E}_{i-1}(\varpi_{i-1})$, $\varpi_i = \varpi_{i-1}$, $\mathcal{N}_i = \mathcal{N}_{i-1} \cup J_i$, $\mathcal{J}_i = \mathcal{J}_{i-1}$.

步骤 3: $Z = (\mathcal{E}_n(\varpi_n), \varpi_n, \mathcal{N}_n, \mathcal{J}_n)$. 计算最优的资源分配量 $r_j^* = \mathcal{F}(p_i, \varpi_i)$, 松弛工期 $q^1 = \sum_{i \in \mathcal{E}} p_i \varphi(i, r_i^*)$.

定理 3.5 对于问题 $1|\text{SLK}, p_{li} = p_i f(l, u_i)|Z : \mathcal{V}$, 算法 SLK 在时间 $O(n\mathcal{T})$ 获得最优序列.

证明 由于 ϖ_i 存在最多 $\mathcal{J} - 1$ 个不同的值, 则最多有 $O(\mathcal{J})$ 个四元集合 $(\mathcal{E}_i(\varpi_i), \varpi_i, \mathcal{N}_i, \mathcal{J}_i)$. 进一步, 从每个四元组 $(\mathcal{E}_{i-1}(\varpi_{i-1}), \varpi_{i-1}, \mathcal{N}_{i-1}, \mathcal{J}_i)$ 构造最多三个四元组 $(\mathcal{E}_i(\varpi_i), \varpi_i, \mathcal{N}_i, \mathcal{J}_i)$. 每次迭代的时间复杂性为 $O(\mathcal{J})$, 重复 n 次可以得到该定理. 证毕.

3.5 公平定价问题

随着现代工业不断发展, 需求逐渐增多, 有越来越多的客户需求需要处理. 而在处理客户需求时又需综合考虑所有客户要求, 此时就需要权衡两者之间的权益, 使得在满足一个客户要求的情况下最大化减少另一个客户的损失, 从而渐渐地形成了多代理竞争排序问题. Agnetis 等[22] 提出双代理竞争的单机排序问题, 双代理在同一台机器上加工, 它们都有各自的目标函数和工件集, 并且每个代理都想最小化各自的目标函数. 问题在于如何在一台机器上安排双代理工件的加工顺序使得这样的排序满足双代理要求. Perez-Gonzalez 等[23] 对多代理竞争排序问题

做了一个详尽的综述. 张新功等[24] 研究了总误工和总误工工件个数相结合双代理单机排序问题, 到达时间与工期具有一致关系的限制, 或者工件可中断, 给出了拟多项式时间动态规划算法和数值实验.

排序合作博弈问题近年来在国内进行了初步研究[6]. 关于公平定价问题, Caragiannis 等[25] 首次提出公平定价概念用于公平分配问题, 通过几类公平定价给出总的代理系统效用, 并获得最优系统效用. Bertsimas 等[26] 关注了比例公平和最大最小公平的公平定价问题, 对于代理的紧凸效用集合, 提供了公平定价的紧界性质刻画. Nicosia 等[27] 研究公平定价的性质, 对于一般多代理问题的效用函数, 考虑了最大最小公平效用、Kalai-Smorodinsky 公平效用以及比例公平效用问题. Agnetis 等[28] 首次研究了单机双代理公平效用问题、目标函数为最小化总完工时间和最大误工问题, 且代理 B 的工件要求具有相同的工期限制. 对于比例公平和 Kalai-Smorodinsky 公平问题, 他们给出了两个类公平定价问题的紧界分析. 更多关于公平定价问题在排序中的应用, 读者可以参考文献 [29-31].

双代理竞争排序问题中, 往往工件共享相同的加工资源, 不同的代理工件具有不同的使用效率, 不同的代理需要公平的决策按时使用资源. 例如在跑道上安排航班起飞的时候, 要公平考虑不同公司的不同航班. 本节考虑 Kalai-Smorodinsky 公平下的单机双代理竞争排序问题, 目标函数为总权误工工件个数和最大费用函数. 针对紧凸的公平效用函数的 Kalai-Smorodinsky 公平定价问题, 给出了一般情况下 Kalai-Smorodinsky 的价格公平性质刻画和紧界分析.

3.5.1　问题描述及性质

双代理 A 和 B 在单机上进行加工, 代理 X 的工件集 $J^X = \{J_1^X, J_2^X, \cdots, J_{n_X}^X\}$, 且 $n = n_A + n_B$, 分别使用 p_j^X, d_j^X 表示工件 J_j^X 的加工时间和工期, w_j 为代理 A 的工件权重, 假设 p_j^X 为大于零的整数, 其中 $X \in \{A, B\}$. 公平定价的概念来源于决策者推动并执行, 采用效率的方式换取公平. 这看起来是最好的效率公平原则, 这个观点也在最近的两篇文献 [57, 58] 中所采纳. 核心思想是一个公平的解决方案是由第三方或中央决策者选择的, 该第三方或中央决策者考虑了两个代理的效用函数 (或者说是满意度) 和整个系统效用. 本书研究的公平定价模型可以描述为 $1 \mid d_j^A = d^A \mid (\sum w_j U_j^A, f_{\max}^B)$, 其中 $U_j^A = 0$ 或者 1 表示代理 A 的工件 J_j^A 提前完工和误工的评价指标, $f_j = \max f_j (C_j)$ 是工件 J_j 完工时间 C_j 的非减函数.

首先对于单目标的情形给出如下的两个引理.

引理 3.18　对于问题 $1 \mid d_j = d \mid \sum w_j U_j$ 按照权重 w_j 的非增顺序可以得到最优序列.

证明　这里只考虑工期 d 附近的两个工件, 采用二交换法很容易证明. 对于提前完工, 或者完全误工的工件不受加工顺序的影响, 因此权重 w_j 的非增顺序也是一个最优序列. 证毕.

引理 3.19 对于问题 $1 \mid d^A \mid (\sum w_j U_j^A, f_{max}^B)$, 误工工件之间没有代理 B 的工件.

证明 由于误工工件贡献目标函数为 1, 因此把误工工件延后不会改变目标函数的值.

对于第二个代理目标函数 f_{max}, 本节将考虑一种特殊情况 C_{max}, 由于最后一个工件的完工时间将决定 f_{max} 的值. 为了方便, 也仅仅考虑第二个代理只有一个工件的情形, 也就是 $|J^B| = 1$ 的情形. 不妨令唯一的 B 代理工件 J^B 的加工时间为 $p^B = k_0$, 并且假设 A 代理工件集合为 $J^A = \{J_1, J_2, \cdots, J_{n_A}\}$. 根据引理 3.18 和引理 3.19, 在最优序列中代理 A 的工件的权重按照非减顺序重新排序, 并按照先后顺序重新标号, 即 $w_1 \geqslant w_2 \geqslant \cdots \geqslant w_n$. 根据最优序列定义

$$l_d = \begin{cases} \max \left\{ \sum_{j=1}^i p_j^A + k_0 \leqslant d^A \right\}, & k_0 \leqslant d^A, \\ n_A, & k_0 > d^A; \end{cases}$$ 定义 $\sigma(l)$ 表示一个可行的工件

序列, 满足代理 B 的工件立即排在工件 J_l^A 之后加工. 根据误工工件个数的概念, 代理 B 工件一定排在代理 A 的误工工件之前加工, 否则的话, 代理 B 之前的误工工件移到代理 B 的工件之后加工不改变目标函数值. 证毕.

3.5.2 效用函数与公平定价

考虑序列 σ, 用 $f^A(\sigma), f^B(\sigma)$ 分别表示代理 A, B 的费用函数值. 如果两个代理对于序列 σ 和序列 σ' 发生的费用相同, 即 $f^i(\sigma) = f^i(\sigma'), i \in \{A, B\}$, 将不再区分这两个序列, 认为它们是等价的, 看作排序问题的一个解. 因此一个序列 σ^* 是 Pareto 最优的, 也就是如果不存在序列 σ 使得 $f^i(\sigma) \leqslant f^i(\sigma^*), i \in \{A, B\}$, 且这两个不等式至少有一个是严格不等式. Pareto 最优序列的集合称为讨价还价集合 Σ_P, 包括所有可能的敏感的妥协序列. 对于集合 $\sigma \in \Sigma_P$, 定义效用函数值为 $u^A(\sigma), u^B(\sigma)$ 使得 $u^i(\sigma) \geqslant 0$ 且当 $f^i(\sigma)$ 减少时 $u^i(\sigma)$ 增加, $i \in \{A, B\}$. 定义 $f_\infty^i = \max \{f^i(\sigma) : \sigma \in \Sigma_P\}$, 对于正则函数 $f^i(\sigma)$, 存在代理 i 的工件排在其他代理工件后面所能产生的最小费用. 进一步最优费用函数的定义为 $f^{i^*}(\sigma^*) = \min \{f^i(\sigma) : \sigma \in \Sigma_P\}$. 接着代理的效用定义为 $u^i(\sigma) = f_\infty^i - f^i(\sigma), i \in \{A, B\}$, 也就是说一个代理的效用表示这个代理的最坏排序所取得的节省费用.

对于系统效应的概念, 最容易联想的概念来自经济领域. 本节把每个效用之和表示整个系统的效用[23]. 这个系统效用的概念适应于代理具有相似的目标. 然后这个性质可能不适用于所有的排序环境, 例如一个代理目标是最小化最大完工时间, 另一个代理的目标是最小化总完工时间. 本节考虑两个代理的效用费用的加权组合, 对于给定的序列 σ, 定义系统优化 $U(\sigma)$ 如下: $U(\sigma) = u^A(\sigma) + \alpha u^B(\sigma)$, 其中 $\alpha > 0$. 如果序列 σ^* 为最优的工件序列, 则最优的系统优化费用为

$U(\sigma^*)$, 即 $U(\sigma^*) = \max\limits_{\sigma}\{U(\sigma)\}$.

接下来给出 Kalai-Smorodinsky 公平 (简记为 KS 公平) 以及系统公平效用的概念.

KS 公平的定义: 给定一个 Pareto 序列 σ, 令 $\bar{u}^A(\sigma) = \dfrac{u^i(\sigma)}{f_\infty^i - f^{i*}}$ 是序列 σ 中代理 i 的标准效用. KS 公平效用集合 Σ_{KS} 就是情况更坏的代理最大的标准效用, $\Sigma_{KS} = \left\{\sigma_{KS} : \sigma_{KS} = \arg\max\limits_{\sigma}\min\limits_{i\in\{A,B\}}\{\bar{u}^A(\sigma)\}\right\}$, 则 Σ_{KS} 中的排序就是 KS 公平的. 注意到 KS 公平集合一定不是空集. 讨价还价集合是一个紧凸集, 且 $|\Sigma_{KS}| = 1$. 则在双代理排序中, 很显然 $|\Sigma_{KS}| > 1$.

公平定价的定义: $\mathrm{PoF} = \sup\limits_{I\in\Gamma}\min\limits_{\sigma_F\in\Sigma_F}\left\{\dfrac{U(\sigma^*(I)) - U(\sigma_F(I))}{U(\sigma^*(I))}\right\}$, 其中 Γ 表示序列的所有实例的集合, I 是实例集合中的一个元素, 所有 Pareto 的 Σ_F 是讨价还价集合, $\sigma^*(I), \sigma_F(I)$ 表示系统最优序列和公平序列.

在不考虑代理 B 的最优序列中, 令工件 J_k 是最后一个提前完工工件或者部分提前完工的工件, 即工件 J_{k+1} 是第一个误工工件. 对于整数 k, 仅仅考虑 $k \geqslant 2$. 否则, 当 $k = 0$ 时, 意味着 $d^A = 0$, 则代理 A 的工件全是误工工件, 即 $\sum w_j U_j^A = \sum w_j$. 因此非常容易得到 $\mathrm{PoF} = 0$. 如果 $k = 1$, 考虑到 $l < k$, 也就是 $l = 0$, 因此可以得到 $u^A(\sigma(0)) = f_\infty^A - f^A(0) = 0$, 则序列 $\sigma(0)$ 将提供不同代理的相同最大系统效用, 因此有 $\mathrm{PoF} = 0$.

对于每个代理的效用函数, 这里仅仅考虑代理 B 的工件完工时间 $p^B = k_0$ 和共同工期 d^A 之间的关系.

(1) $k_0 > d^A$. $f^{A*} = \sum_{j=k+1}^{n_A} w_j$ 表示代理 A 的工件排在序列的最前面的代理 A 工件的最优效用函数值. $f_\infty^A = \sum_{j=1}^{n_A} w_j$ 表示排在序列的最前面的代理 A 工件的效用函数值; 对于一般序列 $\sigma(l)$, 如果 $l \geqslant k$, 考虑到代理 A 的误工工件对于目标函数的贡献为 1, 误工工件将排在序列的最后, 则 $f^A(l) = \sum_{j=k+1}^{n_A} w_j$; 如果 $l < k$, 由于代理 B 的工件加工时间大于代理 A 的工件的共同工期, 则代理 A 的工件的效用函数值为 $f^A(l) = \sum_{j=l+1}^{n_A} w_j$. 对于代理 B 的工件, 最大费用函数 f_∞^B 表示代理 B 的工件排在序列的最前面的代理 B 工件的效用函数值, 则 $f_\infty^B = \sum_{j=1}^{k} p_j^A + k_0$. $f^{B*} = k_0$ 表示代理 B 的工件排在序列的最前面的代理 B 工件的最优效用函数值. 对于一般序列 $\sigma(l)$, 如果 $l \geqslant k$, 考虑到代理 B 的误工工件对于目标函数的贡献为 1, 误工工件将排在序列的最后, 则 $f^B(l) = \sum_{j=1}^{k} p_j^A + k_0$; 如果 $l < k$, 由于代理 B 的工件加工时间大于代理 A 的工件的共同工期, 则 $f^B(l) = \sum_{j=1}^{l} p_j^A + k_0$.

代理 A 和代理 B 的效用分别表示如下.

当 $l \geqslant k$ 时, 在序列 $\sigma(l)$ 下的代理效用为 $u^{\mathrm{A}}(\sigma(l)) = f_{\infty}^{\mathrm{A}} - f^{\mathrm{A}}(l) = \sum_{j=1}^{k} w_j$, $u^{\mathrm{B}}(\sigma(l)) = f_{\infty}^{\mathrm{B}} - f^{\mathrm{B}}(l) = 0$;

当 $l < k$ 时, 在序列 $\sigma(l)$ 下的代理效用为 $u^{\mathrm{A}}(\sigma(l)) = f_{\infty}^{\mathrm{A}} - f^{\mathrm{A}}(l) = \sum_{j=1}^{k} w_j$, $u^{\mathrm{B}}(\sigma(l)) = f_{\infty}^{\mathrm{B}} - f^{\mathrm{B}}(l) = \sum_{j=l+1}^{k} p_j^{\mathrm{A}}$.

在最优序列 σ^* 下的代理效用为

$$u^{\mathrm{A}}(\sigma^*) = f_{\infty}^{\mathrm{A}} - f^{\mathrm{A}}(\sigma^*) = \sum_{j=1}^{k} w_j, \quad u^{\mathrm{B}}(\sigma^*) = f_{\infty}^{\mathrm{B}} - f^{\mathrm{B}}(\sigma^*) = \sum_{j=1}^{k} p_j^{\mathrm{A}}$$

(2) 对于 $k_0 \leqslant d^{\mathrm{A}}$, 注意到存在某个工件 J_{l_d} 满足 $l_d = \max\left\{i \middle| \sum_{j=1}^{i} p_j^{\mathrm{A}} + k_0 \leqslant d^{\mathrm{A}}\right\}$, $f^{\mathrm{A}*} = \sum_{j=k+1}^{n_{\mathrm{A}}} w_j$ 表示代理 A 的工件排在序列的前面的代理 A 的工件的最优效用函数值. $f_{\infty}^{\mathrm{A}} = \sum_{j=l_d+1}^{n_{\mathrm{A}}} w_j$ 表示代理 B 的工件排在序列的前面的代理 A 的工件的效用函数值; 如果 $l \geqslant k$, 考虑到代理的误工工件对于目标函数的贡献为 1, 误工工件将排在序列的最后, 则 $f^{\mathrm{A}}(l) = \sum_{j=k+1}^{n_{\mathrm{A}}} w_j$. 如果 $l_d \leqslant l < k$, 则 $f^{\mathrm{A}}(l) = \sum_{j=l+1}^{n_{\mathrm{A}}} w_j$; 如果 $l < l_d$, 则 $f^{\mathrm{A}}(l) = \sum_{j=\tilde{l}+1}^{n_{\mathrm{A}}} w_j$. 对于代理 B 的工件, 最大费用函数 f_{∞}^{B} 表示代理 B 的工件排在序列的前面, 则 $f_{\infty}^{\mathrm{B}} = \sum_{j=1}^{k} p_j^{\mathrm{A}} + k_0$. $f^{\mathrm{B}*} = k_0$ 表示代理 B 的工件排在序列的前面的代理 B 工件的效用函数值. 对于一般的序列 $\sigma(l)$, 如果 $l \geqslant k$, 考虑到代理的误工工件对于目标函数的贡献为 1, 误工工件将排在序列的最后, 则代理 B 的效用函数值为 $f^{\mathrm{B}}(l) = \sum_{j=1}^{k} p_j^{\mathrm{A}} + k_0$. 如果 $l_d \leqslant l < k$, 则代理 B 的效用函数值为 $f^{\mathrm{B}}(l) = \sum_{j=1}^{l} p_j^{\mathrm{A}} + k_0$; 如果 $l < l_d$, 则代理 B 的效用函数值为 $f^{\mathrm{B}}(l) = \sum_{j=1}^{l} p_j^{\mathrm{A}} + k_0$.

代理 A 和代理 B 的效用分别为: 当 $l \geqslant k$ 时, 在序列 $\sigma(l)$ 下的代理效用为 $u^{\mathrm{A}}(\sigma(l)) = f_{\infty}^{\mathrm{A}} - f^{\mathrm{A}}(l) = \sum_{j=l_d+1}^{k} w_j$, $u^{\mathrm{B}}(\sigma(l)) = f_{\infty}^{\mathrm{B}} - f^{\mathrm{B}}(l) = 0$; 在最优序列 σ^* 下的代理效用为 $u^{\mathrm{A}}(\sigma^*) = f_{\infty}^{\mathrm{A}} - f^{\mathrm{A}}(\sigma^*) = \sum_{j=l_d+1}^{k} w_j$, $u^{\mathrm{B}}(\sigma^*) = f_{\infty}^{\mathrm{B}} - f^{\mathrm{B}}(\sigma^*) = \sum_{j=1}^{k} p_j^{\mathrm{A}}$. 当 $\tilde{l} \leqslant l < k$ 时, 在序列 $\sigma(l)$ 下的代理效用为 $u^{\mathrm{A}}(\sigma(l)) = f_{\infty}^{\mathrm{A}} - f^{\mathrm{A}}(l) = \sum_{j=l_d+1}^{l} w_j$, $u^{\mathrm{B}}(\sigma(l)) = f_{\infty}^{\mathrm{B}} - f^{\mathrm{B}}(l) = \sum_{j=l+1}^{k} p_j^{\mathrm{A}}$; 在最优序列 σ^* 下的代理效用为 $u^{\mathrm{A}}(\sigma^*) = f_{\infty}^{\mathrm{A}} - f^{\mathrm{A}}(\sigma^*) = \sum_{j=l_d+1}^{k} w_j$, $u^{\mathrm{B}}(\sigma^*) = f_{\infty}^{\mathrm{B}} - f^{\mathrm{B}}(\sigma^*) = \sum_{j=1}^{k} p_j^{\mathrm{A}}$. 当 $l < \tilde{l}$ 时, 在序列 $\sigma(l)$ 下的代理效用为 $u^{\mathrm{A}}(\sigma(l)) = f_{\infty}^{\mathrm{A}} - f^{\mathrm{A}}(l) = 0$, $u^{\mathrm{B}}(\sigma(l)) = f_{\infty}^{\mathrm{B}} - f^{\mathrm{B}}(l) = \sum_{j=l+1}^{k} p_j^{\mathrm{A}}$; 在最优序列 σ^* 下的代理效用为 $u^{\mathrm{A}}(\sigma^*) = f_{\infty}^{\mathrm{A}} - f^{\mathrm{A}}(\sigma^*) = \sum_{j=l_d+1}^{k} w_j$, $u^{\mathrm{B}}(\sigma^*) = f_{\infty}^{\mathrm{B}} - f^{\mathrm{B}}(\sigma^*) = \sum_{j=1}^{k} p_j^{\mathrm{A}}$.

3.5.3 KS 公平定价问题

在这一节讨论 KS 公平定价的性质, 以及 KS 公平定价问题的紧界分析. 为了分析 KS 公平, 给出序列 $\sigma(l)$ 和 σ^* 的系统效用分别为 $U(\sigma(l)) = u^{\mathrm{A}}(\sigma(l)) + \alpha u^{\mathrm{B}}(\sigma(l))$ 和 $U(\sigma^*) = u^{\mathrm{A}}(\sigma^*) + \alpha u^{\mathrm{B}}(\sigma^*)$. 根据代理 B 的工件完工时间 $p^{\mathrm{B}} = k_0$ 和共同工期 d^{A} 之间的关系, 分以下两种情况讨论.

第一种情况: 当 $k_0 > d^{\mathrm{A}}$, $l \geqslant k$ 时, 序列 $\sigma(l)$ 的系统效用为

$$U(\sigma(l)) = u^{\mathrm{A}}(\sigma(l)) + \alpha u^{\mathrm{B}}(\sigma(l)) = \sum_{j=1}^{k} w_j$$

当 $l < k$ 时, 序列 $\sigma(l)$ 的系统效用为

$$U(\sigma(l)) = u^{\mathrm{A}}(\sigma(l)) + \alpha u^{\mathrm{B}}(\sigma(l)) = \sum_{j=1}^{l} w_j + \alpha \sum_{j=l+1}^{k} p_j^{\mathrm{A}}$$

第二种情况: 当 $k_0 \leqslant d^{\mathrm{A}}$, $l \geqslant k$ 时, 序列 $\sigma(l)$ 的系统效用为

$$U(\sigma(l)) = u^{\mathrm{A}}(\sigma(l)) + \alpha u^{\mathrm{B}}(\sigma(l)) = \sum_{j=l_d+1}^{k} w_j$$

当 $l_d \leqslant l < k$ 时, 序列 $\sigma(l)$ 系统效用为

$$U(\sigma(l)) = u^{\mathrm{A}}(\sigma(l)) + \alpha u^{\mathrm{B}}(\sigma(l)) = \sum_{j=l_d+1}^{l} w_j + \alpha \sum_{j=l+1}^{k} p_j^{\mathrm{A}}$$

当 $l < l_d$ 时, 序列 $\sigma(l)$ 系统效用为

$$U(\sigma(l)) = u^{\mathrm{A}}(\sigma(l)) + \alpha u^{\mathrm{B}}(\sigma(l)) = \alpha \sum_{j=l+1}^{k} p_j^{\mathrm{A}}$$

$$U(\sigma^*) = u^{\mathrm{A}}(\sigma^*) + \alpha u^{\mathrm{B}}(\sigma^*) = \sum_{j=l_d+1}^{k} w_j + \alpha \sum_{j=1}^{k} p_j^{\mathrm{A}}$$

根据上述最优序列 σ^* 的系统效用函数的分析, 给出如下的定理.

定理 3.6　如果 $k_0 > d^{\mathrm{A}}$, 以及代理 A 的工件的加工时间和权重相等时, 则 KS 公平的公平定价为: 当 $l \geqslant k$ 时, $\mathrm{PoF} = \dfrac{U(\sigma^*) - U(\sigma_{\mathrm{KS}})}{U(\sigma^*)} = \dfrac{\alpha}{1+\alpha}$; 当 $l < k$ 时, $\mathrm{PoF} = \dfrac{U(\sigma^*) - U(\sigma_{\mathrm{KS}})}{U(\sigma^*)} \geqslant \dfrac{1 + \alpha - \max\{1, \alpha\}}{1+\alpha}$. 如果 $\alpha = 1$, 能够得到 KS 公平的公平效用为 $\mathrm{PoF} = \dfrac{1}{2}$.

证明　当 $l \geqslant k$ 时, 通过直接计算很容易得到. 接下来考虑 $l < k$, 注意到 $w_j = p_j^{\mathrm{A}}$, 则

$$\text{PoF} = \frac{U(\sigma^*) - U(\sigma_{\text{KS}})}{U(\sigma^*)} = 1 - \frac{U(\sigma_{\text{KS}})}{U(\sigma^*)} = 1 - \frac{\displaystyle\sum_{j=1}^{l_{\text{KS}}} w_j + \alpha \sum_{j=l_{\text{KS}}+1}^{k} p_j^{\text{A}}}{\displaystyle\sum_{j=1}^{k} w_j + \alpha \sum_{j=1}^{k} p_j^{\text{A}}}$$

$$\geqslant 1 - \frac{\max\{1,\alpha\} \displaystyle\sum_{j=1}^{k} w_j}{(1+\alpha) \displaystyle\sum_{j=1}^{k} w_j} = \frac{1 + \alpha - \max\{1,\alpha\}}{1+\alpha}$$

如果 $\alpha = 1$, 在求解公平效用函数 PoF 的过程中就不用采用放缩的方法, 直接计算可得如下的结果

$$\text{PoF} = \frac{U(\sigma^*) - U(\sigma_{\text{KS}})}{U(\sigma^*)} = 1 - \frac{U(\sigma_{\text{KS}})}{U(\sigma^*)} = 1 - \frac{\displaystyle\sum_{j=1}^{l_{\text{KS}}} w_j + \sum_{j=l_{\text{KS}}+1}^{k} p_j^{\text{A}}}{\displaystyle\sum_{j=1}^{k} w_j + \sum_{j=1}^{k} p_j^{\text{A}}} = \frac{1}{2}$$

证毕.

定理 3.7 如果当 $k_0 < d^{\text{A}}$, 以及代理 A 的工件的加工时间和权重相等时, 则 KS 公平的公平定价为: 当 $l \geqslant k$ 时, $\text{PoF} = \dfrac{U(\sigma^*) - U(\sigma_{\text{KS}})}{U(\sigma^*)} = \dfrac{\alpha}{1+\alpha}$; 当 $\tilde{l} \leqslant l < k$ 时, $\text{PoF} = \dfrac{U(\sigma^*) - U(\sigma_{\text{KS}})}{U(\sigma^*)} \geqslant \dfrac{1 + \alpha - \max\{1,\alpha\}}{1+\alpha}$; 当 $l < \tilde{l}$ 时, $\text{PoF} = \dfrac{U(\sigma^*) - U(\sigma_{\text{KS}})}{U(\sigma^*)} \geqslant \dfrac{1 + \alpha - \max\{1,\alpha\}}{1+\alpha}$.

证明 当 $l \geqslant k$ 时, 直接计算可得

$$\text{PoF} = \frac{U(\sigma^*) - U(\sigma_{\text{KS}})}{U(\sigma^*)} = 1 - \frac{U(\sigma_{\text{KS}})}{U(\sigma^*)} = 1 - \frac{\displaystyle\sum_{j=l_d+1}^{k} w_j}{\displaystyle\sum_{j=l_d+1}^{k} w_j + \alpha \sum_{j=1}^{k} p_j^{\text{A}}}$$

$$\geqslant 1 - \frac{\displaystyle\sum_{j=\tilde{l}+1}^{k} w_j}{\displaystyle\sum_{j=l_d+1}^{k} w_j + \alpha \sum_{j=l_d+1}^{k} p_j^{\text{A}}} = \frac{\alpha}{1+\alpha}$$

另一方面, 由于 $f(x) = \dfrac{x}{1+x}$, 对于 $x > 0$ 为非减函数, 因此有

$$\frac{\sum_{j=l_d+1}^{k} w_j}{\sum_{j=l_d+1}^{k} w_j + \alpha \sum_{j=1}^{k} p_j^{\mathrm{A}}} \leqslant \frac{\sum_{j=1}^{k} w_j}{\sum_{j=1}^{k} w_j + \alpha \sum_{j=1}^{k} p_j^{\mathrm{A}}}.$$ 从而有

$$\mathrm{PoF} = \frac{U(\sigma^*) - U(\sigma_{\mathrm{KS}})}{U(\sigma^*)} = 1 - \frac{U(\sigma_{\mathrm{KS}})}{U(\sigma^*)} = 1 - \frac{\displaystyle\sum_{j=\tilde{l}+1}^{k} w_j}{\displaystyle\sum_{j=\tilde{l}+1}^{k} w_j + \alpha \sum_{j=1}^{k} p_j^{\mathrm{A}}}$$

$$\leqslant 1 - \frac{\displaystyle\sum_{j=1}^{k} w_j}{\displaystyle\sum_{j=1}^{k} w_j + \alpha \sum_{j=\tilde{l}+1}^{k} p_j^{\mathrm{A}}} = \frac{\alpha}{1+\alpha}$$

进而有 $\mathrm{PoF} = \dfrac{U(\sigma^*) - U(\sigma_{\mathrm{KS}})}{U(\sigma^*)} = \dfrac{\alpha}{1+\alpha}$.

当 $l_d \leqslant l < k$ 时, 注意到 $p_j^{\mathrm{A}} = w_j, j = 1, 2, \cdots, n_{\mathrm{A}}, f(x) = \dfrac{x}{1+x}$ 为关于 $x > 0$ 的非减函数, 则有

$$\frac{U(\sigma_{\mathrm{KS}})}{U(\sigma^*)} = \frac{\displaystyle\sum_{j=l_d+1}^{l_{\mathrm{KS}}} w_j + \alpha \sum_{j=l_{\mathrm{KS}}+1}^{k} p_j^{\mathrm{A}}}{\displaystyle\sum_{j=l_d+1}^{k} w_j + \alpha \sum_{j=1}^{k} p_j^{\mathrm{A}}} \leqslant \frac{\max\{1,\alpha\} \displaystyle\sum_{j=l_d+1}^{k} w_j}{\displaystyle\sum_{j=l_d+1}^{k} w_j + \alpha \sum_{j=1}^{k} p_j^{\mathrm{A}}}$$

$$\leqslant \frac{\max\{1,\alpha\} \displaystyle\sum_{j=1}^{k} w_j}{\displaystyle\sum_{j=1}^{k} w_j + \alpha \sum_{j=1}^{k} p_j^{\mathrm{A}}} = \frac{\max\{1,\alpha\}}{1+\alpha}$$

从而可以得到 $\mathrm{PoF} = \dfrac{U(\sigma^*) - U(\sigma_{\mathrm{KS}})}{U(\sigma^*)} \geqslant \dfrac{1+\alpha - \max\{1,\alpha\}}{1+\alpha}$.

当 $l < \tilde{l}$ 时, 注意到 $p_j^{\mathrm{A}} = w_j, j = 1, 2, \cdots, n_{\mathrm{A}}, f(x) = \dfrac{x}{1+x}$ 为关于 $x > 0$ 的

非减函数, 则有

$$\frac{U(\sigma_{\mathrm{KS}})}{U(\sigma^*)} = \frac{\alpha \sum\limits_{j=l_{\mathrm{KS}}+1}^{k} p_j^{\mathrm{A}}}{\sum\limits_{j=l_d+1}^{k} w_j + \alpha \sum\limits_{j=1}^{k} p_j^{\mathrm{A}}} \leqslant \frac{\sum\limits_{j=1}^{l_{\mathrm{KS}}} p_j^{\mathrm{A}} + \alpha \sum\limits_{j=l_{\mathrm{KS}}+1}^{k} p_j^{\mathrm{A}}}{\sum\limits_{j=1}^{l_{\mathrm{KS}}} p_j^{\mathrm{A}} + \sum\limits_{j=l_d+1}^{k} w_j + \alpha \sum\limits_{j=1}^{k} p_j^{\mathrm{A}}}$$

$$\leqslant \frac{\max\{1, \alpha\} \sum\limits_{j=1}^{k} p_j^{\mathrm{A}}}{\sum\limits_{j=1}^{k} w_j + \alpha \sum\limits_{j=1}^{k} p_j^{\mathrm{A}}} = \frac{\max\{1, \alpha\}}{1 + \alpha}$$

从而有 $\mathrm{PoF} = \dfrac{U(\sigma^*) - U(\sigma_{\mathrm{KS}})}{U(\sigma^*)} \geqslant \dfrac{1 + \alpha - \max\{1, \alpha\}}{1 + \alpha}$. 证毕.

如果考虑一种特殊情况 $\alpha = 1$, 则在求解公平效用函数 PoF 的过程中就不用采用放缩的方法, 直接计算可得如下的结果

$$\mathrm{PoF} = \frac{U(\sigma^*) - U(\sigma_{\mathrm{KS}})}{U(\sigma^*)} = 1 - \frac{U(\sigma_{\mathrm{KS}})}{U(\sigma^*)} = 1 - \frac{\sum\limits_{j=1}^{l_{\mathrm{KS}}} w_j + \sum\limits_{j=l_{\mathrm{KS}}+1}^{k} p_j^{\mathrm{A}}}{\sum\limits_{j=1}^{k} w_j + \sum\limits_{j=1}^{k} p_j^{\mathrm{A}}} = \frac{1}{2}$$

3.6 本 章 小 结

本章考虑了与工期相关的排序问题. 研究了具有位置退化的共同交货期问题, 分析了工件的退化率不相同和相同两种情形, 目标函数为总的提前费用、误工费用、交货期的窗时费用和交货期的开始时间费用. 把这两个问题转化为指派问题进行求解, 并给出算例. 接着研究了机器具有多次维修的问题, 机器每次维修后, 都恢复到开始的效率. 目标函数仍为总的提前费用、误工费用、交货期的窗时费用和交货期的开始时间费用. 共同交货期分为在包括维修区间和不包括维修区间两种情形讨论, 并给出相应的算法和时间复杂性. 最后讨论了工期指派问题、工件的加工时间与已经加工过的工件之和有关. 利用共同工期指派方法和松弛工期指派方法, 研究了工期费用函数, 提前工件费用和放弃加工的工件的惩罚费用之和最小化问题. 在共同工期指派情形下, 得到时间复杂性为 $O(n^2)$ 的多项式时间算法; 在松弛工期指派情形下, 得到时间复杂性为 $O(n^3)$ 的多项式时间算法.

参 考 文 献

[1] Liman S D, Panwalkar S S, Thongmee S. Common due window size and location determination in a single machine scheduling problem. Journal of the Operational Research Society, 1998, 49: 1007-1010.

[2] Mosheiov G, Sarig A. A due-window assignment problem with position-dependent processing times. Journal of the Operational Research Society, 2008, 59: 997-1003.

[3] Gordon V S, Strusevich V A. Single machine scheduling and due date assignment with positionally dependent processing times. European Journal of Operational Research, 2009, 198: 57-62.

[4] Panwalkar S S, Smith M L, Seidmann A. Common due date assignment to minimize total penalty for the one machine scheduling problem. Operations Research, 1982, 30: 391-399.

[5] Hardy G H, Littlewood J E, Polya G. Inequalities. London: Combridge University Press, 1967.

[6] Edmonds J, Karp R M. Theoretical improvements in algorithmic efficiency for network flow problems. Journal of the Association for Computing Machinery, 1972, 19: 248-264.

[7] Papadimitriou C H, Steiglitz K. Combinatorial optimization: Algorithm and complexity. Englewood Cliffs, NJ: Prentice-Hall, 1982.

[8] Lee C Y, Leon V J. Machine scheduling with a rate-modifying activity. European Journal of Operational Research, 2001, 128: 119-128.

[9] Lee C Y, Lin C S. Single-machine scheduling with maintenance and repair rate-modifying activities. European Journal of Operational Research, 2001, 135: 493-513.

[10] Yang S J, Yang D L, Cheng T C E. Single-machine due-window assignment and scheduling with job-dependent aging effects and deteriorating maintenance. Computers & Operations Research, 2010, 37: 1510-1514.

[11] Lodree J E J, Geiger C D. A note on the optimal sequence position for a rate-modifying under simple linear deterioration. European Journal of Operational Research, 2010, 201: 644-648.

[12] Slotnick S A, Sobel M J. Manufacturing lead-time rules: Customer retention versus tardiness costs. European Journal of Operational Research, 2005, 169: 825-856.

[13] Baker K R, Scudder G D. Sequencing with earliness and tardiness penalties: A review. Operations Research, 1990, 38: 22-36.

[14] Seidmann A, Panwalkar S S, Smith M L. Optimal assignment of due-dates for a single processor scheduling problem. International Journal of Production Research, 1981, 19: 393-399.

[15] Biskup D, Jahnke H. Common due date assignment for scheduling on a single machine with jointly reducible processing times. International Journal of Production Economics, 2001, 69: 317-322.

[16] Shabtay D, Steiner G. Two due date assignment problems in scheduling a single machine. Operations Research Letters, 2006, 34: 683-691.

[17] Gordon V S, Proth J M, Srtusevich V A. Scheduling with due date assignment // Leung J Y T. Handbook of Scheduling: Algorithm, Models, and Performance Analysis. Boca Raton: CRC Press, 2004: 21-22.

[18] Karp R M. Reduciblity among combinatorial problems// Miller R E, Thatcher J W. Complexity computations. New York: Plenum Press, 1972: 85-103.

[19] De P, Ghosh J B, Wells C E. Optimal delivery time quotation and order sequencing. Decision Sciences, 1991, 22: 379-390.

[20] Kahlbcher H G, Cheng T C E. Parallel machine scheduling to minimize costs for earliness and number of tardy jobs. Discrete Applied Mathematics, 1993, 47: 139-164.

[21] Liu W, Yao Y, Jiang C. Single-machine resource allocation scheduling with due-date assignment, deterioration effect and position-dependent weights. Engineering Optimization, 2020, 52(4): 701-714.

[22] Agnetis A, Mirchandani P B, Pacciarelli D, et al. Scheduling problems with two competing agents. Operations Research, 2004, 52(2): 229-242.

[23] Perez-Gonzalez P, Framinan J M. A common framework and taxonomy for multicriteria scheduling problems with interfering and competing jobs: Multi-agent scheduling problems. European Journal of Operational Research, 2014, 235(1): 1-16.

[24] 张新功, 陈秋宏, 王祥兵. 关于误工的两个代理单机排序问题. 重庆师范大学学报 (自然科学版), 2018, 35(4): 1-6.

[25] Caragiannis I, Kaklamanis C, Kanellopoulos P, et al. The efficiency of fair division. Theory of Computing Systems, 2012, 50(4): 589-610.

[26] Bertsimas D, Farias V F, Trichakis N. The price of fairness. Operations Research, 2011, 59(1): 17-31.

[27] Nicosia G, Pacifici A, Pferschy U. Price of fairness for allocating a bounded resource. European Journal of Operational Research, 2017, 257: 933-943.

[28] Agnetis A, Chen B, Nicosia G, et al. Price of fairness in two-agent single-machine scheduling problems. European Journal of Operational Research, 2019, 276(1): 79-87.

[29] Naldi M, Nicosia G, Pacifici A, et al. Profit-fairness trade-off in project selection. Socio-Economic Planning Sciences, 2018, 67: 133-146.

[30] Karsu Ö, Morton A. Inequity averse optimization in operational research. European Journal of Operational Research, 2015, 245(2): 343-359.

[31] Zhang Y, Zhao Z, Liu Z H. The price of fairness for a two-agent scheduling game minimizing total completion time. Journal of Combinatorial Optimization, 2020. Doi. 10.1007/s10878-020-00581-5.

第 4 章　工件加工时间之和有关的排序问题

　　具有学习效应的排序问题产生的背景是机器在长时间重复加工相同或类似的工件时, 加工效率可能逐渐提高, 使后加工的工件的加工时间变小. 学习效应的概念首先在管理科学的领域得到应用和发展. Biskup 在文献 [1] 中首先研究这一问题, 他将一类多目标问题转化为指派问题, 并证明了极小化完工时间和单机排序问题利用 SPT 规则可以得到最优排序. Biskup 等 [2] 提出学习效应的排序问题分为两类: 一类是与位置有关的学习效应; 另一类是与加工时间之和有关的学习效应. 基于位置的学习效应假设学习效应发生在独立操作的机器上, 工件的实际加工时间主要是机械驱动的, 几乎没有人为干扰, 这个假设很显然更现实些. 基于已经加工过的工件加工时间之和的学习效应, 更多地考虑工人在生产作业中所获得的生产经验. 然而, 基于位置的学习效应却往往忽视了已经加工的工件对于后面工件的影响. 在工件加工过程中如果人们相互作用产生重大影响, 工件的加工时间会增加工人的经验和造成学习效应的产生.

4.1　加工时间之和相关的学习效应

　　在实际生产作业环境中, 与机器和工人有关的学习效应可能会同时发生. 例如与机器有关的学习效应缩短了电脑操作系统的启动时间, 工人操作时经验增加, 使打字速度得到大大提高. 下面给出我们所要讨论的模型.

　　设有 m 台机器 $M_1, M_2, \cdots, M_m$, n 个需要加工的工件. 工件 J_j 只能在机器 M_i 上加工完成后才能在机器 M_{i+1} 上加工, 每台机器每次允许加工一个工件并且不允许中断. 如果工件 J_j 在机器 M_i 上被排在第 r 个位置, 其实际加工时间为

$$p_{ij[r]} = p_{ij} q_r^{a_1} \left(1 - \sum_{l=1}^{r-1} \beta_l p_{i[l]}\right)^{a_2}$$

其中 $p_{i[l]}$ 是机器 M_i 上排在第 l 个位置加工工件的正常加工时间, p_{ij} 是工件 J_j 在机器 M_i 上的正常加工时间, $c > 0$ 是常数, 任意 r, i, 有 $\sum_{l=1}^{r-1} \beta_l p_{i[l]} \leqslant 1$, q_r 是关于工件加工位置的非减函数, β_i 是序列序号的非减函数. $a_1 < 0, a_2 \geqslant 1$ 是学习因子.

4.1.1 单机问题

当 $m = 1$ 时就是单机排序的情形. 此时这个单机排序模型把与位置有关的学习模型和与已经加工过的工件加工时间之和有关的学习模型统一起来, 即工件 J_j 被排在第 r 个位置, 其实际加工时间为 $p_{j[r]} = p_j q_r^{a_1} \left(1 - \sum_{l=1}^{r-1} \beta_l p_{[l]}\right)^{a_2}$. 为了方便, 记学习模型为 LE [3], 则最大完工时间的单机排序模型为 $1|\mathrm{LE}|C_{\max}$. 此外考虑到 q_r 是工件加工位置的非减函数, 是位置相关的学习模型中位置 r 的推广; 而 $\left(1 - \sum_{l=1}^{r-1} \beta_l p_{[l]}\right)^{a_2}$ 是与已经加工过的工件加工时间之和有关的学习模型 $\left(c - \dfrac{\sum_{l=1}^{r-1} p_{[l]}}{\sum_{l=1}^{n} p_l}\right)^{a_2}$ 的扩展. 若 $q_r = r$, $\beta_0 = \beta_1 = \cdots = \beta_n = 0$, 即为与位置有关的模型 $p_{j[r]} = p_j r^a$; 若 $\beta_0 = \beta_1 = \cdots = \beta_n = \dfrac{1}{\sum_{l=1}^{n} p_l}$, 归结为与已经加工过的工件加工时间之和有关的学习模型: $p_{j[r]} = p_j \left(1 - \dfrac{\sum_{l=1}^{r-1} p_{[l]}}{\sum_{l=1}^{n} p_l}\right)^a$ [4].

在给出当前模型下的几个结果之前, 首先给出几个有用的引理.

引理 4.1 设 $f(x) = 1 - a_2 x q^{a_1}(1-x)^{a_2-1} - q^{a_1}(1-x)^{a_2}$, 其中 $a_1 < 0$, $a_2 \geqslant 1$ 和 $q > 1$, 则当 $x \in [0,1]$ 时, $f(x) \geqslant 0$.

证明 对 $f(x)$ 求一阶导数得

$$f'(x) = a_2(a_2 - 1)x q^{a_1}(1-x)^{a_2-2} \tag{4.1}$$

显然当 $x \in [0,1]$ 时, $f'(x) \geqslant 0$, 因此函数 $f(x)$ 在 $0 \leqslant x \leqslant 1$ 上是非减的, 所以当 $x \in [0,1]$ 时, 有 $f(x) \geqslant f(0) = 1 - q^{a_1} > 0$. 证毕.

引理 4.2 设 $g(\lambda) = \lambda - 1 + q^{a_1}(1 - \lambda x)^{a_2} - \lambda q^{a_1}(1-x)^{a_2}$, 其中 $a_1 < 0$, $a_2 \geqslant 1$, $0 \leqslant x \leqslant 1$, $0 \leqslant \lambda x \leqslant 1$ 和 $q > 1$. 当 $\lambda \in [1, \infty)$ 时, $g(\lambda) \geqslant 0$.

证明 对 $g(\lambda)$ 求导数得

$$g'(\lambda) = 1 - a_2 x q^{a_1}(1 - \lambda x)^{a_2-1} - q^{a_1}(1-x)^{a_2} \tag{4.2}$$

$$g''(\lambda) = x^2 a_2(a_2 - 1)q^{a_1}(1 - \lambda x)^{a_2-2} \geqslant 0 \tag{4.3}$$

由式 (4.3) 得到 $g'(\lambda)$ 在 $\lambda \geqslant 1$ 上为非减函数. 根据引理 4.1, 则有 $g'(\lambda) \geqslant g'(1) = 1 - a_2 x q^{a_1}(1-x)^{a_2-1} - q^{a_1}(1-x)^{a_2} \geqslant 0$. 由此得到 $g(\lambda) \geqslant g(1) = 0$. 证毕.

引理 4.3 $\dfrac{1}{k}[1 - q^{a_1}(1 - kx)^{a_2}] + k[q^{a_1}(1-x)^{a_2} - 1] \leqslant 0$, 其中 $a_1 < 0$, $a_2 \geqslant 1$, $k \geqslant 1$, $0 \leqslant x \leqslant 1$, $0 \leqslant kx \leqslant 1$ 和 $q \geqslant 1$.

证明　令 $f(x) = \dfrac{1}{k}[1 - q^{a_1}(1 - kx)^{a_2}] + k[q^{a_1}(1 - x)^{a_2} - 1]$, 对 $f(x)$ 求关于 x 的一阶导数:

$$f'(x) = a_2 q^{a_1}[(1 - kx)^{a_2-1} - k(1 - x)^{a_2-1}] \tag{4.4}$$

由于 $a_1 < 0$, $a_2 \geqslant 1$, $k \geqslant 1$, $0 \leqslant x \leqslant 1$, $0 \leqslant kx \leqslant 1$ 和 $q \geqslant 1$, 式 (4.4) 意味着 $f'(x) \leqslant 0$, 因此有 $f(x) \leqslant f(0) = \left(\dfrac{1}{k} - k\right)(1 - q^{a_1}) \leqslant 0$. 证毕.

引理 4.4　$-1 + a_2 x q^{a_1}(1 - kx)^{a_2-1} + k[q^{a_1}(1 - x)^{a_2} - 1] \leqslant 0$, 其中 $a_1 < 0$, $a_2 \geqslant 1$, $k \geqslant 1$, $0 \leqslant x \leqslant 1$, $0 \leqslant kx \leqslant 1$ 和 $q \geqslant 1$.

证明　令 $h(x) = -1 + a_2 x q^{a_1}(1 - kx)^{a_2-1} + k[q^{a_1}(1 - x)^{a_2} - 1]$, 通过 $h(x)$ 求关于 x 的一阶导数得

$$h'(x) = a_2 q^{a_1}(1 - kx)^{a_2-1} - a_2(a_2 - 1)kx q^{a_1}(1 - kx)^{a_2-2} - a_2 k q^{a_1}(1 - x)^{a_2-1}$$

$$\leqslant -a_2(a_2 - 1)kx q^{a_1}(1 - kx)^{a_2-2} \quad (\text{参见引理}4.3) \tag{4.5}$$

由于 $a_1 < 0$, $a_2 \geqslant 1$, $k \geqslant 1$, $0 \leqslant x \leqslant 1$, $0 \leqslant kx \leqslant 1$ 和 $q \geqslant 1$, 式 (4.5) 意味着 $h'(x) \leqslant 0$, 因此有 $h(x) \leqslant h(0) = -1 - k(1 - q^{a_1}) \leqslant 0$. 证毕.

引理 4.5　$-\lambda + 1 + \dfrac{1}{k}[1 - q^{a_1}(1 - \lambda kx)^{a_2}] + \lambda k[q^{a_1}(1 - x)^{a_2} - 1] \leqslant 0$, 其中 $a_1 < 0$, $a_2 \geqslant 1$, $k \geqslant 1$, $0 \leqslant x \leqslant 1$, $0 \leqslant \lambda kx \leqslant 1$, $\lambda \geqslant 1$ 和 $q \geqslant 1$.

证明　令 $g(\lambda) = -\lambda + 1 + \dfrac{1}{k}[1 - q^{a_1}(1 - \lambda kx)^{a_2}] + \lambda k[q^{a_1}(1 - x)^{a_2} - 1]$, 通过对 $g(\lambda)$ 求导可得

$$g'(\lambda) = -1 + a_2 x q^{a_1}(1 - \lambda kx)^{a_2-1} + k[q^{a_1}(1 - x)^{a_2} - 1] \tag{4.6}$$

$$g''(\lambda) = -k a_2(a_2 - 1)x^2 q^{a_1}(1 - \lambda kx)^{a_2-2} \leqslant 0 \tag{4.7}$$

由于 $\lambda \geqslant 1$ 和 $0 \leqslant \lambda kx \leqslant 1$, 式 (4.7) 意味着 $g'(\lambda)$ 在 $\lambda \in [1, \infty)$ 上是非增函数. 此外根据引理 4.4, 有 $g'(\lambda) \leqslant g'(1) = -1 + a_2 x q^{a_1}(1 - kx)^{a_2-1} + k[q^{a_1}(1 - x)^{a_2} - 1] \leqslant 0$. 式 (4.6) 意味着 $g(\lambda)$ 在 $\lambda \in [1, \infty)$ 上是非增函数, 根据引理 4.3, 有 $g(\lambda) \leqslant g(1) \leqslant 0$. 证毕.

定理 4.1　对于问题 $1|\text{LE}|C_{\max}$, 按照工件加工时间的非减顺序 (SPT 规则) 可以得到最优解.

证明　假设 $p_i \leqslant p_j$, 令 $S = (\pi, i, j, \pi')$ 和 $S' = (\pi, j, i, \pi')$ 是两个序列, 其中 π 和 π' 是部分序列. 进一步设 π 中最后工件是第 $r - 1$ 个位置且完工时间为 A.

则 S 中工件 J_j 和 S' 中工件 J_i 的实际完工时间为

$$C_j(S) = A + p_i q_r^{a_1} \left(1 - \sum_{l=1}^{r-1} \beta_l p_{[l]} \right)^{a_2} + p_j q_{r+1}^{a_1} \left(1 - \sum_{l=1}^{r-1} \beta_l p_{[l]} - \beta_r p_i \right)^{a_2} \quad (4.8)$$

$$C_i(S') = A + p_j q_r^{a_1} \left(1 - \sum_{l=1}^{r-1} \beta_l p_{[l]} \right)^{a_2} + p_i q_{r+1}^{a_1} \left(1 - \sum_{l=1}^{r-1} \beta_l p_{[l]} - \beta_r p_j \right)^{a_2} \quad (4.9)$$

所以

$$C_i(S') - C_j(S) = (p_j - p_i) q_r^{a_1} \left(1 - \sum_{l=1}^{r-1} \beta_l p_{[l]} \right)^{a_2} + p_i q_{r+1}^{a_1} \left(1 - \sum_{l=1}^{r-1} \beta_l p_{[l]} - \beta_r p_j \right)^{a_2}$$

$$- p_j q_{r+1}^{a_1} \left(1 - \sum_{l=1}^{r-1} \beta_l p_{[l]} - \beta_r p_i \right)^{a_2}$$

取 $\lambda = \dfrac{p_j}{p_i}$, $q = \dfrac{q_{r+1}}{q_r}$ 和 $x = \dfrac{\beta_r p_i}{1 - \sum_{l=1}^{r-1} \beta_l p_{[l]}}$ 代入上式得到

$$C_i(S') - C_j(S) = p_i q_r^{a_1} \left(1 - \sum \beta_l p_{[l]} \right)^{a_2} [\lambda - 1 + q^{a_1}(1 - \lambda x)^{a_2} - \lambda q^{a_1}(1 - x)^{a_2}]$$

由于 $p_i \leqslant p_j$, $\sum_{l=1}^{r-1} \beta_l p_{[l]} \leqslant 1$, q_r 是关于位置的非减函数, β_i 是序列序号的非减函数, 则有 $0 \leqslant x \leqslant 1$, $q > 1$, $\lambda \geqslant 1$, $0 \leqslant \lambda x \leqslant 1$. 根据引理 4.2, 则有 $C_i(S') - C_j(S) \geqslant 0$. 由于 π 中工件的加工时间不受工件交换的影响, 而在 π' 中的工件在 S' 中的加工时间不会比在 S 中的加工时间短, 故 $C_{\max}(S') \geqslant C_{\max}(S)$. 证毕.

定理 4.2 对于问题 $1|\mathrm{LE}|\sum w_j C_j$, 如果对于任意工件 J_i 和 J_j, 工件的加工时间和它的权重满足反一致关系, 即 $\dfrac{p_j}{p_i} \geqslant \dfrac{w_j}{w_i} \geqslant 1$. 工件按照 $\dfrac{p_j}{w_j}$ 的非减顺序 (WSPT 规则) 可以得到最优解.

证明 假设工件 J_i 和 J_j: $\dfrac{p_j}{p_i} \geqslant \dfrac{w_j}{w_i} \geqslant 1$, 则有 $p_i \leqslant p_j$, 令 $S = (\pi, i, j, \pi')$ 和 $S' = (\pi, j, i, \pi')$ 是两个序列, 其中 π 和 π' 是部分序列. 进一步设 π 中最后工件是第 $r-1$ 个位置且完工时间为 A. 由于 S 中工件 J_i 和 S' 中工件 J_j 的实际完工时间为

$$C_i(S) = A + p_i q_r^{a_1} \left(1 - \sum_{l=1}^{r-1} \beta_l p_{[l]} \right)^{a_2} \quad (4.10)$$

$$C_j(S') = A + p_j q_r^{a_1} \left(1 - \sum_{l=1}^{r-1} \beta_l p_{[l]} \right)^{a_2} \tag{4.11}$$

根据定理 4.1, 式 (4.9)—(4.11), 有

$$\sum w_j C_j(S) - \sum w_j C_j(S')$$

$$= w_i p_i q_r^{a_1} \left(1 - \sum_{l=1}^{r-1} \beta_l p_{[l]} \right)^{a_2} + w_j p_i q_r^{a_1} \left(1 - \sum_{l=1}^{r-1} \beta_l p_{[l]} \right)^{a_2}$$

$$+ w_j p_j q_{r+1}^{a_1} \left(1 - \sum_{l=1}^{r-1} \beta_l p_{[l]} - \beta_r p_i \right)^{a_2} - w_j p_j q_r^{a_1} \left(1 - \sum_{l=1}^{r-1} \beta_l p_{[l]} \right)^{a_2}$$

$$- w_i p_j q_r^{a_1} \left(1 - \sum_{l=1}^{r-1} \beta_l p_{[l]} \right)^{a_2} - w_i p_i q_{r+1}^{a_1} \left(1 - \sum_{l=1}^{r-1} \beta_l p_{[l]} - \beta_r p_j \right)^{a_2}$$

取 $\lambda = \dfrac{p_j w_i}{p_i w_j}$, $k = \dfrac{w_j}{w_i}$, $q = \dfrac{q_{r+1}}{q_r}$ 和 $x = \dfrac{\beta_r p_i}{1 - \sum_{l=1}^{r-1} \beta_l p_{[l]}}$, 代入上式得

$$\sum w_j C_j(S) - \sum w_j C_j(S') = p_i w_j q_r^{a_1} \left(1 - \sum_{l=1}^{r-1} \beta_l p_{[l]} \right)^{a_2}$$

$$\times \left\{ -\lambda + 1 + \frac{1}{k}[1 - q^{a_1}(1 - \lambda k x)^{a_2}] \right.$$

$$\left. + \lambda k [q^{a_1}(1-x)^{a_2} - 1] \right\} \tag{4.12}$$

由于 $p_i \leqslant p_j$, 则 $\lambda k x \leqslant 1$. 根据引理 4.5, 式 (4.12) 是非正的, 即

$$\sum w_j C_j(S) \leqslant \sum w_j C_j(S')$$

证毕.

推论 4.1 对于问题 $1|\text{LE}|\sum C_j$, 按照工件加工时间的非减顺序 (SPT 规则) 可以得到最优解.

推论 4.2 对于问题 $1|\text{LE}, p_j = p|\sum w_j C_j$, 工件按照权重 w_j 的非增顺序可以得到最优解.

推论 4.3 对于问题 $1|\text{LE}, w_j p_j = k|\sum w_j C_j$, 其中 k 是正整数. 按照工件加工时间的非减顺序 (SPT 规则) 可以得到最优解.

证明 根据定理 4.2, 易得上述三个推论的证明, 这里省略. 证毕.

定理 4.3　对于问题 $1|\mathrm{LE}|L_{\max}$, 如果对于任意工件 J_i 和 J_j, 工件的加工时间和它的工期满足一致关系, 即 $p_i \leqslant p_j \Rightarrow d_i \leqslant d_j$. 工件按照 d_j 的非减顺序 (EDD 规则) 可以得到最优解.

证明　为了证明定理的结论, 只需证明最优序列可以转化为工件按照工期非减的顺序排列而且这种转化后使得最大延迟非增.

假设 $d_i \leqslant d_j$, 有 $p_i \leqslant p_j$. 令 $S = (\pi, i, j, \pi')$ 和 $S' = (\pi, j, i, \pi')$ 是两个序列, 其中 π 和 π' 是部分序列. 进一步设 π 中最后工件是第 $r-1$ 个位置且完工时间为 A.

序列 S 中工件 J_i 和 J_j 的延迟为

$$L_i(S) = C_i(S) - d_i; \quad L_j(S) = C_j(S) - d_j$$

相似地, 序列 S' 中工件 J_i 和 J_j 的延迟为

$$L_i(S') = C_i(S') - d_i; \quad L_j(S') = C_j(S') - d_i$$

由于 $p_i \leqslant p_j$ 且 $d_i \leqslant d_j$, 所以

$$\max\{L_i(S), L_j(S)\} \leqslant \max\{L_i(S'), L_j(S')\}$$

因此交换工件 J_i 和 J_j 的位置并没有引起最大延迟的增加, 经过有限次类似处理可以使最优序列转化为工期 (d_j) 的非减顺序排序而最大延迟不会增加. 证毕.

定理 4.4　对于问题 $1|\mathrm{LE}|\sum T_j$, 如果对于任意工件 J_i 和 J_j, 工件的加工时间和它的工期满足一致关系, 即 $p_i \leqslant p_j \Rightarrow d_i \leqslant d_j$. 工件按照 d_j 的非减顺序 (EDD 规则) 可以得到最优解.

证明　假设 $d_i \leqslant d_j$, 有 $p_i \leqslant p_j$. 令 $S = (\pi, i, j, \pi')$ 和 $S' = (\pi, j, i, \pi')$ 是两个序列, 其中 π 和 π' 是部分序列. 进一步设 π 中最后工件是第 $r-1$ 个位置且完工时间为 A. 下面证明交换工件 J_i 和 J_j 并不会增加目标函数值, 即要证明 $T_i(S) + T_j(S) \leqslant T_i(S') + T_j(S')$ 成立. 由式 (4.8)—(4.11), 序列 S 中工件 J_i 和 J_j 的误工为

$$T_i(S) = \max\{C_i(S) - d_i, 0\}; \quad T_j(S) = \max\{C_j(S) - d_j, 0\}$$

相似地, 序列 S' 中工件 i 和 j 的误工为

$$T_i(S') = \max\{C_i(S') - d_i, 0\}; \quad T_j(S') = \max\{C_j(S') - d_i, 0\}$$

为了比较序列 S 和 S' 中工件 J_i 和 J_j 的总误工, 分两种情形进行分析.

第一种情形: 当 $C_j(S') \leqslant d_j$ 时, 序列 S 和 S' 中工件 J_i 和 J_j 的总误工为

$$T_i(S) + T_j(S) = \max\{C_i(S) - d_i, 0\} + \max\{C_j(S) - d_j, 0\}$$

和

$$T_i(S') + T_j(S') = \max\{C_i(S') - d_i, 0\}$$

假设 $T_i(S)$ 和 $T_j(S)$ 都不为 0, 与 $T_i(S)$ 和 $T_j(S)$ 之一等于 0, $T_i(S)$ 和 $T_j(S)$ 均为 0, 很显然这个限制是最严格的限制条件. 根据定理 4.1 和 $d_i \leqslant d_j$,

$$T_i(S') + T_j(S') - [T_i(S) + T_j(S)] = C_i(S') - d_i - C_i(S) + d_i - C_j(S) + d_j$$
$$= C_i(S') - C_i(S) - C_j(S) + d_j \geqslant 0$$

第二种情形: 当 $C_j(S') > d_j$ 时, 则序列 S 和 S' 中工件 J_i 和 J_j 的总误工为

$$T_i(S) + T_j(S) = \max\{C_i(S) - d_i, 0\} + \max\{C_j(S) - d_j, 0\}$$

和

$$T_i(S') + T_j(S') = C_i(S') + C_j(S') - d_i - d_j$$

同样假设 $T_i(S)$ 和 $T_j(S)$ 都不为 0, 根据推论 4.1 和 $d_i \leqslant d_j$,

$$T_i(S') + T_j(S') - [T_i(S) + T_j(S)] = C_i(S') - d_i + C_j(S') - d_j$$
$$- C_i(S) + d_i - C_j(S) + d_j$$
$$= C_i(S') + C_j(S') - C_i(S) - C_j(S) \geqslant 0$$

综上所述, $T_i(S) + T_j(S) \leqslant T_i(S') + T_j(S')$ 成立. 证毕.

4.1.2　流水机问题

对于流水作业排序情形首先考虑一种特例: 任何给定的工件在所有机器上的加工时间相同, 即 $p_{ij} = p_j$. 则工件 J_j 的完工时间为

$$C_{m[j]} = p_{[1]} q_1^{a_1} c^{a_2} + \sum_{k=2}^{j} p_{[k]} q_k^{a_1} \left(1 - \sum_{l=1}^{r-1} \beta_l p_{[l]}\right)^{a_2}$$
$$+ (m-1) \max_{1 \leqslant i \leqslant j-1} \left\{ p_{[i]} q_i^{a_1} \left(1 - \sum_{l=1}^{i-1} \beta_l p_{[l]}\right)^{a_2} \right\}$$

首先给出几个定理.

定理 4.5 对于问题 $\mathrm{Fm}|p_{ij[r]} = p_{ij}q_r^{a_1}\left(1 - \sum_{l=1}^{r-1}\beta_l p_{i[l]}\right)^{a_2}, p_{ij} = p_j|C_{\max}$, 工件按照 SPT 序可以得到最优解.

定理 4.6 对于问题 $\mathrm{Fm}|p_{ij[r]} = p_{ij}q_r^{a_1}\left(1 - \sum_{l=1}^{r-1}\beta_l p_{i[l]}\right)^{a_2}, p_{ij} = p_j|\sum C_{mj}$, 工件按照 SPT 序可以得到最优解.

定理 4.7 对于问题 $\mathrm{Fm}|p_{ij[r]} = p_{ij}q_r^{a_1}\left(1 - \sum_{l=1}^{r-1}\beta_l p_{i[l]}\right)^{a_2}, p_{ij} = p_j|L_{\max}$, 如果工件的加工时间与工期满足一致关系, 即 $\forall i,j, p_i \leqslant p_j \Rightarrow d_i \leqslant d_j$, 则工件按照工期 d_i 的非减序可以得到最优解.

证明 利用相似于定理 4.1 的方法可以完成前面 3 个定理的证明, 这里省略. 证毕.

接着研究具有优势关系的流水作业问题, 这也是经典流水作业排序问题中具有多项式算法的一种情况.

在某些实际生产作业问题中, 由于机器的加工速度不同或其他原因, 工件在不同机器上的工序的加工时间可能满足某种关系, 下面给出机器优势关系的定义.

定义 4.1 (优势关系定义, 参见文献 [5]) 对于机器 M_r 和机器 M_k, 如果

$$\max\{p_{rj}|j = 1, 2, \cdots, n\} \leqslant \min\{p_{kj}|j = 1, 2, \cdots, n\}$$

则称机器 M_r 优于机器 M_k, 记为 $M_k > M_r$.

本节研究下面两种情况.

(1) 机器满足单调增加优势关系 (idm): $M_1 < M_2 < \cdots < M_m$.

(2) 机器满足单调减少优势关系 (ddm): $M_1 > M_2 > \cdots > M_m$.

第 (1) 种情形下序列中第 j 个工件的完工时间为

$$C_{m[j]}(S) = \sum_{i=1}^{m} p_{i[1]}q_1^{a_1}c^{a_2} + \sum_{k=2}^{j} p_{m[k]}q_k^{a_1}\left(1 - \sum_{l=1}^{r-1}\beta_l p_{m[l]}\right)^{a_2}$$

第 (2) 种情形下序列中第 j 个工件的完工时间为

$$C_{m[j]}(S) = \sum_{j=1}^{n} p_{1[j]}q_j^{a_1}\left(1 - \sum_{l=1}^{j-1}\beta_l p_{1[l]}\right)^{a_2} + \sum_{i=2}^{m} p_{i[n]}q_n^{a_1}\left(1 - \sum_{l=1}^{n-1}\beta_l p_{i[l]}\right)^{a_2}$$
$$- \sum_{k=j+1}^{n} p_{m[k]}q_k^{a_1}\left(1 - \sum_{l=1}^{k-1}\beta_l p_{m[l]}\right)^{a_2}$$

定理 4.8　对于问题 $\mathrm{Fm}|p_{ij[r]} = p_{ij}q_r^{a_1}\left(1 - \sum_{l=1}^{r-1}\beta_l p_{i[l]}\right)^{a_2}, \mathrm{idm}|C_{\max}$，如果工件 J_t 满足 $\sum_{i=1}^m p_{it}q_1^{a_1} = \min\left\{\sum_{i=1}^m p_{ij}q_1^{a_1}\,\middle|\,1 \leqslant j \leqslant n\right\}$，则序列 $\sigma = \{J_t, \sigma_1\}$ 为最优序，其中部分序列 σ_1 中余下的 $n-1$ 个工件按照 p_{mj} 的非减序列排列.

证明　根据定义，如果工件按照等式 $\sum_{i=1}^m p_{it}q_1^{a_1} = \min\left\{\sum_{i=1}^m p_{ij}q_1^{a_1}\,\middle|\,1 \leqslant j \leqslant n\right\}$ 加工，则根据定理 4.1，$\sum_{k=2}^j p_{m[k]}q_k^{a_1}\left(1 - \sum_{l=1}^{k-1}\beta_l p_{m[l]}\right)^{a_2}$ 由余下的 $n-1$ 个工件按照 p_{mj} 的非减序列排列得到最小值，则序列 $\sigma = \{J_t, \sigma_1\}$ 为所求的最优序. 证毕.

定理 4.9　对于问题 $\mathrm{Fm}|p_{ij[r]} = p_{ij}q_r^{a_1}\left(1 - \sum_{l=1}^{r-1}\beta_l p_{i[l]}\right)^{a_2}, \mathrm{idm}|\sum C_j$，如果工件 J_t 满足 $\sum_{i=1}^m p_{it}q_1^{a_1} = \min\left\{\sum_{i=1}^m p_{ij}q_1^{a_1}\,\middle|\,1 \leqslant j \leqslant n\right\}$，则序列 $\sigma = \{J_t, \sigma_1\}$ 为最优序，其中部分序列 σ_1 中余下的 $n-1$ 个工件按照 p_{mj} 的非减序列排列.

证明　根据定义，考虑序列 $\sigma = (J_1, J_2, \cdots, J_n)$，有

$$\sum C_j = \sum_{j=1}^n \sum_{i=1}^m p_{i[1]}q_1^{a_1} + \sum_{j=1}^n \sum_{k=2}^j p_{m[k]}q_k^{a_1}\left(1 - \sum_{l=1}^{k-1}\beta_l p_{m[l]}\right)^{a_2}$$

$$= n\sum_{i=1}^m p_{i[1]}q_1^{a_1} + \sum_{k=2}^n (n-k+1)p_{m[k]}q_k^{a_1}\left(1 - \sum_{l=1}^{k-1}\beta_l p_{m[l]}\right)^{a_2}$$

如果工件满足等式 $\sum_{i=1}^m p_{it}q_1^{a_1} = \min\left\{\sum_{i=1}^m p_{ij}q_1^{a_1}\,\middle|\,1 \leqslant j \leqslant n\right\}$，则根据定理 4.1，$\sum_{k=2}^j p_{m[k]}q_k^{a_1}\left(1 - \sum_{l=1}^{k-1}\beta_l p_{m[l]}\right)^{a_2}$ 由余下的 $n-1$ 个工件按照 p_{mj} 的非减序列排列得到最小值，则序列 $\sigma = \{J_t, \sigma_1\}$ 为所求的最优序. 证毕.

定理 4.10　对于问题 $\mathrm{Fm}|p_{ij[r]} = p_{ij}q_r^{a_1}\left(1 - \sum_{l=1}^{r-1}\beta_l p_{i[l]}\right)^{a_2}, \mathrm{ddm}|C_{\max}$，如果工件 J_t 满足 $\sum_{i=1}^m p_{in}q_n^{a_1}\left(1 - \sum_{l=1}^{n-1}\beta_l p_{i[l]}\right)^{a_2} = \min\left\{\sum_{i=1}^m p_{ij}q_n^{a_1}\cdot\left(1 - \sum_{l=1}^{n-1}\beta_l p_{i[l]}\right)^{a_2}\,\middle|\,1 \leqslant j \leqslant n\right\}$，则序列 $\sigma = \{\sigma_1, J_t\}$ 为最优序，其中部分序列 σ_1 中余下的 $n-1$ 个工件按照 p_{1j} 的非减序列排列.

证明　如果工件按照等式 $\sum_{i=1}^m p_{it}q_1^{a_1} = \min\left\{\sum_{i=1}^m p_{ij}q_1^{a_1}\,\middle|\,1 \leqslant j \leqslant n\right\}$ 加工，则根据定理 4.1，$\sum_{k=2}^j p_{m[k]}q_k^{a_1}\left(1 - \sum_{l=1}^{k-1}\beta_l p_{m[l]}\right)^{a_2}$ 由余下的 $n-1$ 个工件按照 p_{mj} 的非减序列排列得到最小值，则序列 $\sigma = \{J_t, \sigma_1\}$ 为所求的最优序. 证毕.

4.2 指数相关的机器排序问题

在工件加工过程中人机互动具有非常大的影响, 工人在生产过程中经验的积累促使工件的生产速度变快, 都会产生学习效应. 本节研究指数和位置学习效应同时发生的排序问题, 考虑在单机和流水机情形下的一些经典的排序问题.

假设 n 个工件在零时刻到达, 机器每次只能加工一个工件, 并且中断不被允许. 工件 J_j 在工件序列第 r 个位置加工的实际加工时间为

$$p_{j[r]} = p_j \left(\alpha \gamma^{\sum\limits_{l=1}^{r-1} p_{[l]}} + \beta \right) r^a \tag{4.13}$$

其中 $p_{[l]}$ 为在序列第 l 个位置加工工件的正常加工时间, $\alpha \geqslant 0$, $\beta \geqslant 0$, $0 < \gamma \leqslant 1$ 并且 $\alpha + \beta = 1$ (根据实际的生产经验获得的参数), $a < 0$ 表示学习因子.

首先给出两个引理, 由于利用微分法很容易得到引理的正确性, 这里证明过程省略.

引理 4.6 $1 - \lambda + \lambda \gamma^b \left(\dfrac{r+1}{r} \right)^a - \gamma^{\lambda b} \left(\dfrac{r+1}{r} \right)^a \leqslant 0$, 其中 $0 < \gamma \leqslant 1$, $b > 0$, $\lambda \geqslant 1$, $a < 0$ 和 $r = 1, \cdots, n-1$.

引理 4.7 $1 - \lambda + \lambda \lambda_1 \gamma^b \left(\dfrac{r+1}{r} \right)^a - \lambda_1 \gamma^{\lambda b} \left(\dfrac{r+1}{r} \right)^a \leqslant 0$, 其中 $0 < \gamma \leqslant 1$, $0 < \lambda_1 \leqslant 1$, $b > 0$, $\lambda \geqslant 1$, $a < 0$ 和 $r = 1, \cdots, n-1$.

4.2.1 单机问题

本节考虑目标函数为最大完工时间、总 (权) 完工时间和最大工期的排序问题. 利用二交换法证明下面的定理和推论. 假设工件序列 $S = \{\pi, i, j, \pi'\}$ 和 $S' = \{\pi, j, i, \pi'\}$, 其中 π 和 π' 是部分序列. 进一步 π 中有 $r-1$ 个工件, 且最后一个工件的完工时间为 t_0. $C_j(S)$ 和 $C_j(S')$ 分别表示工件 J_j 在序列 S 和 S' 的完工时间.

定理 4.11 对于问题 $1|p_{j[r]} = p_j \left(\alpha \gamma^{\sum_{l=1}^{r-1} p_{[l]}} + \beta \right) r^a |C_{\max}$, 按照正常加工时间 p_j 的非减顺序 (SPT 规则) 排列可以得到最优序.

证明 假设 $p_i \leqslant p_j$. 为了证明序列 S 优于 S', 仅仅需要证明序列 S 和 S' 中第 $r+1$ 个工件满足 $C_j(S) \leqslant C_i(S')$. 根据定义, 序列 S 中工件 J_j 和序列 S' 中工件 J_i 的实际完工时间分别为

$$C_j(S) = t_0 + p_i \left(\alpha \gamma^{\sum\limits_{l=1}^{r-1} p_{[l]}} + \beta \right) r^a + p_j \left(\alpha \gamma^{\sum\limits_{l=1}^{r-1} p_{[l]} + p_i} + \beta \right) (r+1)^a \tag{4.14}$$

和

$$C_i(S') = t_0 + p_j\left(\alpha\gamma^{\sum\limits_{l=1}^{r-1} p_{[l]}} + \beta\right)r^a + p_i\left(\alpha\gamma^{\sum\limits_{l=1}^{r-1} p_{[l]}+p_j} + \beta\right)(r+1)^a \qquad (4.15)$$

式 (4.14) 和 (4.15) 作差得

$$C_j(S) - C_i(S') = (p_i - p_j)\left(\alpha\gamma^{\sum\limits_{l=1}^{r-1} p_{[l]}} + \beta\right)r^a + p_j\left(\alpha\gamma^{\sum\limits_{l=1}^{r-1} p_{[l]}+p_i} + \beta\right)(r+1)^a$$

$$- p_i\left(\alpha\gamma^{\sum\limits_{l=1}^{r-1} p_{[l]}+p_j} + \beta\right)(r+1)^a$$

$$= r^a\alpha\gamma^{\sum\limits_{l=1}^{r-1} p_{[l]}}\left[p_i - p_j + p_j\gamma^{p_i}\left(\frac{r+1}{r}\right)^a - p_i\gamma^{p_j}\left(\frac{r+1}{r}\right)^a\right]$$

$$+ (p_i - p_j)\beta(r^a - (r+1)^a) \qquad (4.16)$$

由于 $p_i \leqslant p_j$, $\beta \geqslant 0$ 和 $a < 0$, 有 $(p_i - p_j)\beta(r^a - (r+1)^a) \leqslant 0$. 为了方便令 $\lambda = \dfrac{p_j}{p_i}$ 代入式 (4.16) 得

$$p_i - p_j + p_j\gamma^{p_i}\left(\frac{r+1}{r}\right)^a - p_i\gamma^{p_j}\left(\frac{r+1}{r}\right)^a$$

$$= p_i r^a\left\{1 - \lambda + \lambda\gamma^{p_i}\left(\frac{r+1}{r}\right)^a - \gamma^{\lambda p_i}\left(\frac{r+1}{r}\right)^a\right\} \qquad (4.17)$$

根据引理 4.6, 式 (4.17) 的值是非负的, 则 $C_j(S) \leqslant C_i(S')$. 工件 J_i 和 J_j 之前的工件交换前后完工时间不变. 工件 J_i 和 J_j 之后的工件开工时间交换后不会减少. 则序列 S 优于 S'. 证毕.

根据定理 4.10, 下面给出一个例子.

例 4.1　考虑 5 个工件, 其中 $p_1 = 7$, $p_2 = 3$, $p_3 = 5$, $p_4 = 4$ 和 $p_5 = 6$. 假设 $\alpha = \beta = \gamma = 0.5$ 和学习因子 $a = -0.322$. 根据定理 4.11, 得到最优序为 (2, 4, 3, 5, 1), 则 $C_{\max} = 10.57$, 其中 $p_{2[1]} = 3$, $p_{4[2]} = 1.80$, $p_{3[3]} = 1.77$, $p_{5[4]} = 1.92$, $p_{1[5]} = 2.08$.

定理 4.12　对于问题 $1|p_{j[r]} = p_j\left(\alpha\gamma^{\sum_{l=1}^{r-1} p_{[l]}} + \beta\right)r^a\big|\sum w_jC_j$, 如果工件正常加工时间和其权重是反一致关系, 即 $\forall J_i, J_j$, 有 $p_i \leqslant p_j \Rightarrow w_i \geqslant w_j$, 则按照 p_j/w_j 的非减顺序 (WSPT 规则) 排列得到最优序.

证明　假设 $p_i \leqslant p_j$. 为了证明序列 S 优于 S', 仅仅需要证明序列 S 和 S' 中第 r 个和第 $r+1$ 个工件满足 $w_iC_i(S) + w_jC_j(S) \leqslant w_iC_i(S') + w_jC_j(S')$. 根据

定义, 序列 S 中工件 J_i 和序列 S' 中工件 J_j 的实际完工时间分别为

$$C_i(S) = t_0 + p_i \left(\alpha \gamma^{\sum\limits_{l=1}^{r-1} p_{[l]}} + \beta \right) r^a \tag{4.18}$$

和

$$C_j(S') = t_0 + p_j \left(\alpha \gamma^{\sum\limits_{l=1}^{r-1} p_{[l]}} + \beta \right) r^a \tag{4.19}$$

根据式 (4.14), (4.15) 和 (4.18), (4.19) 得

$$\begin{aligned}
&w_i C_i(S) + w_j C_j(S) - w_i C_i(S') - w_j C_j(S') \\
&= \beta r^a \left[(w_i + w_j)(p_i - p_j) + w_j p_j \left(\frac{r+1}{r} \right)^a - w_i p_i \left(\frac{r+1}{r} \right)^a \right] \\
&\quad + \alpha \gamma^{\sum\limits_{l=1}^{r-1} p_{[l]}} r^a \left[(w_i + w_j)(p_i - p_j) + w_j p_j \left(\frac{r+1}{r} \right)^a \gamma^{p_i} - w_i p_i \left(\frac{r+1}{r} \right)^a \gamma^{p_j} \right]
\end{aligned} \tag{4.20}$$

由于 $p_i \leqslant p_j \Rightarrow w_i \geqslant w_j$, 则 $\dfrac{p_j}{w_j} \geqslant \dfrac{p_i}{w_i}$. 令 $\lambda = \dfrac{p_j}{p_i}$, $\lambda_1 = \dfrac{w_i}{w_i + w_j}$ 和 $\lambda_2 = \dfrac{w_j}{w_i + w_j}$ (显然有 $\lambda \geqslant 1$ 和 $0 < \lambda_2 \leqslant \lambda_1 < 1$), 代入式 (4.20) 得

$$\begin{aligned}
&w_i C_i(S) + w_j C_j(S) - w_i C_i(S') - w_j C_j(S') \\
&= \beta r^a p_i (w_i + w_j) \left[(1 - \lambda) + \lambda_2 \lambda \left(\frac{r+1}{r} \right)^a - \lambda_1 \left(\frac{r+1}{r} \right)^a \right] \\
&\quad + \alpha \gamma^{\sum\limits_{l=1}^{r-1} p_{[l]}} r^a (w_i + w_j) p_i \left[1 - \lambda + \lambda_2 \lambda \left(\frac{r+1}{r} \right)^a \gamma^{p_i} - \lambda_1 \left(\frac{r+1}{r} \right)^a \gamma^{\lambda p_i} \right] \\
&\leqslant \beta r^a p_i (w_i + w_j)(1 - \lambda) \left(1 - \lambda_1 \left(\frac{r+1}{r} \right)^a \right) \\
&\quad + \alpha \gamma^{\sum\limits_{l=1}^{r-1} p_{[l]}} r^a (w_i + w_j) p_i \left[1 - \lambda + \lambda_1 \lambda \left(\frac{r+1}{r} \right)^a \gamma^{p_i} - \lambda_1 \left(\frac{r+1}{r} \right)^a \gamma^{\lambda p_i} \right]
\end{aligned} \tag{4.21}$$

由于 $\lambda \geqslant 1$, $0 < \lambda_2 \leqslant \lambda_1 < 1$ 和 $a < 0$, 则 $(1-\lambda) \left(1 - \lambda_1 \left(\dfrac{r+1}{r} \right)^a \right) \leqslant 0$, 根据引理 4.12, 得式 (4.21) 的值是非负的, 即 $w_i C_i(S) + w_j C_j(S) \leqslant w_i C_i(S') + w_j C_j(S')$. 证毕.

根据定理 4.12, 下面给出一个例子.

例 4.2　相似于例 4.1, 假设 $w_1 = w_3 = w_5 = 1$, $w_2 = 3$ 和 $w_4 = 2$. 显然上述工件正常加工时间和其权重满足反一致关系. 根据定理 4.12 得最优序为 $(2, 4, 3, 5, 1)$, 则 $\sum_{j=1}^{5} C_j = 44.23$.

推论 4.4　对于问题 $1|p_{j[r]} = p_j \left(\alpha \gamma^{\sum_{l=1}^{r-1} p_{[l]}} + \beta \right) r^a | \sum C_j$, 按照工件正常加工时间 p_j 的非减顺序 (SPT 规则) 排列可以得到最优序.

推论 4.5　对于问题 $1|p_{j[r]} = p_j \left(\alpha \gamma^{\sum_{l=1}^{r-1} p_{[l]}} + \beta \right) r^a, w_j = kp_j | \sum w_j C_j$, 按照工件正常加工时间 p_j 的非减顺序 (SPT 规则) 排列可以得到最优序.

证明　根据定理 4.12, 很容易得出推论 4.4 和推论 4.5 的证明. 证毕.

定理 4.13　对于问题 $1|p_{j[r]} = p_j \left(\alpha \gamma^{\sum_{l=1}^{r-1} p_{[l]}} + \beta \right) r^a | L_{\max}$, 如果工件正常加工时间和其工期满足一致关系, 即 $\forall J_i, J_j$, 有 $p_i \leqslant p_j \Rightarrow d_i \leqslant d_j$, 则按照 d_j 的非减顺序 (EDD 规则) 排列可以得到最优序.

证明　假设 $p_i \leqslant p_j$. 为了证明序列 S 优于 S', 仅仅需要证明在序列 S 和 S' 中 rth 和 $(r+1)th$ 工件满足 $\max\{L_i(S), L_i(S)\} \leqslant \max\{L_i(S'), L_i(S')\}$. 根据式 (4.14), (4.15) 和 (4.18), (4.19), 有

$$L_i(S) = C_i(S) - d_i, \quad L_j(S) = C_j(S) - d_j$$

和

$$L_i(S') = C_i(S') - d_i, \quad L_j(S') = C_j(S') - d_j$$

因 $p_i \leqslant p_j \Rightarrow d_i \leqslant d_j$, 根据定理 4.10 和推论 4.4 得

$$\max\{L_i(S), L_i(S)\} \leqslant \max\{L_i(S'), L_i(S')\}$$

于是交换工件 J_i 和 J_j 后最大工期不会减少. 证毕.

4.2.2　流水作业问题

在流水机情形下, 当前学习模型可以重新描述为: 工件 $J_1, \cdots, J_n$, m 台机器 $M_1, \cdots, M_m$. 工件 J_j 只能在机器 M_i 加工后才能在机器 M_{i+1} 上加工. 工件 J_j 在机器 M_i 第 r 个位置上加工的实际加工时间为 $p_{ij}^r = p_{ij} \left(\alpha \gamma^{\sum_{l=1}^{r-1} p_{i[l]}} + \beta \right) r^a$, $i = 1, \cdots, m; j = 1, \cdots, n$. 其中 $p_{i[l]}$ 表示工件在机器 M_i 第 l 个位置上的正常加工时间, p_{ij} 表示在机器 M_i 上工件 J_j 的正常加工时间, $\alpha \geqslant 0$, $\beta \geqslant 0$, $0 < \gamma \leqslant 1$ $(\alpha + \beta = 1)$ 和 $a < 0$ 表示学习因子. $C_j = C_{mj}$ 表示工件 J_j 的完工时间.

本节考虑一种特殊情形: 任何给定工件在所有机器上的加工时间相同, 即 $p_{ij} = p_j$. 对于传统的流水机问题, Pinedo[6] 证明在序列 S 中第 j 个工件的完

工时间为

$$C_{[j]}(S) = \sum_{k=1}^{j} p_{[k]} + (m-1)\max\{p_{[1]}, \cdots, p_{[j]}\}$$

相似地, 在当前学习模型中, 序列 S 中第 j 个工件的完工时间为

$$C_{[j]}(S) = \sum_{k=1}^{j} p_{[k]}\left(\alpha\gamma^{\sum_{l=1}^{k-1} p_{[l]}} + \beta\right)k^a + (m-1)\max_{1\leqslant i\leqslant j}\left\{p_{[i]}\left(\alpha\gamma^{\sum_{l=1}^{i-1} p_{[l]}} + \beta\right)i^a\right\}$$

定理 4.14 对于问题 $\mathrm{Fm}|p_{ij}^r = p_j\left(\alpha\gamma^{\sum_{l=1}^{r-1} p_{[l]}} + \beta\right)r^a|C_{\max}$, 工件按照 SPT 序列可以得到最优序.

证明 设两个工件序列 $S = \{\pi, i, j, \pi'\}$ 和 $S' = \{\pi, j, i, \pi'\}$, 其中 π 和 π' 是部分序列. 进一步假设在 π 中有 $r-1$ 个工件且最后一个工件的完工时间为 t_0. 在序列 S, 工件 J_j 的完工时间为

$$C_j(S) = t_0 + p_i\left(\alpha\gamma^{\sum_{l=1}^{r-1} p_{[l]}} + \beta\right)r^a + p_j\left(\alpha\gamma^{\sum_{l=1}^{r-1} p_{[l]} + p_i} + \beta\right)(r+1)^a$$

$$+ (m-1)\max\left\{p_{[1]}, \cdots, p_i\left(\alpha\gamma^{\sum_{l=1}^{r-1} p_{[l]}} + \beta\right)r^a, \right.$$

$$\left. p_j\left(\alpha\gamma^{\sum_{l=1}^{r-1} p_{[l]} + p_i} + \beta\right)(r+1)^a\right\} \tag{4.22}$$

相似地, 在序列 S' 中工件 J_i 的完工时间为

$$C_i(S') = t_0 + p_j\left(\alpha\gamma^{\sum_{l=1}^{r-1} p_{[l]}} + \beta\right)r^a + p_i\left(\alpha\gamma^{\sum_{l=1}^{r-1} p_{[l]} + p_j} + \beta\right)(r+1)^a$$

$$+ (m-1)\max\left\{p_{[1]}, \cdots, p_j\left(\alpha\gamma^{\sum_{l=1}^{r-1} p_{[l]}} + \beta\right)r^a, \right.$$

$$\left. p_i\left(\alpha\gamma^{\sum_{l=1}^{r-1} p_{[l]} + p_j} + \beta\right)(r+1)^a\right\} \tag{4.23}$$

假设 $p_i \leqslant p_j$, 为了证明序列 S 优于 S', 仅需证明 $C_j(S) \leqslant C_i(S')$. 由于 $p_i \leqslant p_j$, $\alpha, \beta \geqslant 0$, $0 < \gamma \leqslant 1$ $(\alpha + \beta = 1)$ 和 $a < 0$, 有 $p_i\left(\alpha\gamma^{\sum_{l=1}^{r-1} p_{[l]}} + \beta\right)r^a \leqslant p_j\left(\alpha\gamma^{\sum_{l=1}^{r-1} p_{[l]}} + \beta\right)r^a$ 和 $p_j\left(\alpha\gamma^{\sum_{l=1}^{r-1} p_{[l]} + p_i} + \beta\right)(r+1)^a \leqslant p_j\left(\alpha\gamma^{\sum_{l=1}^{r-1} p_{[l]}} + \beta\right)r^a$.

这意味着

$$(m-1)\max\left\{p_{[1]},\cdots,p_i\left(\alpha\gamma^{\sum\limits_{l=1}^{r-1}p_{[l]}}+\beta\right)r^a,p_j\left(\alpha\gamma^{\sum\limits_{l=1}^{r-1}p_{[l]}+p_i}+\beta\right)(r+1)^a\right\}$$

$$\leqslant(m-1)\max\left\{p_{[1]},\cdots,p_j\left(\alpha\gamma^{\sum\limits_{l=1}^{r-1}p_{[l]}}+\beta\right)r^a,p_i\left(\alpha\gamma^{\sum\limits_{l=1}^{r-1}p_{[l]}+p_j}+\beta\right)(r+1)^a\right\}$$

$$(4.24)$$

根据式 (4.22)—(4.24)

$$C_j(S)-C_i(S')\leqslant p_i\left(\alpha\gamma^{\sum\limits_{l=1}^{r-1}p_{[l]}}+\beta\right)r^a+p_j\left(\alpha\gamma^{\sum\limits_{l=1}^{r-1}p_{[l]}+p_i}+\beta\right)(r+1)^a$$

$$-p_j\left(\alpha\gamma^{\sum\limits_{l=1}^{r-1}p_{[l]}}+\beta\right)r^a-p_i\left(\alpha\gamma^{\sum\limits_{l=1}^{r-1}p_{[l]}+p_j}+\beta\right)(r+1)^a$$

$$=\beta r^a(p_i-p_j)\left(1-\left(\frac{r+1}{r}\right)^a\right)+\alpha\gamma^{\sum\limits_{l=1}^{r-1}p_{[l]}}$$

$$\times\left[p_i-p_j+(p_j\gamma^{p_i}-p_i\gamma^{p_j})\left(\frac{r+1}{r}\right)^a\right]$$

$$(4.25)$$

根据定理 4.10, 可以得到 $C_j(S)-C_i(S')\leqslant 0$. 证毕.

定理 4.15　对于问题 $\mathrm{Fm}|p_{ij}^r=p_j\left(\alpha\gamma^{\sum_{l=1}^{r-1}p_{[l]}}+\beta\right)r^a|\sum C_j$, 工件按照 SPT 序列可以得到最优序.

证明　相似于定理 4.14 的证明, 这里省略. 证毕.

4.3　对数相关的排序问题

　　与位置有关的学习效应当工件的数目增加时, 给定的实际加工时间可能会突然降到零, 或者与工件的加工时间有关的学习模型中实际加工时间可能会非常大. 鉴于以上原因, 本节讨论具有安装时间和学习效应的单机排序模型, 其中安装时间是已经加工过的工件的加工时间之和有关的函数, 学习效应是对数加工时间和有关的函数.

　　工件 $J_1,J_2,\cdots,J_n$ 在单台机器上加工, 每个工件 J_j 的正常加工时间为 p_j ($\ln p_j\geqslant 1$), 权重为 w_j, 工期为 d_j. 具有对数加工时间和的学习效应可以描述为如果工件 J_j 在序列中第 r 个位置加工, 则工件 J_j 的实际加工时间为

$$p_{j[r]} = p_j \left(1 + \sum_{l=1}^{r-1} \ln p_{[k]}\right)^{a_1} r^{a_2}, \quad r, j = 1, \cdots, n \tag{4.26}$$

其中 $p_{[l]}$ 是排在第 l 个位置加工工件的正常加工时间, 且 $\sum_{l=1}^{0} \ln p_{[l]} = 0$, a_1 和 a_2 是学习效应, $a_1, a_2 < 0$. 如果工件在序列第 r 个位置加工, 则安装时间 (psd) 为

$$s_{[1]} = 0, \quad s_{[r]} = b \sum_{l=1}^{r-1} p_{[l]}^A, \quad r = 2, \cdots, n \tag{4.27}$$

其中 b 是一个大于零的常数, $p_{[l]}^A$ 是排在第 l 个位置加工工件的实际加工时间. 当前学习模型是 Janiak 和 Rudek[7] 基于经验 $(e_j = \ln p_j, j = 2, \cdots, n)$ 有关的学习模型的一个特例. 为了方便, 定义式 (4.27) 为 S_{psd}. 本节所讨论问题表示成 $1|p_{j[r]} = p_j \left(1 + \sum_{l=1}^{r-1} \ln p_{[k]}\right)^{a_1} r^{a_2}, S_{\text{psd}}|\gamma$, 其中 γ 为极小化的目标函数.

首先给出几个引理, 由于利用基本的微分知识很容易得到结果, 故证明过程省略.

引理 4.8 $-1 + (1+y)^{a_1} q^{a_2} - a_1 y (1+y)^{a_1-1} q^{a_2} < 0$, 其中 $0 < y < 1$, $q \geqslant 1$, $a_1 < 0, a_2 < 0$.

引理 4.9 $-1 + (1+cx)^{a_1} q^{a_2} - a_1 c (1+cx)^{a_1-1} q^{a_2} < 0$, 其中 $0 < c < 1$, $q \geqslant 1$, $a_1 < 0, a_2 < 0$ 和 $x \geqslant 1$.

引理 4.10 $1 - \lambda + \lambda(1+cx)^{a_1} q^{a_2} - (1 + cx + c\ln\lambda)^{a_1} q^{a_2} < 0$, 其中 $\lambda \geqslant 1$, $0 < c < 1$, $q \geqslant 1$, $a_1 < 0, a_2 < 0$ 和 $x \geqslant 1$.

引理 4.11 $-1 + \lambda_1 (1+y)^{a_1} q^{a_2} - a_1 \lambda_2 y (1+y)^{a_1-1} q^{a_2} < 0$, 其中 $0 < y < 1$, $q \geqslant 1$, $a_1 < 0, a_2 < 0$ 和 $0 < \lambda_1 \leqslant \lambda_2 < 1$.

引理 4.12 $-1 + \lambda_1 (1+cx)^{a_1} q^{a_2} - a_1 \lambda_2 c (1+cx)^{a_1-1} q^{a_2} < 0$, 其中 $0 < c < 1$, $q \geqslant 1$, $x \geqslant 1$, $a_1 < 0, a_2 < 0$ 和 $0 < \lambda_1 \leqslant \lambda_2 < 1$.

引理 4.13 $1 - \lambda + \lambda_1 \lambda (1+cx)^{a_1} q^{a_2} - \lambda_2 (1 + cx + c\ln\lambda)^{a_1} q^{a_2} < 0$, 其中 $\lambda \geqslant 1$, $0 < c < 1$, $q \geqslant 1$, $x \geqslant 1$, $a_1 < 0, a_2 < 0$ 和 $0 < \lambda_1 \leqslant \lambda_2 < 1$.

根据以上讨论的目标函数特点, 下面的证明中均使用二交换法. 假设 $S_1 = \{\pi_1, J_i, J_j, \pi_2\}$ 和 $S_2 = \{\pi_1, J_j, J_i, \pi_2\}$ 是两个序列. 进一步假设 π_1 中有 $r-1$ 个工件, 且最后一个工件的完工时间为 t. 在序列 S_1 中工件 J_i 和 J_j 的完工时间为

$$C_i(S_1) = t + b \sum_{l=1}^{r-1} p_{[l]}^A + p_i \left(1 + \sum_{l=1}^{r-1} \ln p_{[l]}\right)^{a_1} r^{a_2} \tag{4.28}$$

$$C_j(S_1) = t + 2b \sum_{l=1}^{r-1} p_{[l]}^A + (b+1)p_i \left(1 + \sum_{l=1}^{r-1} \ln p_{[l]} \right)^{a_1} r^{a_2}$$

$$+ p_j \left(1 + \sum_{l=1}^{r-1} \ln p_{[l]} + \ln p_i \right)^{a_1} (r+1)^{a_2} \tag{4.29}$$

相似地, 在序列 S_2 中工件 J_j 和 J_i 的完工时间为

$$C_j(S_2) = t + b \sum_{l=1}^{r-1} p_{[l]}^A + p_j \left(1 + \sum_{l=1}^{r-1} \ln p_{[l]} \right)^{a_1} r^{a_2} \tag{4.30}$$

$$C_i(S_2) = t + 2b \sum_{l=1}^{r-1} p_{[l]}^A + (b+1)p_j \left(1 + \sum_{l=1}^{r-1} \ln p_{[l]} \right)^{a_1} r^{a_2}$$

$$+ p_i \left(1 + \sum_{l=1}^{r-1} \ln p_{[l]} + \ln p_j \right)^{a_1} (r+1)^{a_2} \tag{4.31}$$

定理 4.16 对于问题 $1 | p_{j[r]} = p_j \left(1 + \sum_{l=1}^{r-1} \ln p_{[k]} \right)^{a_1} r^{a_2}, S_{\mathrm{psd}} | C_{\max}$, 工件按 p_j 的非减顺序 (SPT 规则) 排列得到最优序.

证明 假设 $p_i \leqslant p_j$, 欲证 S_1 优于 S_2, 只需证明 $C_j(S_1) \leqslant C_i(S_2)$. 根据 (4.29) 和 (4.31) 得

$$C_j(S_1) - C_i(S_2) = b(p_i - p_j) \left(1 + \sum_{l=1}^{r-1} \ln p_{[l]} \right)^{a_1} r^{a_2}$$

$$+ (p_i - p_j) \left(1 + \sum_{l=1}^{r-1} \ln p_{[l]} \right)^{a_1} r^{a_2}$$

$$+ p_j \left(1 + \sum_{l=1}^{r-1} \ln p_{[l]} + \ln p_i \right)^{a_1} (r+1)^{a_2}$$

$$- p_i \left(1 + \sum_{l=1}^{r-1} \ln p_{[l]} + \ln p_j \right)^{a_1} (r+1)^{a_2} \tag{4.32}$$

令 $\lambda = \dfrac{p_j}{p_i} \geqslant 1$, $x = \ln p_i \geqslant 1$, $c = \dfrac{1}{1 + \sum_{l=1}^{r-1} \ln p_{[l]}} (0 < c < 1)$ 和 $q = \dfrac{r+1}{r} \geqslant 1$ 代入式 (4.32) 得

$$C_j(S_1) - C_i(S_2) = p_i \left(1 + \sum_{l=1}^{r-1} \ln p_{[l]}\right)^{a_1} r^{a_2} \{b(1-\lambda) + [(1-\lambda)$$

$$+ \lambda(1+cx)^{a_1} q^{a_2} - (1 + cx + x\ln\lambda)^{a_1} q^{a_2}]\} \qquad (4.33)$$

由于 $\lambda \geqslant 1$, 则 $b(1-\lambda) \leqslant 0$. 根据引理 4.10, 则式 (4.33) $\leqslant 0$, 即 $C_j(S_1) \leqslant C_i(S_2)$. 证毕.

定理 4.17 对于问题 $1|p_{j[r]} = p_j(1 + \sum_{l=1}^{r-1} \ln p_{[k]})^{a_1} r^{a_2}, S_{\text{psd}} | \sum C_j$, 工件按 p_j 的非减顺序 (SPT 规则) 排列得到最优序.

证明 类似于定理 4.16 的证明, 这里证明过程省略. 证毕.

定理 4.18 对于问题 $1|p_{j[r]} = p_j(1 + \sum_{l=1}^{r-1} \ln p_{[k]})^{a_1} r^{a_2}, S_{\text{psd}} | \sum w_j C_j$, 如果工件的加工时间与权重满足反一致条件时, 即 $\forall J_i, J_j$, 有 $p_i \leqslant p_j \Rightarrow w_i \geqslant w_j$, 工件按照 $\frac{p_j}{w_j}$ 的非减顺序 (WSPT 规则) 排列得到最优序.

证明 假设 $p_i \leqslant p_j$, 则 $w_i \geqslant w_j$. 欲证 S_1 优于 S_2, 只需证明 $w_i C_i(S_1) + w_j C_j(S_1) \leqslant w_i C_i(S_2) + w_j C_j(S_2)$. 根据式 (4.28)—(4.31) 得

$$w_i C_i(S_1) + w_j C_j(S_1) - w_i C_i(S_2) - w_j C_j(S_2)$$

$$= \left[(w_j - w_i) b \sum_{l=1}^{r-1} p_{[l]}^A + (w_j p_i - w_i p_j) b \left(1 + \sum_{l=1}^{r-1} \ln p_{[l]}\right)^{a_1} r^{a_2} \right]$$

$$+ (w_i + w_j)(p_i - p_j) \left(1 + \sum_{l=1}^{r-1} \ln p_{[l]}\right)^{a_1} r^{a_2}$$

$$+ w_j p_j \left(1 + \sum_{l=1}^{r-1} \ln p_{[l]} + \ln p_i\right)^{a_1} (r+1)^{a_2}$$

$$- w_i p_i \left(1 + \sum_{l=1}^{r-1} \ln p_{[l]} + \ln p_j\right)^{a_1} (r+1)^{a_2} \qquad (4.34)$$

由于 $p_i \leqslant p_j$, 有 $w_i \geqslant w_j$, 则得 $w_i p_j \geqslant w_j p_i$, 即 $(w_j - w_i) b \sum_{l=1}^{r-1} p_{[l]}^A$ 和 $(w_j p_i - w_i p_j) b \left(1 + \sum_{l=1}^{r-1} \ln p_{[j]}\right)^{a_1} r^{a_2}$ 均大于等于 0. 另设 $\lambda_1 = \frac{w_j}{w_i + w_j}$, $\lambda_2 = \frac{w_i}{w_i + w_j}$ $(0 < \lambda_1 \leqslant \lambda_2 < 1)$, $\lambda = \frac{p_j}{p_i} \geqslant 1$, $x = \ln p_i \geqslant 1$, $c = \frac{1}{1 + \sum_{l=1}^{r-1} \ln p_{[l]}}$ $(0 < c < 1)$ 和 $q = \frac{r+1}{r} \geqslant 1$, 代入式 (4.34), 则有

$$(w_i+w_j)(p_i-p_j)\left(1+\sum_{l=1}^{r-1}\ln p_{[l]}\right)^{a_1} r^{a_2} + w_j p_j \left(1+\sum_{l=1}^{r-1}\ln p_{[l]}+\ln p_i\right)^{a_1}(r+1)^{a_2}$$

$$- w_i p_i\left(1+\sum_{l=1}^{r-1}\ln p_{[l]}+\ln p_j\right)^{a_1}(r+1)^{a_2}$$

$$= (w_i+w_j)p_i\left(1+\sum_{l=1}^{r-1}\ln p_{[l]}\right)^{a_1} r^{a_2}$$

$$\times [1-\lambda+\lambda\lambda_1(1+cx)^{a_1}q^{a_2}-\lambda_2(1+cx+c\ln\lambda)^{a_1}q^{a_2}] \tag{4.35}$$

根据引理 4.13, 得式 (4.35) $\leqslant 0$, 由此 $w_i C_i(S_1)+w_j C_j(S_1)\leqslant w_i C_i(S_2)+w_j C_j(S_2)$. 证毕.

推论 4.6　对于问题 $1|p_{j[r]}=p_j\left(1+\sum_{l=1}^{r-1}\ln p_{[k]}\right)^{a_1} r^{a_2}, S_{\mathrm{psd}}, p_j=p\left|\sum w_j C_j\right.$, 工件按照 w_j 的非增顺序排列得到最优序.

推论 4.7　对于问题 $1|p_{j[r]}=p_j\left(1+\sum_{l=1}^{r-1}\ln p_{[k]}\right)^{a_1} r^{a_2}, S_{\mathrm{psd}}, w_j=kp_j\left|\sum w_j C_j\right.$, 工件按照 w_j 的非增顺序排列得到最优序.

定理 4.19　对于问题 $1|p_{j[r]}=p_j\left(1+\sum_{l=1}^{r-1}\ln p_{[k]}\right)^{a_1} r^{a_2}, S_{\mathrm{psd}}\left|\sum T_j\right.$, 如果工件的加工时间与工期满足一致关系时, 即 $\forall J_i, J_j$, 有 $p_i\leqslant p_j\Rightarrow d_i\leqslant d_j$, 工件按照 d_j 的非减顺序 (EDD 规则) 排列得到最优序.

证明　假设 $p_i\leqslant p_j$, 则 $d_i\leqslant d_j$. 欲证 S_1 优于 S_2, 只需证明

$$T_i(S_1)+T_j(S_1)\leqslant T_i(S_2)+T_j(S_2) \tag{4.36}$$

由式 (4.28)—(4.31) 和定理 4.16、定理 4.17, 下面分两种情况讨论:

(1) 当 $C_j(S_2)-d_j\leqslant 0$ 时, 如果 $C_i(S_2)-d_i\leqslant 0$, 则 $T_i(S_2)+T_j(S_2)=0$. 由于 $C_j(S_1)\leqslant C_i(S_2)$, 则 $C_j(S_1)-d_j\leqslant C_i(S_2)-d_i\leqslant 0$, 即 $T_j(S_1)=\max\{C_j(S_1)-d_j,0\}=0$. 因 $C_i(S_1)\leqslant C_j(S_2)\leqslant C_i(S_2)$, 则 $C_i(S_1)-d_i\leqslant C_i(S_2)-d_i\leqslant 0$, 即 $T_i(S_1)=\max\{C_i(S_1)-d_i,0\}=0$. 有 $T_i(S_1)+T_j(S_1)=0$, 即式 (4.36) 成立. 如果 $C_i(S_2)-d_i>0$, 则 $T_i(S_2)+T_j(S_2)=C_i(S_2)-d_i$. 另假设 $T_i(S_1)+T_j(S_1)$ 中最大者都是非零的, 则有

$$T_i(S_1)+T_j(S_1)-T_i(S_2)-T_j(S_2)$$

$$= C_i(S_1)-d_i+C_j(S_1)-d_j-C_i(S_2)+d_i$$

$$= C_i(S_1)+C_j(S_1)-d_j-C_i(S_2)\leqslant C_j(S_2)+C_j(S_1)-d_j-C_i(S_2)\leqslant 0$$

即式 (4.36) 成立.

(2) 当 $C_j(S_2) - d_j > 0$ 时, 因为 $0 \leqslant C_j(S_1) - d_j \leqslant C_i(S_2) - d_i$, 则 $T_i(S_2) + T_j(S_2) = C_i(S_2) - d_i + C_j(S_2) - d_j$. 另假设 $T_i(S_1) + T_j(S_1)$ 中最大者都是非零的, 则有

$$T_i(S_1) + T_j(S_1) - T_i(S_2) - T_j(S_2)$$
$$= C_i(S_1) - d_i + C_j(S_1) - d_j - C_i(S_2) + d_i - C_j(S_2) + d_j$$
$$= C_i(S_1) + C_j(S_1) - C_i(S_2) - C_j(S_2) \leqslant 0$$

即式 (4.36) 成立.

综上所述, 式 (4.36) 成立, 即 S_1 优于 S_2. 证毕.

定理 4.20 对于问题 $1|p_{j[r]} = p_j \left(1 + \sum_{l=1}^{r-1} \ln p_{[k]}\right)^{a_1} r^{a_2}, S_{\mathrm{psd}}|L_{\max}$, 如果工件的加工时间与工期满足一致关系时, 即 $\forall J_i, J_j$, 有 $p_i \leqslant p_j \Rightarrow d_i \leqslant d_j$, 工件按照 d_j 的非减顺序 (EDD 规则) 排列得到最优序.

证明 假设 $p_i \leqslant p_j$, 则 $d_i \leqslant d_j$. 欲证序列 S_1 优于序列 S_2, 则只需证明 $\max\{L_i(S_1), L_j(S_1)\} \leqslant \max\{L_i(S_2), L_j(S_2)\}$. 根据式 (5.27)—(5.30),

对于序列 S_1 有 $L_i(S_1) = C_i(S_1) - d_i$, $L_j(S_1) = C_j(S_1) - d_j$

对于序列 S_2 有 $L_i(S_2) = C_i(S_2) - d_i$, $L_j(S_2) = C_j(S_2) - d_j$

有

$$C_j(S_1) - d_j \leqslant C_i(S_2) - d_i \Rightarrow L_j(S_1) \leqslant L_i(S_2)$$

和

$$C_i(S_1) - d_i \leqslant C_i(S_2) - d_i \Rightarrow L_i(S_1) \leqslant L_i(S_2)$$

则有 $\max\{L_i(S_1), L_j(S_1)\} \leqslant \max\{L_i(S_2), L_j(S_2)\}$, 即序列 S_1 优于序列 S_2. 证毕.

推论 4.8 对于问题 $1|p_{j[r]} = p_j \left(1 + \sum_{l=1}^{r-1} \ln p_{[k]}\right)^{a_1} r^{a_2}, S_{\mathrm{psd}}|T_{\max}$, 如果工件的加工时间与工期满足一致关系时, 即 $\forall J_i, J_j$, 有 $p_i \leqslant p_j \Rightarrow d_i \leqslant d_j$, 工件按照 d_j 的非减顺序 (EDD 规则) 排列得到最优序.

4.4 成组技术下的排序问题

在成组技术中, 同一组的工件连续加工是很方便的, 这样的分组增加了生产效率和生产的灵活性. 可以生产加工越来越多的不同种类的工件 (产品) 避免和大大减少工件的安装时间和安装费用. Lee 和 Wu[8] 提供一个成组序列的排序模型: $1|p_{ij}^{r,k} = p_{ij} r^{a_1} k^{a_2}, G, s_i^r = s_i r^{a_1}|C_{\max}$ 和 $1|p_{ij}^{r,k} = p_{ij} r^{a_1} k^{a_2}, G, s_i^r = s_i r^{a_1}\left|\sum C_j\right.$,

其中 $p_{ij}^{r,k}$ 表示工件 J_{ij} 的实际加工时间; r,k 分别表示组位置和工件位置; $a_1(<0)$, $a_2(<0)$ 表示学习因子. Yang 和 Chand[9] 研究了学习与遗忘效应下的成组加工的单机排序问题, 目标是总完工时间, 且组之间具有安装时间. 构造出三个基本的模型: 工件加工不存在遗忘、部分遗忘和全部遗忘, 加工时间与它所在的位置有关.

本节提出一个新的成组排序的学习效应的排序问题, 考虑两个目标函数分别为最大完工时间和总完工时间. 给出下面的符号和记号:

m: 序列中组的个数 $(m \geqslant 2)$;

G_i: 第 i 组, $i = 1, \cdots, m$;

n_i: 组 G_i 中工件的个数;

n: 总工件的个数, $n_i + \cdots + n_m = n$;

J_{ij}: 组 G_i 中第 j 个工件, $i = 1, \cdots, n_i$;

s_i: 组 G_i 的正常安装时间;

s_i^r: 组 G_i 排在第 r 组时的实际安装时间;

p_{ij}: 序列中工件 J_{ij} 的正常加工时间;

p_{ij}^k: 工件 J_{ij} 排在组 G_i 的第 k 个位置的实际加工时间;

C_{ij}: 工件 J_{ij} 的完工时间.

假设同一组中工件之间没有安装时间, 然而两个连续加工的组之间要求一个安装时间. 假设组安装时间是位置相关的学习效应, 组内工件具有加工时间之和有关的学习效应, 则工件 J_{ij} 排在第 i 组中第 k 个位置的实际加工时间为

$$p_{ij}^k = p_{ij}\left(1 + \sum_{l=1}^{k-1} \beta_{i,k-l}p_{il}\right)^{a_i} \tag{4.37}$$

β_i 是非减系数序列, $a_i < 0$ 是组 G_i 的学习因子.

此外, 如果组 G_i 排在第 r 组时, 实际安装时间:

$$s_i^r = s_i r^a \tag{4.38}$$

其中 $a\ (<0)$ 是组学习因子.

4.4.1 最大完工时间问题

本节考虑成组排序的最大完工时间问题, 将证明最优的组序列和工件序列, 并给出算法.

定理 4.21　对于问题 $1|p_{ij}^k = p_{ij}\left(1 + \sum_{l=1}^{k-1}\beta_{i,k-l}p_{il}\right)^{a_i}, s_i^r, G|C_{\max}$, 如果每组内工件按照加工时间 $p_{i[l]}(l = 1, \cdots, n_i;\ i = 1, \cdots, m)$ 的非减顺序和组根据基本安装时间 $s_i(i = 1, \cdots, m)$ 的非减顺序排列可以得到最优序.

证明 首先证明定理 4.21 的第二部分. 假设 $s_i \leqslant s_j$, 设 Q 和 Q' 是两个组序列, 其中 Q 和 Q' 是交换两相邻组 G_i 和 G_j 而生产的, 即 $Q = \{\sigma, G_i, G_j, \sigma'\}$ 和 $Q' = \{\sigma, G_j, G_i, \sigma'\}$, 其中 σ 和 σ' 表示部分序列. 为了证明 Q 优于 Q', 仅仅需要证明序列 Q 中组 G_j 和序列 Q' 中组 G_i 的最后工件满足 $C_{jn_j}(Q) \leqslant C_{in_i}(Q')$. 根据定义, 序列 Q 中组 G_j 和序列 Q' 中组 G_i 的最后工件的实际加工时间为

$$C_{jn_j}(Q) = C_{in_i}(Q) + s_j(r+1)^a + \sum_{k=1}^{n_j} p_{jk}\left(1 + \sum_{l=1}^{k-1}\beta_{jk-l}p_{jl}\right)^{a_j} \tag{4.39}$$

和

$$C_{in_i}(Q') = C_{jn_j}(Q') + s_i(r+1)^a + \sum_{k=1}^{n_i} p_{ik}\left(1 + \sum_{l=1}^{k-1}\beta_{ik-l}p_{il}\right)^{a_i} \tag{4.40}$$

其中

$$C_{in_i}(Q) = A + s_i r^a + \sum_{k=1}^{n_i} p_{ik}\left(1 + \sum_{l=1}^{k-1}\beta_{ik-l}p_{il}\right)^{a_i} \tag{4.41}$$

和

$$C_{jn_j}(Q') = A + s_j r^a + \sum_{k=1}^{n_j} p_{jk}\left(1 + \sum_{l=1}^{k-1}\beta_{jk-l}p_{jl}\right)^{a_j} \tag{4.42}$$

A 是序列 Q 中组 G_i 和序列 Q' 中组 G_j 的开始时间.

把式 (4.39) 和 (4.40) 作差可得

$$C_{jn_j}(Q) - C_{in_i}(Q') = (s_i - s_j)(r^a - (r+1)^a) \tag{4.43}$$

由于 $s_i \leqslant s_j$ 和 $a < 0$, 则式 (4.43) 是非正的. 于是序列 Q 优于序列 Q'. 证毕.

因此, 重复这样的交换, 使得所有组满足按照组安装时间的非减顺序排列.

接下来, 考虑组内工件的序列, 即组 G_i, 归结为考虑问题 $1|p_j^k = p_j\left(1 + \sum_{l=1}^{k-1}\beta_{k-l}p_l\right)^a|C_{\max}$, 相似于 Wu 和 Lee 文献 [10] 中的性质 1 的证明, 可以证明该问题根据 SPT 序可得最优解.

利用定理 4.21 的证明, 可以设计问题 $1|p_{ij}^k = p_{ij}\left(1 + \sum_{l=1}^{k-1}\beta_{ik-l}p_{il}\right)^{a_i}, s_i^r, G|C_{\max}$ 的一个简单的算法.

算法 4.1　步骤 1: 组 G_i, $i = 1, \cdots, m$ 内的工件按加工时间非减顺序 (SPT 规则) 排列, 即

$$p_{i[1]} \leqslant \cdots \leqslant p_{i[n_i]}, \quad i = 1, \cdots, m$$

步骤 2: 按照组的基本安装时间 s_i 的非减顺序排列.

显然, 组 G_i 内工件的最优序需要时间复杂性为 $O(n_i \log n_i)$, 于是在算法 4.1 中步骤 1 的时间复杂性为 $\sum_{i=1}^{m} O(n_i \log n_i)$, 步骤 2 的时间复杂性为 $O(m \log m)$. 则算法 4.1 的时间复杂性为 $O(n \log n)$. 此外给出定理 4.21 的一个算例.

例 4.3　$m = 2$, $G_1 = \{J_{11}, J_{12}\}$, $s_1 = 2$, $p_{11} = 8$, $\beta_{11} = 0.1$, $p_{12} = 5$, $\beta_{12} = 0.2$, $a_1 = -0.5$, $G_2 = \{J_{21}, J_{22}\}$, $s_2 = 3$, $p_{21} = 6$, $\beta_{21} = 0.2$, $p_{22} = 9$, $\beta_{22} = 0.2$, $a_2 = -0.3$, $a = -0.322$.

解　根据算法 4.1, 解例 4.3 如下.

步骤 1: 在组 G_1 内, 工件的最优序为 $J_{12} \to J_{11}$; 在组 G_2 内, 工件的最优序为 $J_{21} \to J_{22}$.

步骤 2: 由于 $s_1 = 2 < s_2 = 3$ 则 $G_1 \to G_2$.

因此该算例的最大完工时间为 29.036061631.

4.4.2　总完工时间问题

本节考虑目标为总完工时间的成组排序问题. 假设组安装时间和组内工件的个数满足一致关系, 即对于组 G_j 和组 G_i 有 $\frac{s_j}{n_j} \geqslant \frac{s_i}{n_i} \geqslant 1$, 其中 $i, j = 1, \cdots, m$.

定理 4.22　对于问题 $1|p_{ij}^k = p_{ij} \left(1 + \sum_{l=1}^{k-1} \beta_{ik-l} p_{il}\right)^{a_i}, s_i^r, \mathrm{GT}| \sum C_j$, 如果组内工件按照加工时间 $p_{i[l]}$ $(l = 1, \cdots, n_i; \ i = 1, \cdots, m)$ 的非减顺序和组按照

$$\frac{\sum_{k=1}^{n_i} p_{ik} \left(1 + \sum_{l=1}^{k-1} \beta_{ik-l} p_{il}\right)^{a_i}}{n_i}$$

的非减顺序可以得到最优序, 其中组的安装时间和组内工件满足一致关系, $i = 1, \cdots, m$.

证明　首先证明定理 4.22 的第二部分. 假设 $s_i \leqslant s_j$. 设 Q 和 Q' 是两个组序列, 其中 Q 和 Q' 分别是交换两个组 G_i 和 G_j, 即 $Q = \{\sigma, G_i, G_j, \sigma'\}$ 和 $Q' = \{\sigma, G_j, G_i, \sigma'\}$, σ 和 σ' 表示部分序列. 为了证明序列 Q 优于序列 Q', 仅仅需要证明

$$\sum_{h=1}^{n_i} C_{ih}(Q) + \sum_{h=1}^{n_j} C_{jh}(Q) \leqslant \sum_{h=1}^{n_j} C_{jh}(Q') + \sum_{h=1}^{n_i} C_{ih}(Q')$$

根据定义和式 (4.39)—(4.42), 序列 Q, Q' 中组 G_i, G_j 的总完工时间为

$$\sum_{h=1}^{n_i} C_{ih}(Q) = n_i A + n_i s_i r^a + \sum_{h=1}^{n_i} (n_i - h + 1)p_{ih}\left(1 + \sum_{l=1}^{h-1}\beta_{ih-l}p_{il}\right)^{a_i} \tag{4.44}$$

$$\sum_{h=1}^{n_j} C_{jh}(Q) = n_j C_{in_i}(Q) + n_j s_j(r+1)^a$$

$$+ \sum_{h=1}^{n_j}(n_j - h + 1)p_{jh}\left(1 + \sum_{l=1}^{h-1}\beta_{jh-l}p_{jl}\right)^{a_j} \tag{4.45}$$

$$\sum_{h=1}^{n_j} C_{jh}(Q') = n_j A + n_j s_j r^a + \sum_{h=1}^{n_j}(n_j - h + 1)p_{jh}\left(1 + \sum_{l=1}^{h-1}\beta_{jh-l}p_{jl}\right)^{a_j} \tag{4.46}$$

和

$$\sum_{h=1}^{n_i} C_{ih}(Q') = n_i C_{jn_j}(Q') + n_i s_i(r+1)^a$$

$$+ \sum_{h=1}^{n_i}(n_i - h + 1)p_{ih}\left(1 + \sum_{l=1}^{h-1}\beta_{ih-l}p_{il}\right)^{a_i} \tag{4.47}$$

其中 A 是序列 Q 中组 G_i 和序列 Q' 中组 G_j 的开始时间.

由式 (4.41)—(4.42) 和 (4.44)—(4.47) 可得

$$\left[\sum_{h=1}^{n_i}C_{ih}(Q) + \sum_{h=1}^{n_j}C_{jh}(Q)\right] - \left[\sum_{h=1}^{n_i}C_{ih}(Q') + \sum_{h=1}^{n_j}C_{jh}(Q')\right]$$

$$= (n_i + n_j)(s_i - s_j)(r^a - (r+1)^a) + (n_j s_i - n_i s_j)(r+1)^a$$

$$+ n_j\sum_{k=1}^{n_i}p_{ik}\left(1 + \sum_{l=1}^{k-1}\beta_{ik-l}p_{il}\right)^{a_i} - n_i\sum_{k=1}^{n_j}p_{jk}\left(1 + \sum_{l=1}^{k-1}\beta_{jk-l}p_{jl}\right)^{a_j} \tag{4.48}$$

由于 $\dfrac{s_j}{n_j} \geqslant \dfrac{s_i}{n_i} \geqslant 1$ 和 $\dfrac{\sum_{k=1}^{n_i} p_{ik}\left(1+\sum_{l=1}^{k-1}\beta_{ik-l}p_{il}\right)}{n_i} \leqslant \dfrac{\sum_{k=1}^{n_j} p_{jk}\left(1+\sum_{l=1}^{k-1}\beta_{jk-l}p_{jl}\right)}{n_j}$,

可得式 (4.48) 是非正的. 于是序列 Q 优于序列 Q'. 从而重复交换类似的组使之

满足 $\dfrac{\sum_{k=1}^{n_i} p_{ik}\left(1+\sum_{l=1}^{k-1}\beta_{ik-l}p_{il}\right)}{n_i}$ 的非减顺序排列.

接下来考虑确定组内工件的顺序, 即证明组内工件满足 SPT 序规则. 为了方便仅仅证明组 G_i, 该问题可以转化为 $1|p_j^k = p_j\left(1 + \sum_{l=1}^{k-1}\beta_{k-l}p_l\right)^a|\sum C_j$. 根

据文献 [10] 中的性质 2, 相似地, 可以得到组内工件按照工件加工时间 $p_{i[l]}$ ($l = 1, \cdots, n_i$; $i = 1, \cdots, m$) 的非减顺序排列可以得到最优解. 证毕.

根据定理 4.22 的证明, 可以得到问题 $1|p_{ij}^k = p_{ij}\left(1 + \sum_{l=1}^{k-1} \beta_{ik-l} p_{il}\right)^{a_i}, s_i^r, \mathrm{GT}\Big|\sum C_j$ 的一个简单的算法.

算法 4.2　步骤 1: 组内工件按照工件加工时间 p_{ij} 的非减顺序排列, 即 $p_{i[1]} \leqslant \cdots \leqslant p_{i[n_i]}, i = 1, \cdots, m$.

步骤 2:　　当组内安装时间和组内工件满足一致关系,　组顺序按照 $\dfrac{\sum_{k=1}^{n_i} p_{ik}(1 + \sum_{l=1}^{k-1} \beta_{ik-l} p_{il})}{n_i}$ 的非减顺序排列.

显然组 G_i 内工件可以在 $O(n_i \log n_i)$ 时间内得到最优序, 算法 4.2 的步骤 1 的时间复杂性为 $O(m \log m)$. 于是可得算法 4.2 的时间复杂性为 $O(n \log n)$. 此外构造一个算法 4.2 的算例如下.

例 4.4　相似于例 4.3.

解　根据算法 4.2, 解法如下.

步骤 1: 在组 G_1 内, 工件最优序为 $J_{12} \to J_{11}$; 在组 G_2 内, 工件最优序为 $J_{21} \to J_{22}$.

步骤 2: $1 < \dfrac{s_1}{n_1} = 1 < \dfrac{s_2}{n_2} = \dfrac{3}{2}$ 和

$$\frac{\sum_{k=1}^{n_1} p_{1k}\left(1 + \sum_{l=1}^{k-1} \beta_{1k-l} p_{1l}\right)}{n_1} = 5.765986324$$

$$< \frac{\sum_{k=1}^{n_2} p_{2k}\left(1 + \sum_{l=1}^{k-1} \beta_{2k-l} p_{2l}\right)}{n_2} = 6.5521042995$$

即 $G_1 \to G_2$.

因此, 该算例的总完工时间为 71.499887311.

4.5　正效应因子的排序问题

前面考虑的问题不管是加工时间与位置有关还是与加工过的工件之和有关, 大都认为学习因子是小于 0 的情形. 所谓学习效应, 就是由于工人的操作熟练或者机器的磨合运转越来越好, 使得生产效率大大提高, 工件的加工时间变短. Koulamas 和 Kyparisis[4] 考虑了另外一种与已经加工过的工件加工时间之和有关的学习模型, $p_{jr} = p_j \left(1 - \dfrac{\sum_{l=1}^{r-1} p_{[l]}}{\sum_{l=1}^{n} p_l} \right)^{\alpha}$, 对于目标函数为时间表长和总完工时间问题, 证明 SPT 序可以得到问题的最优解, 并且对于流水作业情形问题也做了相应的研究. 此外 Wang 等 [11] 研究了退化效应和学习效应的最大完工时间问题, 模型为 $p_{jr} = p_j t \left(\dfrac{\sum_{l=r}^{n} p_{[l]}}{\sum_{l=1}^{n} p_l} \right)^{\alpha}$, 但是 $0 < \alpha < 1$. 这种称为正效应因子.

本节研究学习效应 $a > 0$ 的情形, 如果工件 j 在序列第 r 个位置加工, 则它的实际加工时间为

$$p_{jr} = p_j \left(\frac{p_0 + \sum\limits_{l=1}^{r-1} p_{[l]}}{p_0 + \sum\limits_{l=1}^{n} p_l} \right)^{a}$$

其中 $p_0 > 0$ 是给定的常数, $a(>0)$ 表示效应因子和 $\sum_{l=1}^{0} p_{[l]} = 0$. 在学习效应的模型下, 工件 j 的实际加工时间受前面的 $r-1$ 个工件影响.

首先给出两个引理, 引理的证明相似于文献 [12], 这里证明过程省略.

引理 4.14 如果 $\lambda \geqslant 1$, $x \geqslant 0$ 和 $0 < a < 1$, 则 $[1-(1+\lambda x)^a] - \lambda[1-(1+x)^a] \geqslant 0$.

引理 4.15 如果 $\lambda \geqslant 1$, $x \geqslant 0$ 和 $a \geqslant 1$, 则 $[1-(1+\lambda x)^a] - \lambda[1-(1+x)^a] \leqslant 0$.

定理 4.23 对于问题 $1 | p_{jr} = p_j \left(\dfrac{p_0 + \sum_{l=1}^{r-1} p_{[l]}}{p_0 + \sum_{l=1}^{n} p_l} \right)^{a}, a > 0 | C_{\max}$.

(1) 如果 $0 < a < 1$, 则根据工件正常加工时间 p_j 的非增顺序 (LPT) 可以得到最优序.

(2) 如果 $a \geqslant 1$, 则根据工件正常加工时间 p_j 的非增顺序 (SPT) 可以得到最优序.

证明 通过二交换法证明该定理. 假设 π 和 π' 是两个不同的工件序列, $\pi = (S_1, J_i, J_j, S_2)$ 和 $\pi' = (S_1, J_j, J_i, S_2)$, 其中 S_1 和 S_2 为部分序列, 也可能是空集. 进一步假设在部分序列 S_1 中有 $r-1$ 个工件. 于是工件 J_i 和 J_j 是序列 π 中的第 r 和第 $r+1$ 个工件. 类似地, 工件 J_j 和 J_i 是序列 π' 中的第 r 和第 $r+1$ 个工件. 假设 A 是部分序列 S_1 的完工时间. 在序列 π 下, 工件 J_i 和 J_j 的完工时间为

$$C_i(\pi) = A + p_i \left(\frac{p_0 + \sum\limits_{l=1}^{r-1} p_{[l]}}{p_0 + \sum\limits_{l=1}^{n} p_l} \right)^{a}$$

和

$$C_j(\pi) = A + p_i \left(\frac{p_0 + \displaystyle\sum_{l=1}^{r-1} p_{[l]}}{p_0 + \displaystyle\sum_{l=1}^{n} p_l} \right)^a + p_j \left(\frac{p_0 + \displaystyle\sum_{l=1}^{r-1} p_{[l]} + p_i}{p_0 + \displaystyle\sum_{l=1}^{n} p_l} \right)^a \tag{4.49}$$

在序列 π' 下, 工件 J_j 和 J_i 的完工时间为

$$C_j(\pi') = A + p_j \left(\frac{p_0 + \displaystyle\sum_{l=1}^{r-1} p_{[l]}}{p_0 + \displaystyle\sum_{l=1}^{n} p_l} \right)^a \tag{4.50}$$

和

$$C_i(\pi') = A + p_j \left(\frac{p_0 + \displaystyle\sum_{l=1}^{r-1} p_{[l]}}{p_0 + \displaystyle\sum_{l=1}^{n} p_l} \right)^a + p_i \left(\frac{p_0 + \displaystyle\sum_{l=1}^{r-1} p_{[l]} + p_j}{p_0 + \displaystyle\sum_{l=1}^{n} p_l} \right)^a \tag{4.51}$$

把式 (4.49) 和 (4.51) 作差可得

$$C_j(\pi) - C_i(\pi') = (p_i - p_j) \left(\frac{p_0 + \displaystyle\sum_{l=1}^{r-1} p_{[l]}}{p_0 + \displaystyle\sum_{l=1}^{n} p_l} \right)^a + p_j \left(\frac{p_0 + \displaystyle\sum_{l=1}^{r-1} p_{[l]} + p_i}{p_0 + \displaystyle\sum_{l=1}^{n} p_l} \right)^a$$

$$- p_i \left(\frac{p_0 + \displaystyle\sum_{l=1}^{r-1} p_{[l]} + p_j}{p_0 + \displaystyle\sum_{l=1}^{n} p_l} \right)^a \tag{4.52}$$

令 $t = \dfrac{p_0 + \sum_{l=1}^{r-1} p_{[l]}}{p_0 + \sum_{l=1}^{n} p_l}$, $\lambda = \dfrac{p_j}{p_i}$, $w = \dfrac{p_i}{p_0 + \sum_{l=1}^{n} p_l}$ 和 $x = \dfrac{w}{t}$ 代入式 (4.52) 得

$$C_j(\pi) - C_i(\pi') = p_i t^a \{[1 - (1 + \lambda x)^a] - \lambda[1 - (1 + x)^a]\}$$

(1) $p_i \leqslant p_j$, 则有 $\lambda \geqslant 1$, $0 < a < 1$ 和 $x \geqslant 0$. 根据引理 4.15, 有 $C_j(\pi) - C_i(\pi') \geqslant 0$.

(2) 当 $a \geqslant 1$, 根据引理 4.16, 有 $C_j(\pi) - C_i(\pi') \leqslant 0$.

证毕.

定理 4.24 对于问题 $1|p_{jr} = p_j \left(\dfrac{p_0 + \sum_{l=1}^{r-1} p_{[l]}}{p_0 + \sum_{l=1}^{n} p_l} \right)^a, a \geqslant 1| \sum C_j$, 工件的加工时间 p_j 的非减顺序 (SPT 规则) 可以得到最优解.

证明 相似于定理 4.23 的证明, 假设 $p_i \leqslant p_j$. 根据式 (4.47)—(4.50) 得

$$C_i(\pi) + C_j(\pi) - C_i(\pi') - C_j(\pi')$$

$$= 2(p_i - p_j) \left(\frac{p_0 + \sum_{l=1}^{r-1} p_{[l]}}{p_0 + \sum_{l=1}^{n} p_l} \right)^a + p_j \left(\frac{p_0 + \sum_{l=1}^{r-1} p_{[l]} + p_i}{p_0 + \sum_{l=1}^{n} p_l} \right)^a$$

$$- p_i \left(\frac{p_0 + \sum_{l=1}^{r-1} p_{[l]} + p_j}{p_0 + \sum_{l=1}^{n} p_l} \right)^a \tag{4.53}$$

令 $t = \dfrac{p_0 + \sum_{l=1}^{r-1} p_{[l]}}{p_0 + \sum_{l=1}^{n} p_l}$, $\lambda = \dfrac{p_j}{p_i}$, $w = \dfrac{p_i}{p_0 + \sum_{l=1}^{n} p_l}$ 和 $x = \dfrac{w}{t}$ 代入式 (4.53), 则有

$$C_i(\pi) + C_j(\pi) - C_i(\pi') - C_j(\pi')$$

$$= p_i t^a \{ 1 - \lambda + [1 - (1 + \lambda x)^a] - \lambda [1 - (1 + x)^a] \} \tag{4.54}$$

由于 $\lambda \geqslant 1$ 和 $x \geqslant 0$, 以及引理 4.16 得, 式 (4.54) 是非正的. 则有

$$C_i(\pi) + C_j(\pi) \leqslant C_i(\pi') + C_j(\pi')$$

证毕.

尽管对于问题 $1|p_{jr} = p_j \left(\dfrac{p_0 + \sum_{l=1}^{r-1} p_{[l]}}{p_0 + \sum_{l=1}^{n} p_l} \right)^a, 0 < a < 1| \sum C_j$ 已经做了很大的努力, 仍不能按照工件加工时间 p_j 的非减顺序 (SPT 规则) 或者非增顺序 (LPT 规则) 得到最优解.

例 4.5　$n = 3$, $p_0 = 1$, $p_1 = 1$, $p_2 = 2$, $p_3 = 3$ 和 $a = 0.5$. 按照 SPT 序列为 $\{J_1, J_2, J_3\}$, $\sum C_j(\text{SPT}) = 3.716$. 按照 LPT 序列为 $\{J_3, J_2, J_1\}$, $\sum C_j(\text{LPT}) = 3.572$. 然而序列的最优序列为 $\{J_3, J_1, J_2\}$, $\sum C_j(\text{OPT}) = 3.569$.

根据例 4.5, 如果 $0 < a < 1$, 可知经典的 SPT 序和 LPT 序都不能得到总完工时间最小化问题的最优序, 这个问题仍然是公开问题. 接下来证明问题 $1|p_{jr} = p_j \left(\dfrac{p_0 + \sum_{l=1}^{r-1} p_{[l]}}{p_0 + \sum_{l=1}^{n} p_l} \right)^a, 0 < a < 1| \sum C_j$ 有一个重要性质, 即关于正常加工时间的 V-shaped 可以得到该问题的最优序. 首先给出 V-shaped 的定义.

定义 4.2[13]　序列是关于工件的正常加工时间 V-shaped 性质的, 就是排在最小的正常加工时间 p_j 之前的工件按照正常加工时间的非增顺序排列, 但是在其后的工件按照正常加工时间的非减顺序排列.

定理 4.25　对于问题 $1|p_{jr} = p_j \left(\dfrac{p_0 + \sum_{l=1}^{r-1} p_{[l]}}{p_0 + \sum_{l=1}^{n} p_l} \right)^a, 0 < a < 1 \Big| \sum C_j$, 按照工件正常加工时间的 V-shaped 可以得到最优序.

证明　考虑序列 π 的连续三个工件 J_i, J_j 和 J_k, 即 $\pi = [S_1, J_i, J_j, J_k, S_2]$, 其中 S_1 和 S_2 部分序列, 满足 $p_j > p_i$ 和 $p_j > p_k$. 通过交换工件 J_i 和 J_j 或者工件 J_j 和 J_k 得到新的序列 $\pi_1 = [S_1, J_j, J_i, J_k, S_2]$ 或者 $\pi_2 = [S_1, J_i, J_k, J_j, S_2]$. 进一步假设在部分序列 S_1 中有 $r - 1$ 个工件, 并且其完工时间为 A. 于是工件 J_i, J_j 和 J_k 分别是序列 π 中第 r, $r+1$ 和第 $r+2$ 个位置, 类似地, 工件 J_j, J_i 和 $J_k(J_i, J_k$ 和 $J_j)$ 分别在序列 $\pi_1(\pi_2)$ 中第 r, $r+1$ 和第 $r+2$ 个位置. 对于总完工时间贡献为

$$\Delta(\pi) = 3A + 3p_i \left(\frac{p_0 + \sum_{l=1}^{r-1} p_{[l]}}{p_0 + \sum_{l=1}^{n} p_l} \right)^a + 2p_j \left(\frac{p_0 + \sum_{l=1}^{r-1} p_{[l]} + p_i}{p_0 + \sum_{l=1}^{n} p_l} \right)^a$$
$$+ p_k \left(\frac{p_0 + \sum_{l=1}^{r-1} p_{[l]} + p_i + p_j}{p_0 + \sum_{l=1}^{n} p_l} \right)^a \tag{4.55}$$

相似地, 对于序列 π_1 和 π_2 可得

$$\Delta(\pi_1) = 3A + 3p_j \left(\frac{p_0 + \sum\limits_{l=1}^{r-1} p_{[l]}}{p_0 + \sum\limits_{l=1}^{n} p_l} \right)^a + 2p_i \left(\frac{p_0 + \sum\limits_{l=1}^{r-1} p_{[l]} + p_j}{p_0 + \sum\limits_{l=1}^{n} p_l} \right)^a$$

$$+ p_k \left(\frac{p_0 + \sum\limits_{l=1}^{r-1} p_{[l]} + p_i + p_j}{p_0 + \sum\limits_{l=1}^{n} p_l} \right)^a \tag{4.56}$$

$$\Delta(\pi_2) = 3A + 3p_i \left(\frac{p_0 + \sum\limits_{l=1}^{r-1} p_{[l]}}{p_0 + \sum\limits_{l=1}^{n} p_l} \right)^a + 2p_k \left(\frac{p_0 + \sum\limits_{l=1}^{r-1} p_{[l]} + p_i}{p_0 + \sum\limits_{l=1}^{n} p_l} \right)^a$$

$$+ p_j \left(\frac{p_0 + \sum\limits_{l=1}^{r-1} p_{[l]} + p_i + p_k}{p_0 + \sum\limits_{l=1}^{n} p_l} \right)^a \tag{4.57}$$

式 (4.55) 和 (4.56) 作差有

$$\Delta(\pi) - \Delta(\pi_1) = 3(p_i - p_j) \left(\frac{p_0 + \sum\limits_{l=1}^{r-1} p_{[l]}}{p_0 + \sum\limits_{l=1}^{n} p_l} \right)^a + 2p_j \left(\frac{p_0 + \sum\limits_{l=1}^{r-1} p_{[l]} + p_i}{p_0 + \sum\limits_{l=1}^{n} p_l} \right)^a$$

$$- 2p_i \left(\frac{p_0 + \sum\limits_{l=1}^{r-1} p_{[l]} + p_j}{p_0 + \sum\limits_{l=1}^{n} p_l} \right)^a \tag{4.58}$$

式 (4.55) 和 (4.57) 作差有

$$\Delta(\pi) - \Delta(\pi_2)$$

$$= 2(p_j - p_k)\left(\frac{p_0 + \sum_{l=1}^{r-1} p_{[l]} + p_i}{p_0 + \sum_{l=1}^{n} p_l}\right)^a + p_k\left(\frac{p_0 + \sum_{l=1}^{r-1} p_{[l]} + p_i + p_j}{p_0 + \sum_{l=1}^{n} p_l}\right)^a$$

$$- p_j\left(\frac{p_0 + \sum_{l=1}^{r-1} p_{[l]} + p_i + p_k}{p_0 + \sum_{l=1}^{n} p_l}\right)^a \tag{4.59}$$

令 $\lambda = \frac{p_j}{p_i}$, $t = \frac{p_0 + \sum_{l=1}^{r-1} p_{[l]}}{p_0 + \sum_{l=1}^{n} p_l}$, $w = \frac{p_i}{p_0 + \sum_{l=1}^{n} p_l}$ 和 $x = \frac{w}{t}$; 由于 $p_j > p_i$, 则有 $\lambda \geqslant 1$ 和 $x \geqslant 0$. 式 (4.58) 化为

$$\frac{\Delta(\pi) - \Delta(\pi_1)}{p_i t^a} = 3(1-\lambda) + 2\lambda(1+x)^a - 2(1+\lambda x)^a \tag{4.60}$$

令 $\mu = \frac{p_j}{p_k}$, $s = \frac{p_0 + \sum_{l=1}^{r-1} p_{[l]} + p_i}{p_0 + \sum_{l=1}^{n} p_l}$, $v = \frac{p_k}{p_0 + \sum_{l=1}^{n} p_l}$ 和 $\theta = \frac{v}{s}$; 由于 $p_j > p_k$, 则有 $\mu \geqslant 1$ 和 $\theta \geqslant 0$. 式 (4.59) 化为

$$\frac{\Delta(\pi) - \Delta(\pi_2)}{p_i t^a} = 2(\mu-1) + (1+\mu\theta)^a - \mu(1+\theta)^a \tag{4.61}$$

现在假设 $\Delta(\pi) - \Delta(\pi_1)$ 是负值, 根据式 (4.60) 和引理 4.15, 有

$$3(1-\lambda) + 2\lambda(1+x)^a - 2(1+\lambda x)^a < 0$$

$$\Rightarrow 2(1-\lambda) + \lambda(1+x)^a - (1+\lambda x)^a + (1-\lambda) + \lambda(1+x)^a - (1+\lambda x)^a < 0$$

$$\Rightarrow 2(1-\lambda) + \lambda(1+x)^a - (1+\lambda x)^a < 0$$

$$\Rightarrow 2(\mu-1) + (1+\mu\theta)^a - \mu(1+\theta)^a > 0$$

于是有 $\Delta(\pi) - \Delta(\pi_2) > 0$.

类似地, 假设 $\Delta(\pi) - \Delta(\pi_2)$ 是负值, 根据式 (4.61) 和引理 4.15, 有

$$2(\mu - 1) + (1 + \mu\theta)^a - \mu(1 + \theta)^a < 0$$

$$\Rightarrow 2(\mu - 1) + (1 + \mu\theta)^a - \mu(1 + \theta)^a$$

$$+ (\mu - 1) + (1 + \mu\theta)^a - \mu(1 + \theta)^a < 0$$

$$\Rightarrow 3(\mu - 1) + 2(1 + \mu\theta)^a - 2\mu(1 + \theta)^a < 0$$

$$\Rightarrow 3(1 - \lambda) + 2\lambda(1 + x)^a - 2(1 + \lambda x)^a > 0$$

于是 $\Delta(\pi) - \Delta(\pi_1) > 0$.

综上所述, 问题 $1|p_{jr} = p_j \left(\dfrac{p_0 + \sum_{l=1}^{r-1} p_{[l]}}{p_0 + \sum_{l=1}^{n} p_l} \right)^a, 0 < a < 1| \sum C_j$, 存在最优解, 最优序为按照工件正常加工时间的 V-shaped 得到的. 证毕.

4.6　与位置相关的排序问题

随着现代排序模型的不断增加, 研究工件的实际加工时间受时间效应或位置效应的文献越来越多. 时间效应是实际加工时间跟工件的开始加工时刻相关; 位置效应是工件实际加工时间跟这个工件在序列中的位置有关. Rustogi 等 [14] 研究了实际加工时间是时间和位置相关的一般表达式. 在工件加工过程中, 由于机器存在损耗使得加工工件的所需时间增加, 此时机器需要维修. Rustogi 等 [15] 研究了具有位置恶化效应以及维修限制的单机排序问题, 证明最大完工时间问题是多项式时间可解的. Wang 等 [16] 和 Yang 等 [17] 分别研究了在非同类机环境下, 实际加工时间受机器维修活动影响的排序问题, 以及实际加工时间受到时间效应和位置效应影响的排序问题. Hsu 等 [18] 研究工件的实际加工时间同时受到位置恶化效应和资源限制的排序问题. 以上三个非同类机排序问题都是通过把将问题转化为指派问题, 从而求得多项式时间解. 苟燕和张新功 [19] 考虑了时间效应或位置效应的单机排序问题, 且机器具有维修限制. 目标函数为最大完工时间和总完工时间两个函数, 并利用匹配算法给出这两个问题的多项式时间算法.

在实际加工生产中, 可能存在不同组工件由不同人操作的情况, 使得下个组操作无法获得前一组操作的加工经验, 也即是实际加工时间只受到本组已经加工过工件的实际加工时间和影响. 本节研究了带有维修时间限制的时间和位置效应平行机排序问题, 涉及同类机和非同类机两种机器类型. 工件的实际加工时间同时受到位置效应和时间效应影响, 且机器具有维修限制. 目标函数由机器负载、总完工时间与总等待时间组成. 非同类机情形下, 通过将排序问题转化为指派问题, 给出多项式时间算法. 同类机情形下通过转化目标函数, 使用匹配算法得出排序问题的多项式时间解.

4.6.1　问题描述

首先给出本节所用的记号定义如下:

m: 机器台数, 且 $1 \leqslant m \leqslant n$;

k^i: 在第 i 个机器上的维修区间个数, $1 \leqslant i \leqslant m$;

k: 机器维修次数上限, $k = \sum_{k=1}^{m} k^i$;

$k^i + 1$: 在第 i 个机器上工件分组个数, $1 \leqslant i \leqslant m$;

n_i: 表示分配到第 i 个机器上的工件个数, 满足 $\sum_{i=1}^{m} n^i = n$;

$n^{[i,x]}$: 表示分配到第 i 个机器上第 x 个组的工件个数, 满足 $\sum_{x=1}^{k^i+1} n^{[i,x]} = n_i$;

$p_{\pi^{[i,x]}}(r)$: 工件 J_j 排在第 i 个机器上的第 x 个组的第 r 个位置上的正常加工时间;

p_j^{ixr}: 工件 J_j 排在第 i 个机器上的第 x 个组的第 r 个位置上的实际加工时间;

T_x^i: 机器 i 上第 x 个维修区间;

$C_{\max}^j(S)$: 序列 S 中机器 i 上工件的最大完工时间, 可简写为 $C_{\max}^j$;

$\mathrm{TC}^i(S)$: 序列 S 中机器 i 上工件的总完工时间, 可简写为 TC^i;

$\mathrm{TW}^i(S)$: 序列 S 中机器 i 上工件的总等待时间, 可简写为 TW^i;

F_x^i: 组 x 中前 $i-1$ 个工件的实际加工时间和, 方便起见设 $F_0^i = F_{(x,0)}^i$;

F_x^i: 第 i 个机器上第 x 个组中工件的完工时间和;

$g^{(i,x)}(r)$: 工件在机器 i 上第 x 组中第 r 个位置的位置系数;

a^i, b^i, c^i: 只与机器 i 有关的常数;

假设工件加工过程中, 机器存在维修活动, 且维修后机器恢复到原始状态. 假设排在第 i 个机器上的第 x 个组中的工件序列为 $\pi^{[i,x]} = (\pi^{[i,x]}(1), \pi^{[i,x]}(2), \cdots, \pi^{[i,x]}(n^{[i,x]}))$, 排在第 i 个机器上的工件序列为 $\pi^i = (\pi^{[i,1]}, \pi^{[i,2]}, \cdots, \pi^{[i,k^i+1]})$, 则所有需要加工的工件序列为 $\pi = (\pi^1, \pi^2, \cdots, \pi^m)$.

对于非同类机情形, 工件 J_j 在机器 M_i 上加工又依赖于时间效应系数 a^i 和位置效应系数 $g^{(i,x)}(r)$, 且在维修时又依赖于常数值 b^i, c^i. 考虑可行序 $s(k)$, 设排在第 i 个机器上第 x 个组第 r 个位置上的工件为 $j = p_{\pi^{[i,x]}}(r)$, 则排在第 i 个机器上第 x 个组的第 r 个位置上的工件 $j = p_{\pi^{[i,x]}}(r)$ 的实际加工时间为

$$p_j^{ixr} = \left(p_{\pi^{[i,x]}}(r) + a^i F_{(x,r-1)}^i\right) g^{(i,x)}(r)$$

其中 $F_{(x,r-1)}^i$ 是第 i 个机器上第 x 个组中前 $r-1$ 个工件的实际加工时间和, 这里工件分组依靠工件独立的位置系 $g^{(i,x)}(r)$, 不必区分是学习效应还是退化效应. a^i 是只与机器 M_i 有关的一个常数, 当 a^i 为负时, 表示时间效应是学习的, 反之时间效应是退化的. 但为了合理性需保证 p_i^{jxr} 为非负的.

设在第 i 个机器上第 y 组后的维修区间长度为 $T_y^i = b^i F_y^i$, 其中 F_y^i 是第 i 个机器上第 y 个组中所有工件的实际加工时间之和, b^i, c^i 是只与加工机器 M_i 有关的一个常数, 方便起见设 $F_0^i = F_{(x,0)}^i$.

在同型机上, 工件 J_j 在机器 M_i 上有相同的时间效应系数 a 和位置效应系数 $g^{(x)}(r)$, 在维修时不依赖于机器 i 的常数值 b, c. 考虑可行序列 $s(k)$, 设排在第 i 个机器上第 x 个组的第 r 个位置上的工件 $j = p_{\pi[i,x]}(r)$ 的实际加工时间为

$$p_j^{ixr} = (p_{\pi[i,x]}(r) + aF_{(x,r-1)}^i)g^{(x)}(r)$$

设第 i 个机器上第 y 个组后的维修区间长度为 $T_y^i = bF_y^i + c$. 目标函数为 $F = \alpha_1 \sum_{j=1}^{m} C_{\max}^j + \alpha_2 \sum_{j=1}^{m} \mathrm{TC}^j + \alpha_3 \sum_{j=1}^{m} \mathrm{TW}^j$. 两种机器环境情形分别表示如下

$$\mathrm{Rm}|p_j^{ixr} = \left(p_{\pi[i,x]}(r) + \alpha^i F_{(x,r-1)}^i\right) g^{(i,x)}(r), \quad T_y^i = b^i F_y^i + c^i|F$$

$$\mathrm{Rm}|p_j^{ixr} = \left(p_{\pi[i,x]}(r) + \alpha F_{(x,r-1)}^i\right) g^{(i,x)}(r), \quad T_y^i = b F_y^i + c|F$$

4.6.2 相关结论

当在第 i 个机器上的维修活动个数为 k^i, 在第 i 个机器上第 x 个组中工件个数为 $n^{[i,x]}$ 时, 下面给出几个与目标函数有关的结论, 设 $\prod_{i=l}^{r}(\cdot) = 1$ 和 $\sum_{i=l}^{r}(\cdot) = 1$, $l \geqslant r$.

定理 4.26 问题 $\mathrm{Rm}|p_j^{ixr} = (p_{\pi[i,x]}(r) + a^i F_{(x,r-1)}^i)g^{(i,x)}(r), T_y^i = b^i F_y^i + c^i|F$, 针对在第 i 个机器上第 x 个组中所有工件的实际加工时间和 F_x^i ($1 \leqslant i \leqslant m, 1 \leqslant x \leqslant k^i + 1$), 则有 $F_x^i = \sum_{r=1}^{n^{[i,x]}} p_{\pi[i,x]}(r)G^{[i,x]}(r)$, 其中 $G^{[i,x]}(r) = \prod_{l=r+1}^{n^{[i,x]}} g^{(i,x)}(r)(1 + a^i g^{(i,x)}(l))$.

证明 将通过直接法给出证明: 在第 i 个机器上的第 x 个组中有

$$p_j^{ix1} = p_{\pi[i,x]}(1)g^{(i,x)}(1)$$

$$p_j^{ix1} + p_j^{ix2} = p_{\pi[i,x]}(1)g^{(i,x)}(1) + (p_{\pi[i,x]}(2) + a^i p_{\pi[i,x]}(1)g^{(i,x)}(1))g^{(i,x)}(2)$$

$$= (1 + a^i g^{(i,x)}(2))p_{\pi[i,x]}(1)g^{(i,x)}(1) + p_{\pi[i,x]}(2)g^{(i,x)}(2)$$

$$\cdots \cdots$$

$$\sum_{r=1}^{n^{[i,x]}} p_j^{ixr} = \sum_{r=1}^{n^{[i,x]}} p_{\pi[i,x]}(r)G^{[i,x]}(r)$$

证毕.

定理 4.27　问题 $\mathrm{Rm}|p_j^{ixr} = (p_{\pi[i,x]}(r) + a^i F_{(x,r-1)}^i)g^{(i,x)}(r), T_y^i = b^i F_y^i + c^i|F$ 中, 对于第 i 个机器, 其最大完工时间 $C_{\max}^i, 1 \leqslant i \leqslant m$ 有如下的表达式

$$C_{\max}^i = \sum_{x=1}^{k^i} F_x^i(1+b^i) + k^i c^i + F_{k^i+1}^i$$

证明　在求得 F_x^i 后, 可得

$$C_{\max}^i = F_1^i + T_1^i + \cdots + F_{k^i}^i + T_{k^i}^i + F_{k^i+1}^i = \sum_{x=1}^{k^i} F_x^i(1+b^i) + k^i c^i + F_{k^i+1}^i$$

为了方便, 令 $N^{[i,x]} = \sum_{l=x+1}^{k^i+1} n^{[i,l]}$, $B^{[i,x]} = \sum_{l=r}^{n^{[i,x]}} \prod_{t=r+1}^{l} g^{(i,x)}(r) \cdot (1 + a^i g^{(i,x)}(t))$. 则有 $B_x^i = \sum_{r=1}^{n^{[i,x]}} p_{\pi[i,x]}(r) B^{[i,x]}(r)$. 证毕.

定理 4.28　在问题 $\mathrm{Rm}|p_j^{ixr} = (p_{\pi[i,x]}(r) + a^i F_{(x,r-1)}^i)g^{(i,x)}(r), T_y^i = b^i F_y^i + c^i|F$ 中, 对第 i 个机器, 其总完工时间 TC^i 有如下表达式

$$\mathrm{TC}^i = \sum_{x=1}^{k^i+1} B_x^i + \sum_{x=1}^{k^i} F_x^i(1+b^i)N^{[i,x]} + \sum_{x=1}^{k^i} N^{[i,x]} c^i$$

证明　易知, 在第 i 个机器上的第 1 个组中有

$$C_j^{i11} = p_{\pi[i,1]}(1)g^{(i,1)}(1)$$

$$\begin{aligned}
C_j^{i11} + C_j^{i12} &= p_{\pi[i,1]}(1)g^{(i,1)}(1) + p_{\pi[i,1]}(1)g^{(i,1)}(1) \\
&\quad + (p_{\pi[i,1]}(2) + a^i p_{\pi[i,1]}(1)g^{(i,1)}(1))g^{(i,1)}(2) \\
&= p_{\pi[i,1]}(1)g^{(i,1)}(1)[1 + (1 + a^i g^{(i,1)}(2))] + p_{\pi[i,1]}(2)g^{(i,1)}(2)
\end{aligned}$$

$$\cdots\cdots$$

$$\begin{aligned}
\sum_{r=1}^{n^{[i,1]}} C_{j^{i1r}} = B_1^i &= \sum_{r=1}^{n^{[i,1]}} p_{\pi[i,1]}(r)[1 + (1 + a^i g^{[i,1]}(r+1)) \\
&\quad + (1 + a^i g^{(i,1)}(r+1))(1 + a^i g^{(i,1)}(r+2)) \\
&\quad + \cdots + (1 + a^i g^{(i,1)}(r+1)) \cdots (1 + a^i g^{(i,1)}(n^{(i,1)}))]
\end{aligned}$$

在第 i 个机器上的第 2 个组中有

$$C_j^{i21} = B_1^i + F_1^i + b^i F_1^i + c^i + p_j^{i21} = B_1^i + (1+b^i)F_1^i + c^i + p_{\pi[i,2]}(1)g^{(i,2)}(1)$$

$$C_j^{i21} + C_j^{i22} = B_1^i + F_1^i + b^i F_1^i + c^i + p_j^{i21} + F_1^i + b^i F_1^i + c^i + p_j^{i21} + p_j^{i22}$$

$$= B_1^i + 2(1+b^i)F_1^i + 2c^i + p_{\pi[i,2]}(1)g^{(i,2)}(1)[1 + (1+a^i g^{(i,2)}(2))]$$

$$+ p_{\pi[i,2]}(2)g^{(i,2)}(2)$$

$$\cdots\cdots$$

$$\sum_{r=1}^{n^{[i,2]}} C_j^{i2r} = B_1^i + n^{[i,2]}(F_2^i + b^i F_2^i + c^i) + p_j^{i21} + p_j^{i22} + \cdots + p_j^{i2n^{[i,2]}}$$

$$= B_1^i + B_2^i + n^{[i,2]}(F_2^i + b^i F_2^i + c^i)$$

$$\cdots\cdots$$

$$\mathrm{TC}^i = \sum_{x=1}^{k^i+1} B_x^i + \sum_{x=1}^{k^i} F_x^i(1+b^i)N^{[i,x]} + \sum_{x=1}^{k^i} N^{[i,x]} c^i$$

证毕.

令 $C_x^i = \sum_{r=2}^{n^{[i,x]}} p_{\pi[i,x]}(r)G^{[i,x]}(r)$, 则有

推论 4.9 问题 $\mathrm{Rm}|p_j^{ixr} = (p_{\pi[i,x]}(r) + a^i F_{(x,r-1)}^i)g^{(i,x)}(r), T_y^i = b^i F_y^i + c^i|F$ 中, 对第 i 个机器, 其总等待时间 TW^i 有如下表达式

$$\mathrm{TW}^i = \sum_{x=1}^{k^i+1} C_x^i + \sum_{x=1}^{k^i+1} D_x^i + b^i F_x^i + \sum_{x=1}^{k^i} N^{[i,x]} c^i$$

证明 由定理 4.25 的证明方法可简单证明此推论, 这里证明过程略. 推论 4.9 证毕.

根据定理 4.27、定理 4.28 和推论 4.9 可得目标函数 F 的表达式如下

$$F = \alpha_1 \sum_{i=1}^m C_{\max}^i + \alpha_2 \sum_{i=1}^m \mathrm{TC}^i + \alpha_3 \sum_{i=1}^m \mathrm{TW}^j$$

$$= \alpha_1 \sum_{i=1}^m \sum_{x=1}^{k^i+1} F_x^i(1 + b^i + k^i c^i + F_{k^i+1}^i)$$

$$+ \alpha_2 \sum_{i=1}^m \left(\sum_{x=1}^{k^i+1} F_B^i + \sum_{i=1}^{k^i} F_x^i(1+b^i)N^{[i,x]} + \sum_{i=1}^{k^i} C^i N^{[i,x]} \right)$$

$$\alpha_3 \sum_{i=1}^{m} \left(\sum_{x=1}^{k^i+1} C_x^i + \sum_{x=1}^{k^i} (D_x^i + b^i F_x^i) N^{[i,x]} + \sum_{x-1}^{k^i} c_j N^{[i,x]} \right)$$

$$= \sum_{i=1}^{m} \sum_{x=1}^{k^i} (\alpha_1 F_x^i (1+b^i) + \alpha_2 (B_x^i + F_x^i (1+b^i) N^{[i,x]})$$

$$+ \alpha_3 (C_x^i + (D_x^i + b^i F_x^i) N^{[i,x]}))$$

$$+ \sum_{i=1}^{m} (\alpha_1 F_{k^i+1}^i + \alpha_2 B_{k^i+1}^i + \alpha_3 C_{k^i+1}^i) + \sum_{i=1}^{m} c^i \left(\alpha_1 k^i + \sum_{x=1}^{k^i} (\alpha_2 + \alpha_3) N^{[i,x]} \right)$$

4.6.3   非同类机问题

在非同类机环境下, 工件 J_j 在机器 M_i 上加工, 依赖于时间效应系数 a^i 和位置效应系数 $g^{(i,x)}(r)$, 且维修时依赖于机器 M_i 的常数值 b^i, c^i. 第 i 个机器上维修区间个数 k^i 和第 x 个组中工件个数 $n^{[i,x]}$ 的值确定后, 则 $\sum_{i=1}^{m} c^i \left(\alpha_1 k^i + \sum_{x=1}^{k^i} (\alpha_2 + \alpha_3) N^{[i,x]} \right)$ 为确定值, 如此能够简化目标函数 F 为 F', 如下

$$F' = \sum_{i=1}^{m} \sum_{x=1}^{k^i} \left(\alpha_1 F_x^i (1+b^i) + \alpha_2 (B_x^i + F_x^i (1+b^i)) N^{[i,x]} \right.$$

$$\left. + \alpha_3 (C_x^i + (D_x^i + b^i F_x^i) N^{[i,x]}) \right) + \sum_{i=1}^{m} (\alpha_1 F_{k^i+1}^i + \alpha_2 B_{k^i+1}^i + \alpha_3 C_{k^i+1}^i)$$

令 u_{jixr} 表示目标函数 F' 的价值系数, 有如下表达式:

$$u_{jixr} = \begin{cases} \alpha_1 (1+b^i) p_{\pi^{[i,x]}}(r) G^{[i,x]}(r) + \alpha_2 (p_{\pi^{[i,x]}}(r) B^{[i,x]}(r) \\ \quad + (1+b^i) p_{\pi^{[i,x]}}(r) G^{[i,x]}(r) N^{[i,x]}(r)) \\ \quad + \alpha_3 b^i p_{\pi^{[i,x]}}(r) G^{[i,x]}(r) N^{[i,x]}(r), \quad r = 1, \\ \alpha_1 (1+b^i) p_{\pi^{[i,x]}}(r) G^{[i,x]}(r) + \alpha_2 (p_{\pi^{[i,x]}}(r) B^{[i,x]}(r) \\ \quad + (1+b^i) p_{\pi^{[i,x]}}(r) G^{[i,x]}(r) N^{[i,x]}(r)) \\ \quad + \alpha_3 p_{\pi^{[i,x]}}(r) B^{[i,x]}(r) b^i p_{\pi^{[i,x]}}(r) G^{[i,x]}(r) N^{[i,x]}(r), \quad r \neq 1 \text{ 且 } 1 \leqslant x \leqslant k^i, \\ p_{\pi^{[i,x]}}(r) G^{[i,x]}(r) (\alpha_1 + \alpha_3) + \alpha_2 N^{[i,x]}(r) \\ \quad + \alpha_3 b^i p_{\pi^{[i,x]}}(r) B^{[i,x]}(r), \quad r \neq 1 \text{ 且 } x = k^i + 1 \end{cases}$$

为了能将问题 $Rm|p_j^{ixr} = (p_{\pi^{[i,x]}}(r) + a^i F_{(x,r-1)}^i) g^{(i,x)}(r), T_y^i = b^i F_y^i + c^i|F$ 转化为指派问题, 现定义值 y_{jixr}, 且满足如果 $y_{jixr} = 1$, 则表示当且仅当第 j 个工

件 J_j 排在第 i 个机器 M_i 上的第 x 个组第 r 个位置上. 否则有 $y_{jixr} = 0$. 则有

$$\min \quad \sum_{i=1}^{m} \sum_{x=1}^{k^i+1} \sum_{r=1}^{n^{[i,x]}} \sum_{j=1}^{n} u_{jixr} y_{jixr}$$

$$\text{s.t.} \quad \begin{cases} \sum_{i=1}^{m} \sum_{x=1}^{k^i+1} \sum_{r=1}^{n^{[i,x]}} y_{jixr} = 1, \quad j = 1, \cdots, n \\ \sum_{i=1}^{m} y_{jixr} = 1, \quad j = 1, \cdots, n, \ x = z, \cdots, k^i+1, \ r = 1, \cdots, n^{[i,k^i+1]} \\ y_{jixr} = 1 \ \text{或} \ 0, \\ \qquad j = 1, \cdots, n, \ i = 1, \cdots, m, \ x = z, \cdots, k^i+1, \ r = 1, \cdots, n^{[i,k^i+1]} \end{cases}$$

上述约束条件是为了保证序列中每个工件都有一个确定的位置, 而每个机器的每个组中的每个位置上都有一个工件. 下面考虑算法的时间复杂性, 给出一个重要的引理.

引理 4.16[20]   将 n 个整数分成 k 部分, 能够得到一个新的数列 $Z = (z_1, z_2, \cdots, z_k)$, 其中满足 $z_1 + z_2 + \cdots + z_k = n$, 则需要花费的次数为 $\begin{pmatrix} n-1 \\ k-1 \end{pmatrix}$, 可近似为 $\dfrac{n^k}{(k-1)!}$.

在考虑当前排序问题的时间复杂性时, 有 $k = \sum_{i=1}^{m}(k^i+1) - 1 = \sum_{i=1}^{m} k^i + m - 1$. 已知工件序列情况下, 转化为指派问题求解最优序列所需的多项式时间为 $O(n^3)$, 根据引理有如下定理.

定理 4.29   求解问题 $\text{Rm}|p_j^{ixr} = (p_{\pi^{[i,x]}}(r) + a^i F_{(x,r-1)}^i) g^{(i,x)}(r), T_y^i = b^i F_y^i + c^i|F$ 所需的多项式时间为 $O\left(\dfrac{n^{k+2}}{(k-1)!}\right)$, 其中 $k = \sum_{i=1}^{m} k^i + m - 1$.

4.6.4   同型机问题

当机器加工环境为同型机时, 即工件 J_j 在机器 M_i 上加工有相同时间效应系数 a 和位置效应系数 $g^{(x)}(r)$, 在维修时又不依赖于机器 M_i 的常数值 b, c. 排序问题用三参数法可表示为 $\text{Pm}|p_j^{ixr} = (p_{\pi^{[i,x]}}(r) + a F_{(x,r-1)}^i) g^{(x)}(r), T^i = b F_y + c|F$. 第 i 个机器上维修区间个数 k^i 和第 x 个组中工件个数 $n^{[i,x]}$ 值确定后, 令确定值 $\Gamma = \sum_{i=1}^{m} c^i \left(\alpha_1 k^i + \sum_{x=1}^{k^i} (\alpha_2 + \alpha_3) N^{[i,x]} \right)$, 目标函数 F 有以下表达式:

$$T = \sum_{i=1}^{m} \sum_{x=1}^{k^i} \alpha_1 F_x^i (1+b^i) + \alpha_2 (B_x^i + F_x^i (1+b^i) N^{[i,x]})$$
$$+ \alpha_3 (C_x^i + (D_x^i + b^i F_x^i) N^{[i,x]})$$
$$+ \sum_{i=1}^{m} \alpha_1 F_{k^i+1}^i + \alpha_2 B_{k^i+1}^i + \alpha_3 C_{k^i+1}^i + \Gamma$$

令 $G^{[x]}(r) = \prod_{l=r+1}^{n^{[j,x]}} g^{(x)}(r)(1 + ag^{(x)}(l))$, $B^{[x]} = \sum_{l=r}^{n^{[j,x]}} \prod_{t=r+1}^{l} g^{(x)}(r) \cdot (1 + ag^{(x)}(t))$. 进一步令 w_{jxr} 表示目标函数 $F = \alpha_1 \sum_{j=1}^{m} C_{\max}^j + \alpha_2 \sum_{j=1}^{m} \mathrm{TC}^j + \alpha_3 \sum_{j=1}^{m} \mathrm{TW}^j d$ 的位置权重, 有如下表达式:

$$w_{jir} = \begin{cases} \alpha_1(1+b)G^{[x]}(r) + \alpha_2\left(B^{[x]}(r) + (1+b)G^{[x]}(r)N^{[i,x]}\right) + \alpha_3 G^{[x]}(r)N^{[i,x]}, \\ \quad r = 1, \\ \alpha_1(1+b)G^{[x]}(r) + (\alpha_2+\alpha_3)\left(B^{[x]}(r) + (1+b)G^{[x]}(r)N^{[i,x]}\right), \\ \quad r > 1 \text{ 且 } 1 \leqslant x \leqslant k^i, \\ (\alpha_1+\alpha_3)G^{[x]}(r) + \alpha_2 B^{[x]}(r), \\ \quad r > 1 \text{ 且 } x = k^j + 1 \end{cases}$$

在将 F 转化为 $F = \sum_{i=1}^{m} \sum_{x=1}^{k^i+1} \sum_{r=1}^{n^{[i,k^i+1]}} w_{ixr} p_{\pi^{[i,x]}}(r) + \Gamma$ 的形式后, 由 Hardy 等 [21] 提出的引理 4.17 可知, 要求得 F 的最优值就需使得 w_{ixr} 和 $p_{\pi^{[i,x]}}(r)$ 乘积的和最小. 结合位置权重给出一个新的算法, 能通过最小化目标函数 $F = \sum_{i=1}^{m} \sum_{x=1}^{k^i+1} \sum_{r=1}^{n^{[i,k^i+1]}} w_{ixr} p_{\pi^{[i,x]}}(r) + \Gamma$, 求得当前问题的最优序列.

算法 4.3　输入: $\mathrm{Pm}|p_i^{jxr} = (p_{\pi^{[i,x]}}(r) + aF_{(x,r-1)}^i)g^x(r), T(y) = bF_y + c|F$ 的一个实例.

输出: 最优序列 $S^*(k)$.

步骤 1: 将工件按 LPT (SPT) 规则排序, 生成一个初步序列 S_0.

步骤 2: 令 $i = 1$, $x = 1$, $r = 1$, 计算位置权重 w_{jxr}, 得到序列 W_{jxr}.

步骤 3: 如果 $r \leqslant n^{[i,x]}$, 设 $r := r+1$, 计算位置权重 $w_{ix(r+1)}$, 将所有位置权重按 LPT (SPT) 规则排序, 得到序列 $W_{ix(r+1)}$. 否则进入步骤 4.

步骤 4: 如果 $x \leqslant k^i + 1$, 设 $x := x+1$, $r = 1$, 计算位置权重 $w_{j(x+1)r}$, 将所有位置权重按 LPT (SPT) 规则排序, 得到序列 $W_{j(x+1)r}$, 进入步骤 3. 否则进入步骤 5.

步骤 5: 如果 $x = m$, 设 $i := i+1$, $r = 1$, 计算位置权重 $w_{(i+1)xr}$, 将所有位置权重按 LPT (SPT) 规则排序, 得到序列 $W_{(i+1)xr}$, 进入步骤 3. 否则进入步骤 6.

步骤 6: 将所得序列转化为 $W = \{w_1, w_2, \cdots, w_n\}$ 的形式, 将初步序列 S_0 中第 i 个工件与 W 中第 i 个权重进行匹配, 得到的即为最优序列 $S^*(k)$.

下面计算求得问题 $\mathrm{Pm}|p_i^{jxr} = (p_{\pi[i,x]}(r) + aF_{(x,r-1)}^i)g^x(r), T(y) = bF_y + c|F$ 的时间复杂性, 首先找遍所有的 $G^{[x]}(r)$ 最多所需的次数为 $O(n)$, 找遍所有的 $B^{[x]}(r)$ 最多所需的次数也为 $O(n)$, 其次找遍所有的 $N^{[i,x]}$ 所需的次数为 $O(m)$, 即计算位置权重 w_{ijxr} 所花费的多项式时间为 $T(W) = O(2n + m)$, 则可以得出下面的定理.

定理 4.30 问题 $\mathrm{Pm}|p_i^{jxr} = (p_{\pi[i,x]}(r) + aF_{(x,r-1)}^i)g^x(r), T(y) = bF_y + c|F$ 的时间复杂性为 $O\left(\dfrac{(2n + m + n\log n)^{k-1}}{(k-1)!}\right)$, 其中 $k = \sum_{i=1}^m k^i + m - 1$.

4.7 本 章 小 结

本章研究了与加工时间之和有关的排序问题, 分别考虑了五种排序问题模型: 一般学习效应的模型、已经加工过的工件加工时间的指数函数的学习效应模型、对数效应模型、成组技术下的学习效应模型和不同于前三种的学习因子大于 0 的模型. 关注了两种机器类型: 单台机器和流水机. 对于单机问题, 最大完工时间问题利用经典的 SPT 序的性质均可以得到最优解. 总完工时间问题在不考虑成组技术和学习因子 $a < 0$ 时, 也可以利用 SPT 序的性质得到最优解. 但是考虑成组技术, 研究起来就比较困难, 我们考虑了一种特殊情形, 每组中的工件个数相等, 利用组个数和安装时间满足一致关系找到问题的最优解, 但是即使组个数和安装时间满足一致关系, 如果组的个数不同的话, 该问题仍然是公开问题. 对于学习因子 $a > 0$ 的问题, 由于经典的 SPT 序和 LPT 序均无法得到最优解, 我们考虑序列中的一些特性, 为下一步设计启发式算法或者分支定界算法做一些准备工作. 对于总误工问题和最大延迟问题考虑在某些特殊情形下具有多项式时间算法的最优解. 具有学习效应的流水机排序问题更为复杂, 考虑机器具有某些优势关系和给定工件在所有机器上的加工时间相同两种情形. 对目标函数为最大完工时间和总完工时间问题分别给出多项式时间算法. 如果工件的实际加工时间同时受到时间效应和位置效应影响, 且在加工过程中存在维修活动的平行机排序问题. 在非同类机环境中, 通过计算价值系数, 将问题转化为指派问题求得多项式时间解; 在同型机环境下, 由于每个机器性质相同, 所以可通过简单的匹配算法进行求解, 并得出相应的多项式时间解.

参 考 文 献

[1] Biskup D. Single-machine scheduling with learning considerations. European Journal of Operational Research, 1999, 115: 173-178.

[2] Biskup D, Herrmann J. Single-machine scheduling against due dates with past-sequence-dependent setup times. European Journal of Operational Research, 2008, 191: 587-592.

[3] Kuo W H, Yang D L. Minimizing the makespan in a single machine scheduling problem with a time-based learning effect. Information Processing Letters, 2006, 97: 64-67.

[4] Koulamas C, Kyparisis G J. Single-machine and two-machine flowshop scheduling with general learning functions. European Journal of Operational Research, 2007, 178: 402-407.

[5] 王吉波. 工件加工时间可变的现代排序问题. 大连: 大连理工大学, 2005.

[6] Pinedo M L. Planning and Scheduling in Manufacturing and Services. Berlin: Springer, 2005.

[7] Janiak A, Rudek R. Experience-based approach to scheduling problems with the learning effect. IEEE Transactions on Systems, Man, and Cybernetics Part A, 2009, 39: 344-357.

[8] Lee W C, Wu C C. A note on single-machine group scheduling problems with position-based learning effect. Applied Mathematical Modelling, 2009, 33: 2159-2163.

[9] Yang W H, Chand S. Learning and forgetting effects on a group scheduling problem. European Journal of Operational Research, 2008, 187: 1033-1044.

[10] Wu C C, Lee W C. Single-machine and flowshop scheduling with a general learning effect model. Computers & Industrial Engineering, 2009, 56(4): 1553-1558.

[11] Wang L Y, Wang J B, Wang D, et al. Single-machine scheduling with a sum-of-processing-time based learning effect and deteriorating jobs. International Journal of Advanced Manufacturing Technology, 2009, 45: 336-340.

[12] Cheng T C E, Wu C C, Lee W C. Some scheduling problems with deteriorating jobs and learning effects. Computers and Industrial Engineering, 2008, 54: 972-982.

[13] Wang J B, Wang L Y, Wang D, et al. A note on single-machine total completion time problem with general deteriorating function. International Journal of Advanced Manufacturing Technology, 2009, 44: 1213-1218.

[14] Rustogi K, Strusevich V A. Single machine scheduling with general position deterioration and rate-modifying maintenance. Omega, 2012, 40: 791-804.

[15] Rustogi K, Strusevich V A. Combining time and position dependent effects on a single machine subject to rate-modifying activities. Omega, 2014, 42: 166-178.

[16] Wang L Y, Huang X, Ji P, et al. Unrelated parallel-machine scheduling with deteriorating-maintenance activities to minimize the total completion time. Optimization Letters, 2014, 8(2): 129-134.

[17] Yang D L, Cheng T C E, Yang S J, et al. Unrelated parallel-machine scheduling with aging effects and multi-maintenance activities. Computer and Operational Research, 2012, 39: 1458-1464.

[18] Hsu C J, Ji M, Yang D L. Unrelated parallel-machine scheduling problems with aging effects and deteriorating maintenance activities. Information Sciences, 2013, 253: 163-169.

[19] 苟燕, 张新功. 具有时间与位置相关及维修限制的单机排序问题. 运筹学学报, 2016, 20(3): 33-44.

[20] Flajolet P, Sedgewick R. Analytic Combinatorics. Cambridge: Cambridge University Press, 2009, 39-46.

[21] Hardy G H, Littlewood J E, Polya G. Inequalities. Cambridge: Cambridge University Press, 1934.

第 5 章　重新排序问题

重新排序问题的研究可追溯到 20 世纪 80 年代. Wu 等[1] 提出一个单机的组合目标函数的重新排序问题, 包括提前费用、推迟费用和序列改变的费用; Li 等[2] 提出了一个两步递归重新排序方法; Raman 等[3] 提出了一个关于工件动态到达的柔性生产系统的重新排序问题的分支定界方法; Daniels 和 Kouvelis[4] 提出了防止加工时间的不确定而导致的排序不稳定问题; Mehta[5] 描述了一种通过插入空闲时间的方法, 从而减少对工件完工时间错位的影响; Wu 等[6] 研究了错位相关的车间重新排序问题, 使得工件的最大完工时间与原来排序的错位和最小, 度量错位的方法是用原始序列和新序列中的工件开工时间的差; Unal 等[7] 考虑了新到达的工件的准备时间依赖于工件类型的单机排序问题, 考虑在原始序列中插入新的工件, 以使得新工件的加权完工时间和为最小, 而没有增加额外的准备时间或者使工件误工; Yang[8] 研究了工件重新排序问题, 为了减少扰动对于原先序列的负面影响, 新到达工件的加工时间减低其费用, 称为时间压缩费用, 目标函数为 $\sum C_j + \sum c_j x_j + h \sum \Delta_j$, x 是压缩时间向量, Δ_j 是工件 j 的时间错位. Yuan 和 Mu[9] 考虑了问题 $1|r_j, D_{\max}(\pi^*) \leqslant k|C_{\max}$, 其中 $D_{\max}(\pi^*)$ 是最优序列中最大序列扰动, 基于弱 ERD 性质, 证明能够在时间复杂性为 $O(n_N^2(n_0 + n_N))$ 内得到最优序, 其中 n_N, n_0 分别为新到工件和以前系列中工件的个数. 同时提出问题 $1|r_j, \sum D_j(\pi^*) \leqslant k|C_{\max}$ 仍是公开问题. 幕运动[10] 在博士论文中研究了重新排序在多目标情形、在线情形时的性质. Zhao 和 Tang[11] 第一次尝试把重新排序问题引入工时可变的情形, 对于简单的线性退化问题作了分析. Zhao 和 Yuan[12] 研究了具有一般序列错位、正序列错位、负序列错位的三种限制条件下, 考虑最大延迟的重新排序问题.

臧西杰等[13] 研究了在位置错位或者时间错位限制的条件下, 目标函数为最大加权完工时间. 对于最大时间错位限制与最大位置错位限制给出了多项式时间求解算法, 并证明了在时间错位和限制条件下, 目标函数为最大加权完工时间与时间错位和的排序问题是 NP 难的.

张新功[14] 考虑了具有学习效应的重新排序问题, 其中学习效应是指工件的加工时间与序列中加工位置有关的函数. Cheng 等[15] 考虑了含有截止日期和加工时间增加率的问题, 目标是最大完工时间和最大延误时间. Yin 等[16] 研究了同类机上的重新排序问题, 目标函数为总延迟与总完工时间, 当机器个数为变量时,证明了该问题是强 NP 难的; 当机器个数为常数时, 给出了全多项式时间近似方案和拟多项式时间算法.

5.1 模型描述及性质

设 $J_0 = \{J_1, \cdots, J_{n_0}\}$ 表示在单机上将要加工的不可中断的原始工件集合, 同时这些工件是已经按照某种目标函数的要求排好的最优序列, 不妨设为 π^*. 设 $J_N = \{J_{n_0+1}, \cdots, J_{n_0+n_N}\}$ 表示新到达的工件的集合. 假设这些工件在零时刻到达, 此时 J_0 中的工件已经事先确定好了. 将 $J = J_0 \cup J_N$ 中的工件重新排列, 使得考虑的目标函数在原始工件的错位约束的条件下达到最优, 根据 Hall 和 Potts[17] 提出的概念和记号, 设 $n = n_0 + n_N$, 每个工件 $J_j \in J$ 具有整数加工时间 p_j. 对于工件的实际加工时间, 本章考虑两种情形: 如果工件 J_j 在 $t (\geqslant 0)$ 时刻开工, 则实际加工时间为 $p_j(\alpha + bt)$, 其中 $\alpha (> 0)$ 是常数, 退化因子 $b > 0$; 如果工件 $J_j \in J$ 在序列中第 r 个位置加工, 则其实际加工时间为 $p_{jr} = p_j r^a$, 其中 $a (< 0)$ 是学习因子.

对于 J 中工件的任意序列 σ, 定义以下的变量:

$D_j(\pi^*; \sigma)$ 是在序列 σ 中工件 $J_j \in J_0$ 的序列错位, 如果工件 J_j 在序列 π^* 和 σ 的位置分别为 x 和 y, 接着有 $D_j(\pi^*; \sigma) = |y - x|$;

$\Delta_j(\pi^*; \sigma) = |C_j(\sigma) - C_j(\pi^*)|$ 是在序列 σ 中工件 $J_j \in J_0$ 的时间错位.

在不至于引起混淆的情况下, 分别简记为 $D_j(\pi^*)$ 和 $\Delta_j(\pi^*)$. 定义下面几种错位约束, 其中 $k \geqslant 0$,

$D_{\max}(\pi^*) \leqslant k(k_j) : \max\limits_{J_j \in J_0}\{D_j(\pi^*)\} \leqslant k$, 最大序列错位不能超过 $k(k_j)$;

$\sum D_j(\pi^*) \leqslant k : \sum_{J_j \in J_0} D_j(\pi^*) \leqslant k$, 总序列错位不能超过 k;

$\Delta_{\max}(\pi^*) \leqslant k(k_j) : \max\limits_{J_j \in J_0}\{\Delta_j(\pi^*)\} \leqslant k$, 最大时间错位不可能超过 $k(k_j)$;

$\sum \Delta_j(\pi^*) \leqslant k : \sum_{J_j \in J_0} \Delta_j(\pi^*) \leqslant k$, 总时间错位不可能超过 k.

5.2 具有退化效应的总误工问题

由于问题 $1||\sum T_j$ 是 NP 难的 (Blazewicz 和 Kovalyov[18]), 则问题 $1|\Gamma \leqslant k|\sum T_j$ 也是 NP 难的, 其中 $\Gamma \in \{D_{\max}(\pi^*), \sum D_j(\pi^*), \Delta_{\max}(\pi^*), \sum \Delta_j(\pi^*)\}$ 为错位量. 本节考虑一个特殊情形: 工件的加工时间与工期具有一致关系: 对于工件 J_i 和 J_j 有 $p_i \leqslant p_j \Rightarrow d_i \leqslant d_j$, 这种一致关系记为 (p_j, d_j).

利用三参数法, 本节研究的模型可以表示为

$$1|(p_j, d_j), \quad D_{\max}(\pi^*) \leqslant k, \quad p_j(\alpha + bt)\Big|\sum T_j$$

$$1|(p_j, d_j), \quad \sum D_j(\pi^*) \leqslant k, \quad p_j(\alpha + bt)\Big|\sum T_j$$

$$1|(p_j, d_j), \quad \Delta_{\max}(\pi^*) \leqslant k, \quad p_j(\alpha + bt)\Big|\sum T_j$$

$$1|(p_j, d_j), \quad \sum \Delta_j(\pi^*) \leqslant k, \quad p_j(\alpha + bt)\Big|\sum T_j$$

根据 Kononov 和 Gawiejnowicz[19], 有下面的结论.

引理 5.1　对于问题 $1|p_j(\alpha + bt)|C_{\max}$, 如果序列 $\pi = \{J_1, \cdots, J_n\}$, 工件 J_1 的开工时间为 t, 则最大完工时间是序独立的, 且等于

$$C_{\max}(\pi) = t\prod_{i=1}^{n}(1 + bp_i) + \frac{\alpha}{b}\left(\prod_{i=1}^{n}(1 + bp_i) - 1\right)$$

为了方便假设, 工件根据一致关系重新标记, 即 $p_1 \leqslant \cdots \leqslant p_{n_0}$ 和 $d_1 \leqslant \cdots \leqslant d_{n_0}$, 则序列 $\pi^* = \{J_1, \cdots, J_{n_0}\}$ 中任意两个工件之间没有空闲. 同时假设 J_N 中的工件也按照 EDD 序进行排列, 即 $d_{n_0+1} \leqslant \cdots \leqslant d_{n_0+n_N}$. 证明 EDD 序或者 SPT 序规则给出下面重新排序的最优序.

引理 5.2　考虑问题 $1|(p_j, d_j), D_{\max}(\pi^*) \leqslant k, p_j(\alpha + bt)|\sum T_j$ 和问题 $1|(p_j, d_j), \Delta_{\max}(\pi^*) \leqslant k, p_j(\alpha + bt)|\sum T_j$, 两个问题在最优序中任意两个相邻的工件之间没有空闲,

(1) 对于问题 $1|(p_j, d_j), D_{\max}(\pi^*) \leqslant k, p_j(\alpha + bt)|\sum T_j$ 的一个序列是可行序, 当且仅当 J_N 中的工件排在 J_0 中最后一个工件前的数目不超过 k;

(2) 对于问题 $1|(p_j, d_j), \Delta_{\max}(\pi^*) \leqslant k, p_j(\alpha + bt)|\sum T_j$ 的一个序列是可行序, 当且仅当 J_N 中的工件排在 J_0 中最后一个工件前的总加工时间不超过 k.

证明　这个证明过程相似于文献 [10] 中的引理 5.1, 这里省略. 证毕.

引理 5.3　对于问题 $1|(p_j, d_j), \Gamma \leqslant k, p_j(\alpha + bt)|\sum T_j$, 其中 $\Gamma \in \Big\{D_{\max}(\pi^*),$ $\sum D_j(\pi^*), \Delta_{\max}(\pi^*), \sum \Delta_j(\pi^*)\Big\}$, 存在一个最优序列使得 J_0 中的工件和在序列 π^* 中一样按照 EDD 序或者 SPT 序排列, J_N 中的工件按照 EDD 序或者 SPT 序排列, 并且工件之间没有空闲.

证明　首先分析 J_0 中的工件. 考虑一个最优序 σ^*, 其中 J_0 中的工件不是和序列 π^* 中工件一样按照 EDD 序或者 SPT 序排列的. 假设 J_i 是 J_0 中的在序列 σ^* 中不是按照 EDD 序或者 SPT 序排列的最小下标的工件, 工件 $J_j (j > i)$ 是在 σ^* 中排在 J_i 之前的 J_0 中的最后一个工件. 因为 π^* 是个 EDD 序或者 SPT

序构成的最优序列, 且 p_j 和 d_j 是一致的, 即对于工件 J_i 和工件 J_j, $p_i \leqslant p_j$ 则 $d_i \leqslant d_j$. 假设工件 J_j 在序列 σ^* 的开工时间为 t_0, 则有 $C_j(\sigma^*) = t_0 + p_j(\alpha + bt_0)$. 对于工件 J_j 和工件 J_i 执行一个位置交换, 其他位置的工件不变, 构成一个新的序列 σ'. 在序列 σ' 中, 工件 J_i 的开工时间为 t_0, 接着有

$$C_i(\sigma') = t_0 + p_i(\alpha + bt_0) < t_0 + p_j(\alpha + bt_0) = C_j(\sigma^*)$$

根据引理 5.1, $C_j(\sigma') = C_i(\sigma^*)$, 则在序列 σ' 中工件 J_i 和 J_j 之间的所有工件的完工时间比在序列 σ^* 中提前.

接下来考虑在序列 σ' 和序列 σ^* 中工件 J_i 和 J_j 的总误工. 序列 σ^* 中工件 J_i 和 J_j 的总误工为

$$T_i(\sigma^*) + T_j(\sigma^*) = \max\{C_i(\sigma^*) - d_i, 0\} + \max\{C_j(\sigma^*) - d_j, 0\}$$

序列 σ' 中工件 J_i 和 J_j 的总误工为

$$T_i(\sigma') + T_j(\sigma') = \max\{C_i(\sigma') - d_i, 0\} + \max\{C_j(\sigma') - d_j, 0\}$$

为了比较序列 σ' 和序列 σ^* 中工件的总误工, 分两种情形进行讨论.

情形 1: $C_j(\sigma^*) \leqslant d_j$, 则有 $T_i(\sigma^*) + T_j(\sigma^*) = \max\{C_i(\sigma^*) - d_i, 0\}$.

假设 $T_i(\sigma')$ 和 $T_j(\sigma')$ 均不为 0. 注意到比起 $T_i(\sigma')$ 和 $T_j(\sigma')$ 都等于 0 或者其中之一为 0 这是最严格的限制. 根据引理 5.1 和 $p_i \leqslant p_j$, $d_i \leqslant d_j$, 有

$$\{T_i(\sigma^*) + T_j(\sigma^*)\} - \{T_i(\sigma') + T_j(\sigma')\} = C_i(\sigma^*) - C_i(\sigma') - C_j(\sigma') + d_j$$
$$= d_j - C_i(\sigma') \geqslant d_j - C_j(\sigma^*) \geqslant 0$$

情形 2: $C_j(\sigma^*) > d_j$, 则有 $T_i(\sigma^*) + T_j(\sigma^*) = C_i(\sigma^*) + C_j(\sigma^*) - d_i - d_i$.

假设 $T_i(\sigma')$ 和 $T_j(\sigma')$ 均不为 0. 根据引理 5.1 和 $p_i \leqslant p_j$, $d_i \leqslant d_j$, 有

$$\{T_i(\sigma^*) + T_j(\sigma^*)\} - \{T_i(\sigma') + T_j(\sigma')\} = C_i(\sigma^*) + C_j(\sigma^*) - C_j(\sigma') - C_i(\sigma') \geqslant 0$$

从而证明了序列 σ' 中工件的总误工小于等于序列 σ^* 中的工件的总误工.

假设工件 J_i 在序列 π^* 的位置为 k_1, 工件 J_j 在序列 π^* 的位置为 k_2, 工件 J_j 在序列 σ' 的位置为 k_3. 如果 $k_3 \geqslant k_2$, 则 $D_j(\pi^*, \sigma') = k_3 - k_2$, $D_i(\pi^*, \sigma^*) = k_3 - k_1$. 由于 $i < j$ 意味着 $k_1 < k_2$, 则有 $D_j(\pi^*, \sigma') < D_i(\pi^*, \sigma^*)$. 如果 $k_3 < k_2$, 则 $D_j(\pi^*, \sigma') = k_2 - k_3$, $D_j(\pi^*, \sigma^*) = k_2 - (k_3 - h)$, 其中 h 是工件 J_i 和 J_j 在序列 σ^* 中的位置差. 因此 $D_j(\pi^*, \sigma') < D_j(\pi^*, \sigma^*)$. 于是有 $D_{\max}(\pi^*, \sigma') < D_{\max}(\pi^*, \sigma^*)$.

一种情形, 由于 $D_i(\pi^*, \sigma') = D_i(\pi^*, \sigma^*) - h$ 和 $D_j(\pi^*, \sigma') \leqslant D_j(\pi^*, \sigma^*) + h$. 接着可以演绎为 $\sum D_j(\pi^*, \sigma') \leqslant \sum D_j(\pi^*, \sigma^*)$. 此外, 如果 $C_j(\sigma') \geqslant C_j(\pi^*)$, 则有

$\Delta_j(\pi^*, \sigma') = C_j(\sigma') - C_j(\pi^*)$. 由于 $\Delta_i(\pi^*, \sigma^*) = C_i(\sigma^*) - C_i(\pi^*) = C_j(\sigma') - C_i(\pi^*)$
和 $C_i(\pi^*) < C_j(\pi^*)$, 则 $\Delta_j(\pi^*, \sigma') < \Delta_i(\pi^*, \sigma^*)$. 如果 $C_j(\sigma') < C_j(\pi^*)$, 则有
$\Delta_j(\pi^*, \sigma') = C_j(\pi^*) - C_j(\sigma')$. 因为 $\Delta_j(\pi^*, \sigma^*) = C_j(\pi^*) - C_j(\sigma^*)$, $\Delta_j(\pi^*, \sigma') <$
$\Delta_j(\pi^*, \sigma^*)$. 接着可以得到 $\Delta_{\max}(\pi^*, \sigma') < \Delta_{\max}(\pi^*, \sigma^*)$.

类似地, 另一种情形, 由于 $\Delta_i(\pi^*, \sigma') = \Delta_i(\pi^*, \sigma^*) - h'$ 和 $\Delta_j(\pi^*, \sigma') \leqslant$
$\Delta_j(\pi^*, \sigma^*) + h'$, 其中 $h' = C_i(\sigma^*) - C_i(\sigma')$, 可以推出 $\sum \Delta_j(\pi^*, \sigma') \leqslant \sum \Delta_j(\pi^*, \sigma^*)$.
接着可以得出 σ' 是可行序列和最优序列. 这样经过有限次交换可以证明, 存在最
优序列使得 J_0 中的工件和 π^* 中工件一样按照 EDD 序或者 SPT 序排列, J_N 中
的工件也是按照 EDD 序或者 SPT 序排列的. 同时在最优序中工件之间不存在空
闲时间. 否则, 仅仅需要去掉这些空闲时间即可, 序列仍然是可行的并且序列中工
件的总误工并不会增加. 证毕.

这种原始工件集合 J_0 和新工件集合 J_N 中工件都按照 EDD 序排列的性质,
称为 (EDD,EDD) 性质.

首先考虑问题 $1|(p_j, d_j), D_{\max}(\pi^*) \leqslant k, p_j(\alpha + bt)| \sum T_j$. 根据引理 5.2 和引
理 5.3, 集合 J_N 中的工件最多有 k 个排在集合 J_0 中的最后一个工件的前面, 并
且这些工件具有较短的工期. 从而提出最大序列错位约束下的算法.

算法 5.1　输入: 输入 p_j, d_j, 其中 $j = 1, \cdots, n$; k 和 π^*, 其中 $k \leqslant n_N$.

标号: 将 J_N 中的工件按照 EDD 序进行排列.

构造序列: 将工件 $J_1, \cdots, J_{n_0}, J_{n_0+1}, \cdots, J_{n_0+k}$ 按照 EDD 序排列在前 n_0+k
个位置, 再将余下的工件按照 EDD 序排在后面的 $n_N - k$ 个位置.

定理 5.1　对于问题 $1|(p_j, d_j), D_{\max}(\pi^*) \leqslant k, p_j(\alpha+bt)| \sum T_j$, 算法 5.1 可以
在多项式时间 $O(n + n_N \log n_N)$ 内给出最优序.

证明　根据引理 5.2 和引理 5.3, 约束条件 $D_{\max}(\pi^*) \leqslant k$ 允许集合 J_N 中的
具有最小工期的前 k 个工件排到集合 J_0 中的最后一个工件之前, 且这 k 个集合
J_N 中的工件具有最小的工期. 经典的排序理论证明前一组的工件按照 EDD 序排
列, 而引理 5.3 确立集合 J_N 中剩下的 $n_N - k$ 个工件也按照 EDD 序排列.

接下来, 对集合 J_N 中的工件进行标号需要 $O(n_N \log n_N)$ 时间; 构造序列的前
$n_0 + k$ 个位置和后面的 $n_N - k$ 个位置仅仅需要 $O(n)$ 时间. 因此算法的总时间为
$O(n + n_N \log n_N)$. 证毕.

考虑问题 $1|(p_j, d_j), \sum D_j(\pi^*) \leqslant k, p_j(\alpha + bt)| \sum T_j$. 由引理 5.1—引理 5.3,
集合 J_N 中的工件排在集合 J_0 中的最后一个工件的前面造成 J_0 中的工件总的序
列错位不超过 k, 并且这些工件具有较短的工期. 从而提出总序列错位约束下的
算法.

算法 5.2　输入: 输入 p_j, d_j, 其中 $j = 1, \cdots, n$; k 和 π^*, 其中 $k \leqslant n_0 n_N$.

标号: 将 J_N 中的工件按照 EDD 序进行排列.

值函数: $f(i,j,\delta)$ 表示工件 $J_1, \cdots, J_i$ 和 $J_{n_0+1}, \cdots, J_{n_0+j}$ 的部分序列在工件 $J_1, \cdots, J_i$ 保持其相对位置不变且总序列错位为 δ 时总误工的最小值.

边界条件: $f(0,0,0) = 0$.

最优值: $\min\limits_{0 \leqslant \delta \leqslant k} \{f(n_0, n_N, \delta)\}$.

递归条件:

$$f(i,j,\delta) = \min \left\{ \begin{array}{l} f(i-1, j, \delta-j) + \max\{C_i - d_i, 0\}, \\ f(i, j-1, \delta) + \max\{C_{n_0+j} - d_{n_0+j}, 0\} \end{array} \right.$$

其中 C_j 表示工件 J_j 的完工时间.

在递归关系中, 第一项对应部分序列以集合 J_0 中的工件 J_i 结束, 此时 J_N 中的 j 个工件在工件 J_i 之前已经排好, 总的序列错位增加量为 j; 第二项对应部分序列是以 J_N 中的工件 J_{n_0+j} 结尾.

定理 5.2 对于问题 $1|(p_j, d_j), \sum D_j(\pi^*) \leqslant k, p_j(\alpha + bt)| \sum T_j$, 算法 5.2 能够在 $O(n_0^2 n_N^2)$ 时间内得到最优序.

证明 根据引理 5.1—引理 5.3, 仅仅需要计算集合 J_0 的工件和集合 J_N 中的工件的 EDD 序进行的所有可能的排列方式. 算法 5.2 就是通过比较所有状态的费用函数, 从而得到最优序列.

因为 $i \leqslant n_0$, $j \leqslant n_N$ 和 $\delta \leqslant k \leqslant n_0 n_N$, 所以总共有 $O(n_0^2 n_N^2)$ 个状态变量的值, 标号阶段需要 $O(n_N \log n_N)$ 时间. 递归关系要求每一组状态变量计算函数值为常数, 因此算法 5.2 的计算复杂性为 $O(n_0^2 n_N^2)$. 证毕.

进一步考虑问题 $1|(p_j, d_j), \Delta_{\max}(\pi^*) \leqslant k, p_j(\alpha + bt)| \sum T_j$, 根据引理 5.1—引理 5.3, 工件 J_0 中的工件最大时间错位最多为 k, 并且集合 J_0 中最后一个工件之前的集合 J_N 中的工件具有最小的工期. 从而提出最大时间错位约束下的最优算法.

算法 5.3 输入: 输入 p_j, d_j, 其中 $j = 1, \cdots, n$; k 和 π^*, 其中 $k < C_{\max}$ (参见引理 5.1).

标号: 将 J_N 中的工件按照 EDD 序进行排列.

值函数: $f(i,j,\delta)$ 表示工件 $J_1, \cdots, J_i$ 和 $J_{n_0+1}, \cdots, J_{n_0+j}$ 的部分序列在工件 $J_1, \cdots, J_i$ 保持其相对位置不变且最大时间错位为 δ 时的总误工的最小值.

边界条件: $f(0,0,0) = 0$.

最优值: $\min\limits_{0 \leqslant \delta \leqslant k} \{f(n_0, n_N, \delta)\}$.

递归关系:

$$f(i,j,\delta) = \min \left\{ \begin{array}{l} f(i-1, j, \delta-P_h) + \max\{C_i - d_i, 0\}, \\ f(i, j-1, \delta) + \max\{C_{n_0+j} - d_{n_0+j}, 0\} \end{array} \right.$$

其中 P_h 是工件 J_{i-1} 和 J_i 之间集合 J_N 中的新工件的实际加工时间之和, C_j 表示工件 J_j 的完工时间.

在递归关系中, 第一项对应部分序列以集合 J_0 中的工件 J_i 结束, 此时 J_N 中的 j 个工件在工件 J_i 之前已经排好, 最大的时间错位增加量为 P_h; 第二项对应部分序列是以 J_N 中的工件 J_{n_0+j} 结尾.

定理 5.3　对于问题 $1|(p_j,d_j),\Delta_{\max}(\pi^*) \leqslant k,p_j(\alpha+bt)|\sum T_j$, 算法 5.3 可以在拟多项式时间 $O(n_0 n_N C_{\max} + n_N \log n_N)$ 内给出最优序.

证明　由引理 5.1—引理 5.3, $\Delta \leqslant k$ 意味着排在集合 J_0 的最后一个工件之前的集合 J_N 中工件的加工时间之和最多为 k, 并且这些 J_N 中的工件具有最小的工期. 于是算法 5.3 根据 (EDD, EDD) 性质安排这些工件.

因为 $i \leqslant n_0$, $j \leqslant n_N$ 和 $\delta \leqslant k < C_{\max}$, 存在 $O(n_0 n_N C_{\max})$ 个状态变量的值. 在标号阶段需要 $O(n_N \log n_N)$ 时间, 递归关系与每组状态变量计算函数值用常数时间. 因此算法 5.3 的时间复杂性为 $O(n_0 n_N C_{\max} + n_N \log n_N)$. 证毕.

问题 $1|(p_j,d_j),\sum \Delta_j(\pi^*) \leqslant k,p_j(\alpha+bt)|\sum T_j$, 由引理 5.1—定理 5.3, 工件 J_0 中的工件总时间错位最多为 k, 并且集合 J_0 中最后一个工件之前的集合 J_N 中的工件具有最小的工期. 相似于算法 5.2, 可以通过将集合 J_0 和 J_N 的工件进行融合, 下面的动态规划方法得到在总的时间错位约束下的最优序列.

算法 5.4　输入: 输入 p_j, d_j, 其中 $j=1,\cdots,n$; k 和 π^*, 其中 $k \leqslant n_0 C_{\max}$.
标号: 将 J_N 中的工件按照 EDD 序进行排列.
值函数: $f(i,j,\delta)$ 表示工件 $J_1,\cdots,J_i$ 和 $J_{n_0+1},\cdots,J_{n_0+j}$ 的部分序列在工件 $J_1,\cdots,J_i$ 保持其相对位置不变且总的时间错位为 δ 时的总误工的最小值.
边界条件: $f(0,0,0)=0$.
最优值: $\min_{0 \leqslant \delta \leqslant k}\{f(n_0,n_N,\delta)\}$.
递归关系:

$$f(i,j,\delta) = \min \begin{cases} f\left(i-1,j,\delta - \sum_{h=n_0+1}^{n_0+j} p_{[h]}\right) + \max\{C_i - d_i, 0\}, \\ f(i,j-1,\delta) + \max\{C_{n_0+j} - d_{n_0+j}, 0\} \end{cases}$$

其中 $p_{[h]}$ 为工件 J_h 的实际加工时间, C_j 表示工件 J_j 的完工时间.

在递归关系中, 第一项对应部分序列以集合 J_0 中的工件 J_i 结束, 此时 J_N 中的 j 个工件在工件 J_i 之前已经排好, 总的时间错位增加量为 $\sum_{h=n_0+1}^{n_0+j} p_{[h]}$; 第二项对应部分序列是以 J_N 中的工件 J_{n_0+j} 结尾.

定理 5.4　对于问题 $1|(p_j,d_j),\sum \Delta_j(\pi^*) \leqslant k,p_j(\alpha+bt)|\sum T_j$, 算法 5.4 能够在 $O(n_0^2 n_N C_{\max})$ 时间内给出最优解.

证明 定理 5.4 的最优性相似于定理 5.2 的证明. 考虑时间复杂性, 因为 $i \leqslant n_0$, $j \leqslant n_N$ 和 $\delta \leqslant k \leqslant n_0 C_{\max}$, 所以有 $O(n_0^2 n_N C_{\max})$ 个状态变量的值. 标号阶段需要 $O(n_N \log n_N)$ 时间. 相似于定理 5.2, 我们可以得到算法 5.4 的时间复杂性为 $O(n_0^2 n_N C_{\max})$. 证毕.

5.3 学习效应的重新排序问题

本节分析具有学习效应的重新排序问题, 考虑在一个限制范围内满足新到达的工件对于原来已经安排好序列的扰动, 最小化经典排序费用函数问题.

引理 5.4 对于问题 $1|p_j r^a, \Gamma \leqslant k| \sum C_j$, 其中 $\Gamma \in \Big\{ D_{\max}(\pi^*), \sum D_j(\pi^*), \Delta_{\max}(\pi^*), \sum \Delta_j(\pi^*) \Big\}$, 存在一个最优序列使得 J_0 中的工件和在序列 π^* 中一样按照 SPT 序排列, J_N 中的工件按照 SPT 序排列, 并且工件之间没有空闲.

证明 首先分析 J_0 中的工件. 考虑一个最优序 σ^*, 其中 J_0 中的工件不是和序列 π^* 中工件一样按照 SPT 序排列的. 假设 J_i 是 J_0 中的在序列 σ^* 中不是按照 SPT 序排列的最小下标的工件, 工件 $J_j (j > i)$ 是在 σ^* 中排在 J_i 之前的 J_0 中的最后一个工件. 假设工件 J_i 和工件 J_j 之间的工件为 $J_1^0, \cdots, J_h^0$. 由于 $i < j$, 则 $p_i < p_j$. 假设工件 J_j 排在序列 σ^* 的第 r 个位置加工, 并且序列 σ^* 中工件 J_j 的开工时间为 t_0, 则有

$$C_j(\sigma^*) = t_0 + p_j r^a$$

$$C_k(\sigma^*) = t_0 + p_j r^a + p_1^0 (r+1)^a + \cdots + p_k^0 (r+k)^a, \quad k = 1, \cdots, h$$

$$C_i(\sigma^*) = t_0 + p_j r^a + p_1^0 (r+1)^a + \cdots + p_h^0 (r+h)^a + p_i (r+h+1)^a$$

对于工件 J_j 和工件 J_i 执行一个位置交换, 其他位置的工件不变, 构成一个新的序列 σ'. 在序列 σ' 中, 工件 J_i 的开工时间为 t_0, 则有

$$C_i(\sigma') = t_0 + p_i r^a$$

$$C_k(\sigma') = t_0 + p_i r^a + p_1^0 (r+1)^a + \cdots + p_k^0 (r+k)^a, \quad k = 1, \cdots, h$$

$$C_j(\sigma') = t_0 + p_i r^a + p_1^0 (r+1)^a + \cdots + p_h^0 (r+h)^a + p_j (r+h+1)^a$$

由于 $p_i < p_j$, 则

$$C_j(\sigma^*) - C_i(\sigma') = (p_j - p_i) r^a \geqslant 0$$

$$C_k(\sigma^*) - C_k(\sigma') = (p_j - p_i) r^a \geqslant 0, \quad k = 1, \cdots, h$$

$$C_i(\sigma^*) - C_j(\sigma') = (p_j - p_i)(r^a - (r+h+1)^a) \geqslant 0$$

　　于是可以得出, 经过交换后, 序列 σ^* 中工件的总完工时间并没有比序列 σ' 中工件的总完工时间增加.

　　假设工件 J_j 在序列 π^* 的位置为 k_1, 工件 J_i 在序列 π^* 的位置为 k_2.

　　如果 $r+h+1 \geqslant k_2$, 则有 $D_j(\pi^*, \sigma') = r+h+1-k_2$; $D_i(\pi^*, \sigma^*) = r+h+1-k_1$. 由于 $i < j$ 意味着 $k_1 < k_2$, 有 $D_j(\pi^*, \sigma') \leqslant D_i(\pi^*, \sigma^*)$.

　　如果 $r+h+1 < k_2$, 则有 $D_j(\pi^*, \sigma') = k_2 - (r+h+1)$, $D_j(\pi^*, \sigma^*) = k_2 - r - 1$. 可以推出 $D_j(\pi^*, \sigma') \leqslant D_i(\pi^*, \sigma^*)$.

　　总之有 $D_{\max}(\pi^*, \sigma') \leqslant D_{\max}(\pi^*, \sigma^*)$.

　　情形 1:　由 $D_i(\pi^*, \sigma') = D_i(\pi^*, \sigma^*) - h$ 和 $D_j(\pi^*, \sigma') \leqslant D_j(\pi^*, \sigma^*) + h$, 接着可以推导出 $\sum D_j(\pi^*, \sigma') \leqslant \sum D_j(\pi^*, \sigma^*)$. 此外, 如果 $C_j(\sigma') \geqslant C_j(\pi^*)$, 则有 $\Delta_j(\pi^*, \sigma') = C_j(\sigma') - C_j(\pi^*)$. 由于 $\Delta_i(\pi^*, \sigma^*) = C_i(\sigma^*) - C_i(\pi^*) \geqslant C_j(\sigma') - C_i(\pi^*) \geqslant C_j(\sigma') - C_j(\pi^*) = \Delta_j(\pi^*, \sigma')$, 则 $\Delta_j(\pi^*, \sigma') < \Delta_i(\pi^*, \sigma^*)$. 如果 $C_j(\sigma') < C_j(\pi^*)$, 则有 $\Delta_j(\pi^*, \sigma') = C_j(\pi^*) - C_j(\sigma') \leqslant C_j(\pi^*) - C_j(\sigma^*) = \Delta_j(\pi^*, \sigma^*)$.

　　接着可以得到 $\Delta_{\max}(\pi^*, \sigma') < \Delta_{\max}(\pi^*, \sigma^*)$.

　　情形 2:　由于 $\Delta_i(\pi^*, \sigma') = \Delta_i(\pi^*, \sigma^*) - h'$ 和 $\Delta_j(\pi^*, \sigma') \leqslant \Delta_j(\pi^*, \sigma^*) + h'$, 其中 $h' = C_i(\sigma^*) - C_i(\sigma')$, 可以推出 $\sum \Delta_j(\pi^*, \sigma') \leqslant \sum \Delta_j(\pi^*, \sigma^*)$.

　　接着可以得出 σ' 是可行序列和最优序列. 这样经过有限次的交换可以证明, 存在这样的最优序列使得 J_0 中的工件和 π^* 中的工件一样按照 SPT 序排列. 类似地可以证明 J_N 中的工件也是按照 SPT 序排列. 同时也正是 J_0 中的工件和 π^* 中工件具有相同的 SPT 序和序列的最优性, 可以证明这样的最优序中工件之间不存在空闲时间. 否则, 仅仅需要去掉这些空闲时间即可, 序列仍然是可行的并且序列中工件的总误工并不会增加. 证毕.

　　这种原始工件集合 J_0 和新工件集合 J_N 中工件都按照 SPT 序排列的性质, 称为 (SPT, SPT) 性质.

　　接下来首先考虑问题 $1|p_{jr} = p_j r^a, D_{\max}(\pi^*) \leqslant k|\sum C_j$, 根据引理 5.4, 集合 J_N 中的工件最多有 k 个排在集合 J_0 中的最后一个工件的前面, 并且这些工件具有较短的基本加工时间. 从而提出最大序列错位约束下的算法.

　　算法 5.5　输入: 输入 p_j, d_j, 其中 $j = 1, \cdots, n$; k 和 π^*, 其中 $k \leqslant n_N$.

　　标号: 将 J_N 中的工件按照 SPT 序进行排列.

　　构造序列: 将工件 $J_1, \cdots, J_{n_0}, J_{n_0+1}, \cdots, J_{n_0+k}$ 按照 SPT 序排列在前 n_0+k 个位置, 再将余下的工件按照 SPT 序排在后面的 $n_N - k$ 个位置.

　　定理 5.5　对于问题 $1|p_{jr} = p_j r^a, D_{\max}(\pi^*) \leqslant k|\sum C_j$, 算法 5.5 可以在多项式时间 $O(n + n_N \log n_N)$ 内给出最优序.

　　证明　根据引理 5.5, 约束条件 $D_{\max}(\pi^*) \leqslant k$ 允许集合 J_N 中的具有最小工期的前 k 个工件排到集合 J_0 中的最后一个工件之前, 且这 k 个集合 J_N 中的工件具有最小的工期. 经典的排序理论证明前一组的工件按照 SPT 序排列, 而引理 5.5 确立集合 J_N 中剩下的 $n_N - k$ 个工件也按照 SPT 序排列.

接下来, 注意到对集合 J_N 中的工件进行标号需要 $O(n_N \log n_N)$ 时间; 构造序列的前 $n_0 + k$ 个位置和后面的 $n_N - k$ 个位置仅仅需要 $O(n)$ 时间. 因此算法的总时间界为 $O(n + n_N \log n_N)$. 证毕.

考虑问题 $1|p_{jr} = p_j r^a, \sum D_j(\pi^*) \leqslant k| \sum C_j$. 由引理 5.4, 集合 J_N 中的工件排在集合 J_0 中的最后一个工件的前面造成 J_0 中的工件总的序列错位不超过 k, 并且这些工件具有较短的工期. 从而提出总序列错位约束下的算法.

算法 5.6 输入: 输入 p_j, d_j, 其中 $j = 1, \cdots, n$; k 和 π^*, 其中 $k \leqslant n_0 n_N$.

标号: 将 J_N 中的工件按照 EDD 序进行排列.

值函数: $f(i, j, \delta, r)$ 表示工件 $J_1, \cdots, J_i$ 和 $J_{n_0+1}, \cdots, J_{n_0+j}$ 的部分序列在工件 $J_1, \cdots, J_i$ 保持其相对位置不变且总序列错位为 δ 并且最后一个工件的位置为 r 时总误工的最小值.

边界条件: $f(0, 0, 0, 0) = 0$.

最优值: $\min\limits_{0 \leqslant \delta \leqslant k} \{ f(n_0, n_N, \delta, n) \}$.

递归条件:

$$f(i, j, \delta, r) = \min \begin{cases} f(i-1, j, \delta - j, r-1) + C_{i-1}^j + p_j r^a, \\ f(i, j-1, \delta, r-1) + C_i^{j-1} + p_j r^a \end{cases}$$

其中 C_i^j 表示对于工件 $J_1, \cdots, J_i$ 和 $J_{n_0+1}, \cdots, J_{n_0+j}$ 的部分序列最大完工时间.

在递归关系中, 第一项对应部分序列以集合 J_0 中的工件 J_i 结束的情况, 此时 J_N 中的 j 个工件在工件 J_i 之前已经排好, 总的序列错位增加量为 j; 第二项对应部分序列是以 J_N 中的工件 J_{n_0+j} 结尾的情况.

定理 5.6 对于问题 $1|p_{jr} = p_j r^a, \sum D_j(\pi^*) \leqslant k| \sum C_j$, 算法 5.6 能够在 $O(n_0^2 n_N^2)$ 时间内得到最优序.

证明 根据引理 5.5, 仅仅需要计算集合 J_0 的工件和集合 J_N 中的工件按照 SPT 序进行的所有可能的排列方式. 算法 5.6 就是通过比较所有状态的费用函数, 从而找到最优的序列.

因为 $i \leqslant n_0$, $j \leqslant n_N$ 和 $\delta \leqslant k \leqslant n_0 n_N$, 所以总共有 $O(n_0^2 n_N^2)$ 个状态变量的值, 标号阶段需要 $O(n_N \log n_N)$ 时间. 递归关系要求每一组状态变量计算函数值为常数, 因此算法 5.6 的计算复杂性为 $O(n_0^2 n_N^2)$. 证毕.

进一步考虑问题 $1|p_{jr} = p_j r^a, \Delta_{\max}(\pi^*) \leqslant k| \sum C_j$, 根据引理 5.5, $C_j \geqslant C_j(\pi^*)$, $J_j \in J_0$. 接着构造限制约束 $C_j \leqslant C_j(\pi^*) + k$, 即是说相当于每个工件 $J_j \in J_0$ 有一个截止工期 $\bar{d}_j = C_j(\pi^*) + k$. 限制约束的结果把该问题转化为带有

截止工期的总完工时间问题, 即 $1|p_{jr} = p_j r^a, \bar{d}_j| \sum C_j, J_j \in J_0, \bar{d}_j = C_j(\pi^*) + k;$ $J_j \in J_N, \bar{d}_j = \infty.$

置 J 表示需要排的工件集合, J^c 表示已经排好的工件集合, $C_{\max}(J)$ 表示 J 中工件的最大完工时间. 在向后追溯算法中, 集合 J 排在集合 J^c 前面.

算法 5.7　步骤 1: $J = \{J_1, \cdots, J_n\}, J^c = \varnothing.$

步骤 2: 把集合 J 中的工件按照 SPT 序排列, 计算最大完工时间 $C_{\max}(J)$. 找出集合 $\tilde{J} \in \{J_j \in J | \bar{d}_j > C_{\max}(J)\}$, 取 J_j^*, 使得 $p_j^* = \max\{p_j | J_j \in \tilde{J}\}$. 把工件 J_j^* 排在序列的最后一个位置.

步骤 3: 置 $J = J - \{J_j^*\}$, $J^c = J^c + \{J_j^*\}$, 如果 $J = \varnothing$ 停止, 否则回到步骤 2.

定理 5.7　算法 5.7 能够在时间复杂性为 $O(n \log n)$ 时间内, 得到问题 $1|p_{jr} = p_j r^a, \bar{d}_j| \sum C_j$ 的最优序.

证明　考虑一个序列 $\pi = (\pi(1), \cdots, \pi(n))$, 其中 $J_j = \pi(i)$ 意味着工件 J_j 安排在序列 π 的第 i 个位置. $S = \{\pi(1), \cdots, \pi(r)\}$, 假设存在工件 $J_l = \pi(k)$, $1 \leqslant k \leqslant r - 1$, 使得 $p_l = \max\limits_{J_j \in \tilde{J}}\{p_j\} > p_{\pi(r)}$, 其中 $\tilde{J} = \{J_j \in S | \bar{d}_j \geqslant C_{\max}(J)\}$.

很明显序列 π 并不是算法 5.7 生成的序列, 否则的话 $p_{\pi(r)} = \max\limits_{J_j \in \tilde{J}}\{p_j\}$ 和 $J_j = \pi(k)$. 对于序列 π, 通过交换工件 J_l 和 $J_{\pi(r)}$ 得到一个新的序列 π'. 根据引理 5.5 和通过计算可得

$$C_i(\pi') = C_i(\pi), \quad 其中 \quad i = 1, \cdots, k - 1$$
$$C_{\pi(k)}(\pi') = p_{\pi(1)} + \cdots + p_{\pi(k-1)}(k-1)^a + p_{\pi(k)}k^a$$
$$\leqslant C_{\pi(r)}(\pi) = p_{\pi(1)} + \cdots + p_{\pi(k-1)}(k-1)^a + p_{\pi(k)}k^a$$
$$C_i(\pi') = p_{\pi(1)} + \cdots + p_{\pi(k-1)}(k-1)^a + p_{\pi(k)}k^a + \cdots + p_{\pi(i)}i^a$$
$$\leqslant C_i(\pi) = p_{\pi(1)} + \cdots + p_{\pi(k-1)}(k-1)^a + p_{\pi(k)}k^a + \cdots + p_{\pi(i)}i^a$$

其中 $i = k + 1, \cdots, r - 1,$

$$C_{\pi(r)}(\pi') = p_{\pi(1)} + \cdots + p_{\pi(k-1)}(k-1)^a + p_{\pi(k)}k^a + \cdots + p_{\pi(r)}r^a$$
$$\leqslant C_{\pi(k)}(\pi) = p_{\pi(1)} + \cdots + p_{\pi(k-1)}(k-1)^a + p_{\pi(k)}k^a + \cdots + p_{\pi(r)}r^a$$
$$C_i(\pi') = C_{\pi(k)}(\pi') + p_{\pi(r+1)}(r+1)^a + \cdots + p_{\pi(i)}i^a$$
$$\leqslant C_i(\pi) = C_{\pi(k)}(\pi) + p_{\pi(r)}k^a + p_{\pi(r+1)}(r+1)^a + \cdots + p_{\pi(i)}i^a$$

其中 $i = r + 1, \cdots, n$. 证毕.

上述证明意味着, 这样的交换能够改进序列的总完工时间, 类似地, 重复的交换使得所有的工件满足算法 5.7 的条件. 下面确定算法 5.7 的时间复杂性, 步骤 2 需要的时间复杂性为 $O(n \log n)$, 步骤 3 的运行时间为 $O(n)$, 因此算法 5.7 的总时间复杂性为 $O(n \log n)$.

基于上述分析:

定理 5.8 对于问题 $1|1|p_{jr} = p_j r^a, \Delta_{\max}(\pi^*) \leqslant k|\sum C_j$ 能够在 $O(n + n_N \log n_N)$ 时间内得到最优序列.

证明 为了构造问题 $1|p_{jr} = p_j r^a, \bar{d}_j|\sum C_j$ 的实例, 集合 J_0 中的工件的加工时间与截止工期是一致关系的, 即 $p_1 \leqslant \cdots \leqslant p_{n_0}$ 和 $\bar{d}_1 \leqslant \cdots \leqslant \bar{d}_{n_0}$. 因此根据 (SPT, SPT) 性质, 为了有效地执行算法 5.7, 首先将 J_N 中的工件按照 SPT 序进行排列, 可以在 $O(n_N \log n_N)$ 时间内完成. 排在最后位置的工件要么是部分序列 π^* 中的最后一个未安排的工件, 要么是部分 J_N 中按照 SPT 序排列的最后一个工件, 这依赖于这两个工件的截止时间和加工时间. 由于构造序列需要 $O(n)$ 时间, 则总的时间复杂性为 $O(n + n_N \log n_N)$. 证毕.

最后考虑问题 $1|p_{jr} = p_j r^a, \sum \Delta_j(\pi^*) \leqslant k|\sum C_j$, 由引理 5.5, 工件 J_0 中的工件总时间错位最多为 k, 并且排在集合 J_0 中最后一个工件之前属于集合 J_N 中的工件具有最小的加工时间. 相似于算法 5.6, 可以通过将集合 J_0 和 J_N 的工件进行融合, 下面的动态规划方法得到在总的时间错位约束下的最优序列, 假设: $P_N = \sum_{J_j \in J_N} p_j$ 和 $P_N = \sum_{J_j \in J_0} p_j$.

算法 5.8 输入: 输入 p_j, 其中 $j = 1, \cdots, n$; k 和 π^*, 其中 $k \leqslant n_0 P_N$.

标号: 将 J_N 中的工件按照 SPT 序进行排列.

值函数: $f(i, j, \delta, r)$ 表示工件 $J_1, \cdots, J_i$ 和 $J_{n_0+1}, \cdots, J_{n_0+j}$ 的部分序列在工件 $J_1, \cdots, J_i$ 保持其相对位置不变且总的时间错位为 δ 和最后一个工件的位置为 r 时的总误工的最小值.

边界条件: $f(0, 0, 0, 0) = 0$.

最优值: $\min\limits_{0 \leqslant \delta \leqslant k} \{f(n_0, n_N, \delta, n)\}$.

递归关系:

$$f(i, j, \delta, r) = \min \begin{cases} f\left(i-1, j, \delta - \sum\limits_{h=n_0+1}^{n_0+j} p_{[h]}^0, r-1\right) + C_{i-1}^j + p_j r^a, \\ f(i, j-1, \delta, r-1) + C_i^{j-1} + p_j r^a \end{cases}$$

其中 $p_{[h]}^0$ 为工件 J_h^0 的实际加工时间, C_i^j 表示对于工件 $J_1, \cdots, J_i$ 和 $J_{n_0+1}, \cdots, J_{n_0+j}$ 的部分序列最大完工时间.

在递归关系中, 第一项对应部分序列以集合 J_0 中的工件 J_i 结束, 此时 J_N 中的 j 个工件在工件 J_i 之前已经排好, 总的时间错位增加量为 $\sum_{h=n_0+1}^{n_0+j} p_{[h]}^0$; 第二项对应部分序列以 J_N 中的工件 J_{n_0+j} 结尾.

定理 5.9　对于问题 $1|p_{jr} = p_j r^a, \sum \Delta_j(\pi^*) \leqslant k| \sum C_j$, 算法 5.8 能够在 $O(n_0^2 n_N \min\{n_0 P_N, n_N P_0\})$ 时间内给出最优解.

证明　定理 5.9 的最优性证明相似于定理 5.6 的证明. 考虑时间复杂性, 因为 $i \leqslant n_0$, $j \leqslant n_N$ 和 $\delta \leqslant k \leqslant n_0 P_N$, 所以有 $O(n_0^2 n_N p_N)$ 个状态变量的值. 标号阶段需要 $O(n_N \log n_N)$ 时间. 相似于定理 5.6, 可以得到算法 5.9 的时间复杂性为 $O(n_0^2 n_N p_n)$. 通过逆向 J_0 和 J_N 规则, 同时也可以证明 (SPT, SPT) 规则对于非空闲序列也是成立的, 总完工时间等于 J_0 中工件的总时间错位加上 J_N 中工件的总时间错位. 因此相似于算法 5.8 可以提出一个替代互斥算法, 其中 i, j 和 J_N 中的工件的总时间错位作为状态变量, J_0 中的工件的总时间偏差的约束在最优值阶段执行. 这个替代互斥算法的总时间复杂性为 $O(n_0^2 n_N \min\{n_0 P_N, n_N P_0\})$. 证毕.

5.4　具有错位限制且工件可退化问题

本节考虑在加权时间错位和或者加权位置错位和的限制条件下, 目标函数为总完工时间且工件可退化的重新排序问题, 所谓退化工件是指工件的实际加工时间 $p_j(t)$ 是关于工件开工时间 t 的一个线性函数, 即 $p_j(t) = \alpha_j(a + bt)$, 其中 $\alpha_j > 0$ 称为退化率. $a \geqslant 0, b > 0$, 工件的工期是工件的实际加工时间 $p_j(t)$ 加上一个正松弛变量 q, 并且 $0 < q < \dfrac{1}{b}(b^3 t_0 \alpha_1 + b^2 t_0 + ab^2 t_0 \alpha_1 + abt_0 - a)$.

本节研究的模型如下

$$1\left|\sum w_j D_j(\pi^*) \leqslant k, \quad p_j(t) = \alpha_j(a + bt)\right| \sum C_j$$

$$1\left|\sum w_j \Delta_j(\pi^*) \leqslant k, \quad p_j(t) = \alpha_j(a + bt)\right| \sum C_j$$

当权重 w_j 是任意的实数时, 问题 $1|\sum w_j D_j(\pi^*) \leqslant k, p_j(t) = \alpha_j(a + bt)| \sum C_j$; $1|\sum w_j \Delta_j(\pi^*) \leqslant k, p_j(t) = \alpha_j(a + bt)| \sum C_j$ 的计算复杂性是未知的, 但当 w_j 满足一致性条件时, $1|\sum w_j D_j(\pi^*) \leqslant k| \sum C_j$, $1|\sum w_j \Delta_j(\pi^*) \leqslant k| \sum C_j$ 具有良好的最优条件. 事实上, 当工件的加工时间不再是一个常数, 即工件为退化工件时, 可以证明上述问题依然具有良好的最优性质.

定理 5.10　当 $w_1 \geqslant w_2 \geqslant \cdots \geqslant w_{n_0}$ 时,

$$1\left|\sum w_j D_j(\pi^*) \leqslant k, \quad p_j(t) = \alpha_j(a + bt)\right| \sum C_j$$

$$1\left|\sum w_j\Delta_j(\pi^*)\leqslant k,\quad p_j(t)=\alpha_j(a+bt)\right|\sum C_j$$

存在使 J_0 中工件按照 α_j 非减顺序排列, J_N 中工件也按 α_j 非减顺序排列的最优序列, 并且工件间没有空闲.

证明 首先考虑 J_0 中工件, 若 σ^* 是一个最优的序列, 但是 J_0 中工件并没有按照 α_j 非减顺序, 这使得 J_i 是 J_0 中具有最小指标的工件, J_j 是 J_0 中的最后一个工件. 并记 J_j 与 J_i 之间的工件为 $J_{\widetilde{1}},J_{\widetilde{2}},\cdots,J_{\widetilde{h}}$, 现将 σ^* 做如下变换: 对调工件 J_j 与工件 J_i 的位置, 其余工件位置保持不变得到一个新的排序 $\widetilde{\sigma}$. σ^* 中工件 J_j 的开始时间为 t_0, 则 $C_j(\sigma^*)=t_0+\alpha_j(a+bt)$. $\widetilde{\sigma}$ 中工件 J_i 的开始时间是 t_0, 则

$$C_i(\widetilde{\sigma})=t_0+\alpha_i(a+bt)<C_j(\sigma^*)$$

并且 $C_j(\widetilde{\sigma})=C_i(\sigma^*)$, 工件 $J_{\widetilde{1}},J_{\widetilde{2}},\cdots,J_{\widetilde{h}}$ 在 $\widetilde{\sigma}$ 中比 σ^* 早完工, 即在变换后, 总完工时间不会增加. 另外, 记 J_j 与 J_i 在 σ^* 中的位置分别为 y 与 x, 则 $x-y=h+1$, 由于

$$
\begin{aligned}
w_iD_i(\widetilde{\sigma},\pi^*)&=w_i(y-i)=w_i(x-i-h-1)\\
&=w_i(x-i)-w_i(h+1)=w_iD_i(\sigma^*,\pi^*)-w_i(h+1)
\end{aligned}
$$

而且

$$
\begin{aligned}
w_jD_j(\widetilde{\sigma},\pi^*)&=w_j(x-j)=w_j(x-y+y-j)\\
&=w_j(x-y)+w_j(y-j)=w_jD_j(\sigma^*,\pi^*)+w_j(h+1)
\end{aligned}
$$

从而

$$w_iD_i(\widetilde{\sigma},\pi^*)+w_jD_j(\widetilde{\sigma},\pi^*)=w_iD_i(\pi^*,\sigma^*)+w_jD_j(\pi^*,\sigma^*)+(h+1)(w_j-w_i)$$

又由于 $w_i\geqslant w_j$,

$$w_iD_i(\widetilde{\sigma},\pi^*)+w_jD_j(\widetilde{\sigma},\pi^*)\leqslant w_iD_i(\pi^*,\sigma^*)+w_jD_j(\pi^*,\sigma^*)$$

其他工件位置未变, 则有结论

$$\sum w_jD_j(\widetilde{\sigma},\pi^*)\leqslant\sum w_jD_j(\pi^*,\sigma^*)$$

对于加权和的时间错位, 记 $\widetilde{h}=P_{\widetilde{J_1}}+\cdots+P_{\widetilde{J_h}}$, 其中

$$w_i\Delta_i(\widetilde{\sigma},\pi^*)=w_i(C_i(\widetilde{\sigma})-C_i(\pi^*))=w_i(C_i(\sigma^*)-C_i(\pi^*)-(p_j+\widetilde{h}))$$

$$w_j\Delta_j(\widetilde{\sigma},\pi^*) = w_i(C_j(\widetilde{\sigma}) - C_j(\pi^*)) = w_i(C_j(\sigma^*) - C_j(\pi^*) + p_i + \widetilde{h})$$

从而

$$w_j\Delta_j(\widetilde{\sigma},\pi^*) + w_i\Delta_i(\widetilde{\sigma},\pi^*) = w_i\Delta_i(\sigma^*,\pi^*) + w_j\Delta_j(\sigma^*,\pi^*) + w_j(\widetilde{h}+p_i) - w_i(\widetilde{h}+p_j)$$

由于 $\alpha_i < \alpha_j$, 则 $p_i(t) < p_j(t)$, 从而得到

$$w_j\Delta_j(\widetilde{\sigma},\pi^*) + w_i\Delta_i(\widetilde{\sigma},\pi^*) \leqslant w_i\Delta_i(\sigma^*,\pi^*) + w_j\Delta_j(\sigma^*,\pi^*) + (\widetilde{h}+p_j)(w_j - w_i)$$

而 $w_i \geqslant w_j$, 故 $\sum w_j\Delta_j(\widetilde{\sigma},\pi^*) \leqslant \sum w_j\Delta_j(\pi^*,\sigma^*)$. 经过有限次这样的调整, 得到一个最优的排序使得 J_0 中工件按照 α_j 递增顺序排列, 利用类似的方法可以证明 J_N 中工件也按照 α_j 递增顺序排列, 且最优排序不存在空闲时间. 证毕.

根据定理 5.10, 可以通过合并 J_0 中按照 α_j 非减顺序排列以及 J_N 中按照 α_j 非减顺序排列的工件序列来找问题 $1|\sum w_jD_j(\pi^*) \leqslant k, p_j(t) = \alpha_j(a+bt)|\sum C_j$ 的最优解.

算法 5.9 输入: t_0, α_j $(j=1,\cdots,n)$, k, π^*, 其中 $k \leqslant n_N\sum_{i=1}^{n_0}w_i$.

标号: 对 J_N 中工件按照 α_j 非减序列规则进行排列标号.

预处理: 计算 $\sum_{h=1}^{i}p_h$, $1 \leqslant i \leqslant n_0$; $\sum_{h=n_0+1}^{n_0+j}p_h$, $1 \leqslant j \leqslant n_N$.

函数值: $f(i,j,\delta)$ 表示工件 $J_1,\cdots,J_i$ 和 $J_{n_0+1},\cdots,J_{n_0+j}$ 的部分排序下的最小的总完工时间, 其中 δ 表示相应的总序列错位权和.

最优目标值: $\min\limits_{0\leqslant\tau\leqslant k}\{f(n_0,n_N,\delta)\}$.

递归方程:

$$f(i,j,\delta) = \sum_{h=1}^{i}p_h + \sum_{h=n_0+1}^{n_0+j}p_h + \min\{f(i-1,j,\delta-jw_i), f(i,j-1,\delta)\}$$

在递推关系中, 第一部分是工件 $J_i \in J_0$ 排在最后的部分序列, 第二部分相当于工件 $J_{n_0+j} \in J_N$ 排在最后的部分序列.

定理 5.11 当 $w_1 \geqslant w_2 \geqslant \cdots \geqslant w_{n_0}$ 时, 算法 5.9 在拟多项式时间内给出了问题 $1|\sum w_jD_j(\pi^*) \leqslant k, p_j(t) = \alpha_j(a+bt)|\sum C_j$ 的一个最优的算法, 并且运行时间是 $O(n_0n_N^2\sum_{i=1}^{n_0}w_i)$.

证明 由于算法 5.9 枚举了 J_0 中工件按照 α_j 非减顺序进行排列和 J_N 中工件按照 α_j 非减的序列规则进行排列的所有组合方式. 从而给出了问题:

$$1\left|\sum w_jD_j(\pi^*) \leqslant k, \quad p_j(t) = \alpha_j(a+bt)\right|\sum C_j$$

的一个最优排序. 分析其时间界: $i \leqslant n_0$, $j \leqslant n_N$, $\delta \leqslant n_N\sum_{i=1}^{n_0}w_i$, 因此状态量至多有 $n_0n_N^2\sum_{i=1}^{n_0}w_i$ 个, 而对 J_N 中工件按照 α_j 非减排列及计算 $\sum_{h=1}^{i}p_h$ 与

$\sum_{h=n_0+1}^{n_0+j} p_h$, 最多需要 $O(n+n_N \log n_N)$, 从而算法 5.9 的时间复杂性为 $O\Big(n_0 n_N^2 \cdot \sum_{i=1}^{n_0} w_i\Big)$. 证毕.

类似于算法 5.9, 利用 J_0 与 J_N 中工件的最优性质, 通过合并 J_0 中按照 α_j 非减排列的工件序列以及 J_N 中按照 α_j 非减序列排列的工件序列得到问题的最优解.

算法 5.10 输入: $t_0, \alpha_j (j=1,\cdots,n), k, \pi^*$, 其中 $k \leqslant \sum_{J_j \in J_N} p_j(t) \sum_{i=1}^{n_0} w_i$.

标号: 对 J_N 中的工件按照 α_j 非减顺序进行标号.

预处理: 计算 $\sum_{h=1}^{i} p_h$, $1 \leqslant i \leqslant n_0$; $\sum_{h=n_0+1}^{n_0+j} p_h$, $1 \leqslant j \leqslant n_N$, 其中

$$\sum C_j = t_0 \sum_{j=1}^{n} \prod_{i=1}^{j}(1+b\alpha_i) + \sum_{j=1}^{n} \frac{a}{b}\left(\prod_{i=1}^{j}(1+b\alpha_i)-1\right)$$

函数值: $f(i,j,\tau)$ 表示工件 $1,2,\cdots,i$ 和 $n_0+1, n_0+2, \cdots, n_0+j$ 的部分排序下的最小的总完工时间, 其中 τ 表示相应的总时间错位权和.

最优目标值: $\min_{0 \leqslant \tau \leqslant k} \{f(n_0, n_N, \tau)\}$.

递归方程:

$$f(i,j,\tau) = \sum_{h=1}^{i} p_h + \sum_{h=n_0+1}^{n_0+j} p_h + \min\left\{f\left(i-1,j,\tau-W_i\sum_{h=n_0+1}^{n_0+j} p_h\right), f(i,j-1,\tau)\right\}$$

定理 5.12 当 $w_1 \geqslant w_2 \geqslant \cdots \geqslant w_{n_0}$ 时, 算法 5.10 在拟多项式时间内给出了问题:

$$1\left|\sum w_j \Delta_j(\pi^*) \leqslant k, \quad p_j(t) = \alpha_j(a+bt)\right| \sum C_j$$

的一个最优排序, 并且时间复杂性是 $O\left(n_0 n_N \sum_{J_j \in J_N} p_j(t) \sum_{i=1}^{n_0} w_i\right)$.

证明 由于算法 5.10 枚举了 J_0 中工件按照 α_j 非减序列规则进行排列得到的所有组合方式, 从而给出了问题 $1|\sum w_j \Delta_j(\pi^*) \leqslant k, p_j(t) = \alpha_j(a+bt)|\sum C_j$ 的一个最优排序. 分析其时间界: $i \leqslant n_0$, $j \leqslant n_N$, $\tau \leqslant \sum_{J_j \in J_N} p_j(t) \sum_{i=1}^{n_0} w_i$, 因此状态量最多有 $n_0 n_N \sum_{J_j \in J_N} p_j(t) \sum_{i=1}^{n_0} w_i$ 个, 而对 J_N 中工件按照 α_j 非减排列以及计算 $\sum_{h=1}^{i} p_h$ 与 $\sum_{h=n_0+1}^{n_0+j} p_h$ 最多需要 $O(n+n_N \log n_N)$, 从而算法 5.10 的时间为 $O\left(n_0 n_N \sum_{J_j \in J_N} p_j(t) \sum_{i=1}^{n_0} w_i\right)$. 证毕.

利用简单数学计算可以得到下面的引理.

引理 5.5 对于一个给定的排序 $\pi = \{1,2,\cdots,n\}$, 如果第一个工件开工时间为 t_0, 工件 J_j 的工期为 $d_j = p_j + q, q \geqslant 0$, 那么总延误时间为

$$\sum L_j = \left(t_0 + \frac{a}{b}\right) \sum_{j=1}^{n} \prod_{i=1}^{j-1}(1 + b\alpha_i) - n\left(\frac{a}{b} + q\right)$$

在此基础上, 本节考虑在加权序列错位限制的条件下, 目标函数为总延误的重新排序问题. 当权重系数满足一致关系时, 得到定理 5.13.

定理 5.13   对于问题 $1|\sum w_j D_j(\pi^*) \leqslant k, p_j(t) = \alpha_j(a + bt), d_j = p_j(t) + q|$ $\sum L_j$, 如果 $w_1 \geqslant w_2 \geqslant \cdots \geqslant w_n$, 存在一个最优序列使得 J_0 中工件是按照加工率 α_j 非减顺序排列的, J_N 中工件也是按照加工率 α_j 非减序列排列的, 并且工件之间没有空闲.

证明   首先考虑 J_0 中的工件, 设 σ^* 是最优序列, 但 J_0 中工件并不是按照 α_j 非减顺序排列的, 记工件 J_i 是 J_0 中具有最小下标工件, 工件 $J_j(j > i)$ 是 J_0 中最后一个工件, 排在工件 J_i 与 J_j 之间的工件记为 $J_1, J_2, \cdots, J_h$. 假设序列 σ^* 中工件 J_j 的开始时间为 t_0, 则

$$L_j(\sigma^*) = t_0 - q, \quad L_i(\sigma^*) = \left(t_0 + \frac{a}{b}\right)(1 + b\alpha_j)\prod_{k=1}^{h}(1 + ba_k) - \frac{a}{b} - q$$

现作如下变换, 对调工件 J_i 与 J_j 的位置得到序列 $\widetilde{\sigma}$, 则有

$$L_i(\widetilde{\sigma}) = t_0 - q, \quad L_i(\widetilde{\sigma}) = \left(t_0 + \frac{a}{b}\right)(1 + b\alpha_i)\prod_{k=1}^{h}(1 + ba_k) - \frac{a}{b} - q$$

而 $\alpha_i < \alpha_j$, 从而 $L_j(\widetilde{\sigma}) \leqslant L_i(\sigma^*)$, $L_i(\widetilde{\sigma}) \leqslant L_i(\sigma^*)$, 即 $\sum L(\widetilde{\sigma}) < \sum L(\sigma^*)$. 另外, 记 J_j 与 J_i 在 σ^* 中的位置分别为 y 与 x, 则 $x - y = h + 1$, 由于 $x > y \geqslant i$, 因此

$$w_i D_i(\widetilde{\sigma}, \pi^*) = w_i(y - i) = w_i(x - i - h - 1)$$
$$= w_i(x - i) - w_i(h + 1) = w_i D_i(\sigma^*, \pi^*) - w_i(h + 1)$$

而且

$$w_j D_j(\widetilde{\sigma}, \pi^*) = w_j(x - j) = w_j(x - y + y - j)$$
$$= w_j(x - y) + w_j(y - j) = w_j D_j(\sigma^*, \pi^*) + w_j(h + 1)$$

从而

$$w_i D_i(\widetilde{\sigma}, \pi^*) + w_j D_j(\widetilde{\sigma}, \pi^*) = w_i D_i(\pi^*, \sigma) + w_j D_j(\pi^*, \sigma^*) + (h + 1)(w_j - w_i)$$

又由于 $w_i \geqslant w_j$, 故有 $w_i D_i(\widetilde{\sigma}, \pi^*) + w_j D_j(\widetilde{\sigma}, \pi^*) \leqslant w_i D_i(\pi^*, \sigma^*) + w_j D_j(\pi^*, \sigma^*)$, 其他工件位置未变, 则有结论 $\sum w_j D_j(\widetilde{\sigma}, \pi^*) \leqslant \sum w_j D_j(\pi^*, \sigma)$.

经过有限次这样的调整, 得到一个最优排序使得 J_0 中工件按照 α_j 递增顺序排列, 利用类似的方法可以证明 J_N 中工件也按照 α_j 递增顺序排列, 且最优排序中不存在空闲时间. 证毕.

算法 5.11 输入: 输入 t_0, α_j $(j = 1, \cdots, n), k, \pi^*$, 其中 $k \leqslant n_N \sum_{i=1}^{n_0} w_i$.

标号: 对 J_N 中工件按照 α_j 非减顺序进行排列标号.

预处理: 计算

$$\left(t_0 + \frac{a}{b}\right) \prod_{h=1}^{i}(1 + b\alpha_h) \prod_{k=n_0+1}^{n_0+j}(1 + b\alpha_k) - \left(\frac{a}{b} + q\right)$$

$$(i = 1, 2, \cdots, n_0;\ j = 1, 2, \cdots, n_N).$$

目标函数: $f(i, j, \delta)$ 表示工件 $J_1, \cdots, J_i$ 和 $J_{n_0+1}, \cdots, J_{n_0+j}$ 的部分排序下的最小总完工时间, 其中 δ 表示相应的序列错位权和.

最优目标值: $\min\limits_{0 \leqslant \delta \leqslant \tau}\{f(n_0, n_N, \delta)\}$.

递归方程:

$$f(i, j, \delta) = \begin{cases} \left(t_0 + \dfrac{a}{b}\right) \prod_{h=1}^{i}(1 + b\alpha_h) \prod_{k=n_0+1}^{n_0+j}(1 + b\alpha_k) - \left(\dfrac{a}{b} + q\right) + f(i-1, j, \delta - jw_i), \\ \left(t_0 + \dfrac{a}{b}\right) \prod_{h=1}^{i}(1 + b\alpha_h) \prod_{k=n_0+1}^{n_0+j}(1 + b\alpha_k) - \left(\dfrac{a}{b} + q\right) + f(i, j-1, \delta) \end{cases}$$

定理 5.14 对于问题 $1|\sum w_j D_j(\pi^*) \leqslant k, p_j(t) = \alpha_j(a + bt), d_j = p_j(t) + q|$ $\sum L_j$, 算法 5.11 可以得到最优解, 且算法复杂性为 $O\left(n_0 n_N^2 \sum_{i=1}^{n_0} w_i\right)$.

证明 由于算法枚举了 J_0 中工件按照 α_j 非减序列规则进行排列和 J_N 中工件按照 α_j 非减序列进行排列的所有组合方式, 从而给出了问题的所有状态情况, 获得最优解. 下面考虑其算法复杂性, 因为 $i \leqslant n_0, j \leqslant n_N, \delta \leqslant k \leqslant n_N \sum_{i=1}^{n_0} w_i$, 所以状态量为 $O\left(n_0 n_N^2 \sum_{i=1}^{n_0} w_i\right)$, 在预处理阶段, 计算 $\left(t_0 + \dfrac{a}{b}\right) \prod_{h=1}^{i}(1 + b\alpha_h) \cdot$ $\prod_{k=n_0+1}^{n_0+j}(1 + b\alpha_k) - \left(\dfrac{a}{b} + q\right)$ $(i = 1, 2, \cdots, n_0; j = 1, 2, \cdots, n_N)$ 需要 $O(n_0 n_N)$ 时间, 对 J_N 中工件按照 α_j 非减序列进行处理需要 $O(n_N + \log n_N)$ 时间, 故此算法的时间复杂性为 $O\left(n_0 n_N^2 \sum_{i=1}^{n_0} w_i\right)$. 证毕.

在实际应用过程中, 更为常见的是每个工件有自己特定的错位限制, 这种情况的产生是因为不同工件产生错位, 管理者承受的损失或者增加的费用并不相同, 从而对此情况的研究也就更为必要.

定理 5.15　当 $k_1 \leqslant k_2 \leqslant \cdots \leqslant k_{n_0}$ 时, 问题 $1|\Delta_j(\pi^*) \leqslant k_j, p_j(t) = \alpha_j(a + bt)|\sum C_j$ 以及 $1|D_j(\pi^*) \leqslant k_j, p_j(t) = \alpha_j(a + bt)|\sum C_j$ 可以按照 α_j 非减顺序得到最优序列, 且无空闲时间.

证明　设 σ^* 是一个最优排序使得 J_0 中工件并非按照 π^* 中 α_j 非减顺序, 假设 J_i 是下标最小的原始工件, 使得 σ^* 中存在下标大于 i 的原始工件排在 J_i 之前加工, $j > i$ 是在 σ^* 中排在 i 之前加工的最后一个原始工件的下标, 排在 J_j 与 J_i 之间的工件都是新工件, 记为 $\tilde{J}_1, \cdots, \tilde{J}_h$, 通过在 σ^* 中交换 J_j 与 J_i 的位置得到新的排序 $\tilde{\sigma}$, $\tilde{\sigma}$ 中 J_j 与 J_i 之间的工件比 σ^* 都提前了 $p_j(t) - p_i(t)$ 个单位时间, 所以 J_j 与 J_i 之间的新工件在 $\tilde{\sigma}$ 中的完工时间早于在 σ^* 中的完工时间, 记工件 J_j 在 σ^* 中的开始时间为 t_0, 则有 $C_i(\tilde{\sigma}) = t_0 + \alpha_i(a + bt) < t_0 + \alpha_j(a + bt) = C_j(\sigma^*)$ 而 $C_j(\tilde{\sigma}) = C_i(\sigma^*)$, 故有 $\sum C_j(\tilde{\sigma}) \leqslant \sum C_j(\sigma^*)$. 另有 $C_j(\tilde{\sigma}) = C_i(\sigma^*)$, $C_i(\sigma^*) > C_j(\sigma^*) \geqslant C_i(\tilde{\sigma}) \geqslant C_i(\pi^*)$, 且

$$\Delta_i(\pi^*, \tilde{\sigma}) = C_i(\tilde{\sigma}) - C_i(\pi^*) < C_i(\sigma^*) - C_i(\pi^*)$$
$$= \Delta_i(\pi^*, \sigma^*) \leqslant k_i$$

和

$$\Delta_j(\pi^*, \tilde{\sigma}) = C_j(\tilde{\sigma}) - C_j(\pi^*) = C_i(\sigma^*) - C_j(\pi^*)$$
$$< C_i(\sigma^*) - C_i(\pi^*) = \Delta_i(\pi^*, \sigma^*) \leqslant k_i \leqslant k_j$$

并且其他原始工件的完工时间并未改变, 故 $\Delta_j(\pi^*, \tilde{\sigma}) \leqslant k_j$.

对于序列错位: 设工件 J_j 在 σ^* 中的位置为 x, 工件 J_i 在 σ^* 中的位置为 y, 其中 $y > x \geqslant i$, $y - x = h + 1$,

$$D_i(\tilde{\sigma}, \pi^*) = x - i = y - i - h - 1$$
$$= D_i(\sigma^*, \pi^*) - (h + 1) < k_i - (h + 1) < k_i$$

和

$$D_j(\tilde{\sigma}, \pi^*) = y - j < y - i$$
$$= D_i(\sigma^*, \pi^*) < k_i < k_j$$

并且其他原始工件的位置未改变, 从而 $D_j(\pi^*, \tilde{\sigma}) \leqslant k_j$, 即 $\tilde{\sigma}$ 是一个最优序列.

经过有限次这样的调整, 得到一个最优的排序使得 J_0 中工件按照 α_j 递增顺序排列, 利用类似的方法可以证明 J_N 中工件也按照 α_j 递增顺序排列, 且最优排序中不存在空闲时间. 对于问题 $1|\Delta_j(\pi^*) \leqslant k_j, p_j(t) = \alpha_j(a + bt)|\sum C_j$, 由

$C_j \geqslant C_j(\pi^*)$, 可以转换为 $C_j \leqslant C_j(\pi^*) + k_j$, 即对于每个原始工件有一个截止工期 $\overline{d}_j = C_j(\pi^*) + k_j$, 限制约束的结果是把此问题转化为带有截止工期的总完工时间问题, 即 $1|p_j(t) = \alpha_j(a + bt), \overline{d}_j| \sum C_j$; 对于原始工件 $\overline{d}_j = C_j(\pi^*) + k_j$, 新工件的截止工期定义为无穷. 定义 J 表示需要排的工件集合, J^c 表示已经排好的工件集合, $C_{\max}(J)$ 表示 J 中工件的最大完工时间. 证毕.

对于问题 $1|\Delta_j(\pi^*) \leqslant k_j, p_j(t) = \alpha_j(a + bt)| \sum C_j$ 采用逆序排序方法得到最优解.

算法 5.12 步骤 1: $J = \{J_1, \cdots, J_n\}$, $J^c = \varnothing$.

步骤 2: J 中工件按照 α_j 非减的序列排列, 计算 $C_{\max}(J)$, 其中 $C_{\max} = t_0 \prod_{i=1}^{n}(1 + b\alpha_i) + \frac{a}{b}\left(\prod_{i=1}^{n}(1 + b\alpha_i) - 1\right)$, 找出集合 $\widetilde{J} \in \left\{J_j \in J | \overline{d}_j > C_{\max}(J_j)\right\}$, 取 J_j' 使得 $p_j' = \max\left\{p_j | J_j \in \widetilde{J}\right\}$, 把工件 J_j' 排在序列的最后一个位置.

步骤 3: $J = J - \{J_j'\}$, $J^c = J^c + \{J_j'\}$, 如果 $J = \varnothing$ 停止, 否则转步骤 2.

分析 考虑一个序列 $\pi = \{\pi(1), \cdots, \pi(n)\}$, 其中 $J_j = \pi(i)$ 表示 J_j 安排在 π 中的第 i 个位置, $S = (\pi(1), \cdots, \pi(r))$, 假设存在工件 $J_l = \pi(k), 1 \leqslant k \leqslant r - 1$, 使得 $p_l = \max\limits_{J_j \in \widetilde{J}}\{p_j\} > p_{\pi(r)}$, 则 π 不是算法生成的序列, 否则 $p_{\pi(r)} = \max\limits_{J_j \in \widetilde{J}}\{p_j\}$, $J_j = \pi(k)$, 对于序列 π, 将 J_l 立刻放在 $\pi(r)$ 后, 其他顺序不变, 得到序列 π', 其中 $\pi' = (\pi(1), \pi(2), \cdots, \pi(k-1), \pi(k+1), \cdots, \pi(r), J_l, \pi(r+1), \cdots, \pi(n))$. 则有 $C_i(\pi') = C_i(\pi), i = 1, 2, \cdots, k - 1, i = r + 1, r + 2, \cdots, n, C_l(\pi') = C_r(\pi)$. 另外, $p_l = \max\limits_{J_j \in \widetilde{J}}\{p_j\}$, $C_{k+1}(\pi') \leqslant C_l(\pi)$, $C_{k+2}(\pi') \leqslant C_{k+1}(\pi)$.

上述分析意味着, 经过这样的交换能够改进序列的总完工时间, 类似地, 经过重复交换使得所有的工件满足步骤 3 的条件, 并且可以得到最优序列. 下面考虑其时间复杂性, 步骤 2 需要时间 $O(n \log n)$, 步骤 3 的运行时间为 $O(n)$, 从而此算法的时间复杂性为 $O(n \log n)$.

对于问题 $1|D_j(\pi^*) \leqslant k_j, p_j(t) = \alpha_j(a + bt)| \sum C_j$, 由于 J_0 与 J_N 中工件都按照 α_j 非减顺序排列, 可以通过将 J_0 中按照 α_j 递减排列的工件和 J_N 中按照 α_j 非减排列的前 k_i 个工件进行融合, 就可以得到限制条件下的最优排序.

算法 5.13 输入: $t_0, \alpha_j (j = 1, \cdots, n), k_{n_0}, \pi^*, k \leqslant n_N \sum_{i=1}^{n_0} w_i$.

标号: 对 J_N 中的工件按照 α_j 非减的序列规则进行排列标号.

构造序列: 将工件 $J_1, \cdots, J_{n_0}, J_{n_0+1}, \cdots, J_{n_0+k_{n_0}}$ 按照 α_j 非减的序列规则排在前 $n_0 + k_{n_0}$ 个位置, 再将工件 $J_{n_0+k+1}, \cdots, J_{n_0+n_N}$ 按照 α_j 非减的序列规则排在后 $n_N - k_{n_0}$ 个位置上.

定理 5.16 对于问题 $1|D_j(\pi^*) \leqslant k_j, p_j(t) = \alpha_j(a + bt)| \sum C_j$, 算法可以在

拟多项式时间 $O(n + n_N \log n_N)$ 给出最优解.

证明 约束条件 $D_j(\pi^*) \leqslant k_j$ 允许集合 J_N 中具有最小工期的前 k_{n_0} 个工件排在集合 J_0 中的最后一个工件之前, 且集合 J_N 中这 k_{n_0} 个工件具有最小的工期. 而对 J_N 中的工件进行标号需要 $O(n_N \log n_N)$, 构造序列需要 $O(n)$ 时间, 因此总的时间为 $O(n + n_N \log n_N)$. 证毕.

定理 5.17 当 $k_1 \leqslant k_2 \leqslant \cdots \leqslant k_{n_0}$ 时, 问题

$$1|\Delta_j(\pi^*) \leqslant k_j, \quad p_j(t) = \alpha_j(a + bt), \quad d_j = p_j(t) + q|L_{\max}$$

$$1|D_j(\pi^*) \leqslant k_j, \quad p_j(t) = \alpha_j(a + bt), \quad d_j = p_j(t) + q|L_{\max}$$

存在使 J_0 中的工件按照 α_j 非减顺序排列, J_N 中工件也按照 α_j 非减顺序排列的最优序列, 并且工件间没有空闲.

证明 设 σ^* 是一个最优排序使得 J_0 中的工件并非按照 π^* 中 α_j 非减顺序排列, 假设 J_i 是下标最小的原始工件使得 σ^* 中存在下标大于 i 的原始工件排在 J_i 之前加工, $j > i$ 是在 σ^* 中排在 J_i 之前加工的最后一个原始工件的下标, 排在 J_j 与 J_i 之间的工件都是新工件, 记为 $\tilde{J}_1, \cdots, \tilde{J}_h$, 通过在 σ^* 中交换 J_j 与 J_i 的位置得到新的排序 $\tilde{\sigma}$, $\tilde{\sigma}$ 中 J_i 以及 J_j 与 J_i 之间的工件都有 $L_{\max}(\tilde{\sigma}) \leqslant L_{\max}(\sigma^*)$, 记工件 J_j 在 σ^* 中的开始时间为 t_0, 则有

$$L_j(\tilde{\sigma}) = C_j(\tilde{\sigma}) - p_j(t) - q = C_i(\sigma^*) - p_j(t) - q$$

$$< C_i(\sigma^*) - p_i(t) - q = L_i(\sigma^*)$$

从而, $L_{\max}(\tilde{\sigma}) \leqslant L_{\max}(\sigma^*)$. 另外 $C_j(\tilde{\sigma}) = C_i(\sigma^*)$, $C_i(\sigma^*) > C_j(\sigma^*) \geqslant C_i(\tilde{\sigma}) \geqslant C_i(\pi^*)$, 则

$$\Delta_i(\pi^*, \tilde{\sigma}) = C_i(\tilde{\sigma}) - C_i(\pi^*) < C_i(\sigma^*) - C_i(\pi^*)$$

$$= \Delta_i(\pi^*, \sigma^*) \leqslant k_i$$

$$\Delta_j(\pi^*, \tilde{\sigma}) = C_j(\tilde{\sigma}) - C_j(\pi^*) = C_i(\sigma) - C_j(\pi^*)$$

$$< C_i(\sigma^*) - C_i(\pi^*) = \Delta_i(\pi^*, \sigma^*) \leqslant k_i \leqslant k_j$$

并且其他原始工件的完工时间并未改变, 故 $\Delta_j(\pi^*, \tilde{\sigma}) \leqslant k_j$.

对于序列错位: 设工件 J_j 在 σ^* 中的位置为 x, 工件 J_i 在 σ^* 中的位置为 y, 其中 $y > x \geqslant i$, $y - x = h + 1$,

$$D_i(\tilde{\sigma}, \pi^*) = x - i = y - i - h - 1$$

$$= D_i(\sigma^*, \pi^*) - (h + 1) < k_i - (h + 1) < k_i$$

并且其他原始工件的位置未改变, 从而 $D_j(\tilde{\sigma}, \pi^*) \leqslant k_j$. 即 $\tilde{\sigma}$ 是一个最优序列, 经过有限次这样的调整, 得到一个最优的排序使得 J_0 中工件按照 α_j 非减顺序排列, 利用类似的方法可以证明 J_N 中的工件也按照 α_j 递增顺序排列, 且最优排序中不存在空闲时间. 证毕.

对于问题 $1\,|\,\Delta_j(\pi^*) \leqslant k_j, p_j(t) = \alpha_j(a+bt), d_j = p_j(t) + q|\,L_{\max}$, 由定理 5.17 得到算法 5.14.

算法 5.14 输入: 输入 $t_0, \alpha_j(j=1,\cdots,n), k_{n_0}$ 和 π^*, 其中 $k_{n_0} \leqslant \sum_{j \in J_N} p_j(t)$.

标号: 对 J_N 中的工件按照 α_j 非减序列规则进行重新标号.

预处理: 计算 $\sum_{h=n_0+1}^{n_0+j} p_h (1 \leqslant j \leqslant n_N)$.

函数值: $f(i,j,\tau)$ 表示工件 $J_1, J_2, \cdots, J_i$ 和 $J_{n_0+1}, J_{n_0+2}, \cdots, J_{n_0+j}$ 的部分排序下的最大延迟时间的最小值, 其中 τ 为时间错位.

最优目标值: $\min\limits_{0 \leqslant \tau \leqslant k} \{f(n_0, n_N, \tau)\}$.

递归方程:

$$f(i,j,\tau) = \min\left\{\max\left\{f(i-1,j,\tau-p_m), \sum_{h=1}^{i} p_h + \sum_{h=n_0+1}^{n_0+j} p_h - d_i\right\},\right.$$
$$\left.\max\left\{f(i,j-1,\tau), \sum_{h=1}^{i} p_h + \sum_{h=n_0+1}^{n_0+j} p_h - d_j\right\}\right\}$$

其中 p_m 为工件 J_i 与工件 J_j 之间安排的新工件的加工时间之和.

在这个递归方程中, 第一项对应部分排序以 J_0 中工件 J_i 结束, 此时 J_N 中的 j 个工件在工件 J_i 之前已经排好, 最大时间错位增加量为 p_m, 第二项对应部分排序以 J_N 中工件 J_{n_0+j} 结尾.

定理 5.18 对于问题 $1\,|\,\Delta_j(\pi^*) \leqslant k_j, p_j(t) = \alpha_j(a+bt), d_j = p_j(t) + q|\,L_{\max}$, 算法在拟多项式时间 $O(n_0 n_N \sum_{j \in J_N} p_j(t) + n_N \log n_N)$ 内给出最优排序.

证明 由定理 5.17, 约束条件 $\Delta_j(\pi^*) \leqslant k_j$ 允许有加工时间和最多为 k_{n_0} 的新工件排在最后一个原始工件 J_{n_0} 的前面, 而且这些工件是具有最小工期的工件, 因此只需要将 π^* 中工件序列和 J_N 中工件序列按照 α_j 非减排列进行所有可能的排列组合. 算法就是通过所有状态的比较, 从而获得最优解.

因为 $i \leqslant n_0, j \leqslant n_N$, 且 $\tau \leqslant k_{n_0} \leqslant \sum_{j \in J_N} p_j(t)$, 所以有 $O\left(n_0 n_N \sum_{j \in J_N} p_j(t)\right)$ 个状态变量的值. 在标号和预处理阶段, 分别用 $O(n_N \log n_N)$ 和 $O(n)$ 时间, 递归方程对每一组状态量计算函数值时用常数时间, 因此算法的复杂性为 $O\left(n_0 n_N \cdot \sum_{j \in J_N} p_j(t) + n_N \log n_N\right)$. 证毕.

5.5   最大加权误工的重新排序问题

由于问题 $1\|\sum T_j$ 是 NP 难的, 则带有约束条件的误工重新排序问题是强 NP 难的, 本节内容研究带有权重的误工问题. 对于约束条件, 一方面研究了时间错位和的约束情况, 另一方面也研究了工件的时间错位的约束条件.

定理 5.19   对于问题 $1|d_j = d|\max w_j T_j$, 工件按照权重从大到小的顺序进行加工得到的排序 π^* 是最优序列.

证明   若存在一个最优序列 π, 其中工件不是和 π^* 中一样按照权重从大到小的顺序排列, 设 J_i 是 π 中不按从大到小顺序排列且具有最小下标的工件, J_j 是 π 中排在 J_i 之前且离工件 J_i 最近的工件, 且 $w_i \geqslant w_j$, 新排序 π' 是将 π 中工件 J_i 与 J_j 对调, 其他工件位置不变. 则有 $w_j T_j(\pi') \leqslant w_i T_i(\pi)$, $w_i T_i(\pi') \leqslant w_i T_i(\pi)$, 其他工件的目标函数均保持不变, 所以对调工件 J_j 与 J_i 得到的新排序 π' 所得到的目标函数值不会比原来的大, 经过有限次这样的调整, 得到一个按照权重系数从大到小的最优排序. 证毕.

定理 5.20   问题 $1|\sum \Delta_j(\pi^*) \leqslant k|\max w_j T_j$ 是强 NP 难的.

证明   为了证明该问题的强 NP 难性, 我们可以用 3 划分问题[1] 进行归结, 给定了一个 3 划分问题的实例 $(a_1, a_2, \cdots, a_{3t}, y)$, 其中 $\sum_{i=1}^{3t} a_i = ty\left(\frac{y}{4} < a_i < \frac{y}{2}\right)$, 构造问题 $1|\sum \Delta_j(\pi^*) \leqslant k|\max w_j T_j$ 的判定形式的一个实例如下

$$n_0 = 2t$$
$$n_N = 3t$$
$$p_j = 1 \quad (j = 1, 2, \cdots, t)$$
$$d_j = t^2 y + t \quad (j = 1, 2, \cdots, t)$$
$$w_j = ty + 1 \quad (j = 1, 2, \cdots, t)$$
$$p_j = ty \quad (j = t+1, t+2, \cdots, 2t)$$
$$d_j = t^2 y + t \quad (j = t+1, t+2, \cdots, 2t)$$
$$w_j = ty + 1 \quad (j = t+1, t+2, \cdots, 2t)$$
$$p_j = ta_{j-2t} \quad (j = 2t+1, 2t+2, \cdots, 5t)$$
$$d_j = t^2 y + t - 1 \quad (j = 2t+1, 2t+2, \cdots, 5t)$$
$$w_j = \frac{ty(ty+1)}{y-1} \quad (j = 2t+1, 2t+2, \cdots, 5t)$$

$$k = t^3 y + \frac{t(t+1)}{2}$$

$$C = t^2 y(ty + 1)$$

由于原始工件的权重相同, 不失一般性, 假设原始工件的最优序列: $\pi^* = (t+1, 1, t+2, 2, \cdots, 2t, t)$, 并且工件之间存在空闲时间. 以下证明 3 划分问题有解 $\Leftrightarrow$ $1|\sum \Delta_j(\pi^*) \leqslant k| \max w_j T_j$ 的实例存在.

$\Rightarrow$: 如果 3 划分问题有解, 不妨将 $a_1, a_2, \cdots, a_{3t}$ 重新标号使得 $a_{3i-2} + a_{3i-1} + a_{3i} = y$, 对 $i = 1, 2, \cdots, t$ 都成立. 构造排序 σ 如下

$$(2t+1, 2t+2, 2t+3, 1, 2t+4, 2t+5, 2t+6, 2, \cdots, 5t-2, 5t-1, t, t+1, t+2, \cdots, 2t)$$

并且工件之间没有空闲, 注意到 $C_j(\sigma) = C_j(\pi^*)$, 对 $j = 1, 2, \cdots, t$ 都成立, 因而

$$\sum_{j \in J_0} \Delta_j(\pi^*, \sigma) = \big[t(ty+1) + ty - ty\big] + \big[t(ty+1) + 2ty - (2ty+1)\big]$$
$$+ \cdots + \big[t(ty+1) + t^2 y - (t^2 y + t - 1)\big]$$
$$= k$$

并且 $\max w_j T_j = (ty+1)\big[t(2ty+1) - (t^2 y + t)\big] = (ty+1)t^2 y$. 因此 σ 是满足 $\max w_j T_j \leqslant C$ 的可行排序.

$\Leftarrow$: 假设排序问题 $1|\sum \Delta_j(\pi^*) \leqslant k| \max w_j T_j$ 存在可行排序 σ, 满足 $\max w_j \cdot T_j \leqslant C$, 对任何 $J_j \in J_N$, $T_j \leqslant \dfrac{C}{w_j} = ty - t$, 假如 $(t+1, t+2, \cdots, 2t)$ 中的任一工件排在 J_N 工件之中. 此时, 对 J_N 中的工件有 $T_j = ty - t + 1 > ty - t$. 从而, 所有的 $(t+1, t+2, \cdots, 2t)$ 中工件均排在任一个工件 $J_j \in J_N$ 之后. 假定在排序 σ 中 $(1, 2, \cdots, t)$ 中恰有 h 个工件排在 $(t+1, \cdots, 2t)$ 中的第一个工件之后, 在 σ 中每个这样的工件完工时间不小于 $t^2 y + ty + (t - h) + 1$, 而在 π^* 中 $(t+1, t+2, \cdots, 2t)$ 中工件的完工时间分别为 $ty, 2ty + 1, \cdots, t^2 y + t - 1$, 在排序 σ 中它们排在所有 J_N 和 $(1, 2, \cdots, t)$ 中的 $t - h$ 个工件之后, 所以在 σ 中它们的完工时间分别不小于

$$t^2 y + (t - h) + ty, \quad t^2 y + (t - h) + 2ty, \quad \cdots, \quad t^2 y + (t - h) + t^2 y$$

因此得到如下结论

$$\sum_{j \in J_0} \Delta_j(\pi^*, \sigma) \geqslant \left[t^2 y + (t-h) + ty - ty \right] + \left[t^2 y + (t-h) + 2ty - 2ty \right]$$

$$+ \cdots + \left[t^2 y + (t-h) + t^2 y - (t^2 y + t - 1) \right]$$

$$+ h \left[t^2 y + ty + (t-h) + 1 - (t^2 y + t) \right]$$

$$= t^3 y + t(t-h) - \frac{t(t-1)}{2} + h(ty - h + 1)$$

$$= k + h(ty - h - t + 1)$$

由 3 划分问题的定义可知 $y \geqslant 3$. 进而, 由 σ 是可行序, 得到 $h = 0$. 因而

$$\sum_{j=t+1}^{2t} \Delta_j(\pi^*, \sigma) = k, \quad \Delta_j(\pi^*, \sigma) = 0 \quad (j = 1, 2, \cdots, t)$$

由 3 划分问题的定义可知 $y \geqslant 3$. 进而, 由 σ 是可行序, 得到 $h = 0$. 因而, $\sum_{j=t+1}^{2t} \Delta_j(\pi^*, \sigma) = k$, $\Delta_j(\pi^*, \sigma) = 0$ $(j = 1, 2, \cdots, t)$. 即 $(1, 2, \cdots, t)$ 中工件在排序 σ 和 π^* 中完工时间相同, $(t+1, t+2, \cdots, 2t)$ 中工件无间隙地排在工件 t 的后面. 前面已经证明了所有 $(t+1, t+2, \cdots, 2t)$ 中工件均排在任意一个工件 $J_j \in J_N$ 之后, 故 $\max w_j T_j \leqslant C$, J_N 中工件被分别排在 t 个长度的小区间 $[0, ty], [ty+1, 2ty+1], \cdots, [(t-1)ty+(t-1), t^2 y + t - 1]$ 内, 这就证明了 3 划分问题有解. 证毕.

算法设计

$$1 \| \max w_j T_j$$

当权重 $w_j > 0$ 时, 对于问题 $\Gamma = \{J_1, J_2, \cdots, J_n\}$ 给出算法 5.15.

算法 5.15 步骤 1: 给任务集 $\Gamma = \{J_1, J_2, \cdots, J_n\}$, 令初始任务排序 $\Phi = \varnothing$.

步骤 2: 对 Γ 中的工件求目标值 $\left(\sum_{k=1}^{n} p_k - d_j \right) w_j$, 并对其进行由大到小的顺序排列, 选择具有最小目标函数值的工件, 记为 J_k.

步骤 3: 将 J_k 排在 Φ 的前边形成新的排列, 即 $\Phi = \{J_k, \Phi\}$.

步骤 4: 令 $\Gamma = \Gamma - \{J_k\}$, 如果 $\Gamma \neq \varnothing$, 转步骤 2, 否则停止计算, 得到排序 Φ.

定理 5.21 对于问题 $1 \| \max w_j T_j$, 算法 5.15 得到的排序 σ' 最优.

证明 设 σ' 是由算法 5.15 得到的排序, σ^* 为任意的排序, 下证若 σ' 与 σ^* 不同, 则可以将 σ' 调整为 σ^*, 且目标函数值 $\max \{w_i T_i \mid 1 \leqslant i \leqslant n\}$ 不会增大. 事实上, 设排序 σ^* 中的工件 J_j 是从后往前数第一个与排序 σ' 中不相同的工件, 且排序 σ' 中此位置的工件为 J_i, 显然在排序 σ' 中工件 J_j 在工件 J_i 之前加工. 设将排序 σ^* 中工件 J_i 与工件 J_j 调换得到的排序记为 σ.

对 σ^* 中的工件 J_j 以及 σ 中的工件 J_i 进行讨论: ① 当 $w_j T_j(\sigma^*) = w_j$ $(C_j(\sigma^*) - d_j)$, $w_i T_i(\sigma) = w_i(C_i(\sigma) - d_i)$ 时, 由于 $C_j(\sigma^*) = C_i(\sigma)$, 且已经知道 $w_i\left(\sum_{k=1}^n p_k - d_i\right) < w_j\left(\sum_{k=1}^n p_k - d_j\right)$, 从而 $w_i T_i(\sigma) < w_j T_j(\sigma^*)$; ② 当 $w_j T_j(\sigma^*) = 0$, $w_i T_i(\sigma) = 0$ 时, $w_i T_i(\sigma) = w_i T_i(\sigma^*)$; ③ 当 $w_j T_j(\sigma^*) = w_j(C_j(\sigma^*) - d_j)$, $w_i T_i(\sigma) = 0$ 时, $w_i T_i(\sigma) < w_j T_j(\sigma^*)$; ④ $w_j T_j(\sigma^*) = 0$, $w_i T_i(\sigma) = w_i(C_i(\sigma) - d_i)$ 是不存在的. 综上有 $w_i T_i(\sigma^*) = w_i(C_i(\sigma^*) - d_i)$.

对 σ 以及 σ^* 中的工件 J_i 进行讨论: ① 当 $w_i T_i(\sigma) = w_i(C_i(\sigma) - d_i)$, $w_i T_i(\sigma^*) = w_i(C_i(\sigma^*) - d_i)$ 时, 由于 $C_i(\sigma) > C_i(\sigma^*)$, 从而 $w_i T_i(\sigma) > w_i T_i(\sigma^*)$; ② 当 $w_i T_i(\sigma) = 0$, $w_i T_i(\sigma^*) = 0$ 时, $w_i T_i(\sigma) = w_i T_i(\sigma^*)$; ③ 当 $w_i T_i(\sigma) = w_i(C_i(\sigma) - d_i)$, $w_i T_i(\sigma^*) = 0$ 时, $w_i T_i(\sigma^*) < w_i T_i(\sigma)$; ④ 当 $w_i T_i(\sigma) = 0$, $w_i T_i(\sigma^*) = w_i(C_i(\sigma^*) - d_i)$ 时, 此情况不符合. 综上有 $w_i T_i(\sigma^*) \leqslant w_i T_i(\sigma)$.

对 σ 以及 σ^* 中的工件 J_j 进行讨论: ① 当 $w_j T_j(\sigma) = w_j(C_j(\sigma) - d_j)$, $w_j T_j(\sigma^*) = w_j(C_j(\sigma^*) - d_j)$ 时, 由于 $C_j(\sigma) < C_j(\sigma^*)$, 从而 $w_j T_j(\sigma^*) = 0$; ② 当 $w_j T_j(\sigma) = 0$, $w_j T_j(\sigma^*) = 0$ 时, $w_j T_j(\sigma) = w_j T_j(\sigma^*)$; ③ 当 $w_j T_j(\sigma) = 0$, $w_j T_j(\sigma^*) = w_j(C_j(\sigma^*) - d_j)$ 时, $w_j T_j(\sigma) < w_j T_j(\sigma^*)$; ④ 当 $w_j T_j(\sigma) = w_j(C_j(\sigma) - d_j)$, $w_j T_j(\sigma^*) = 0$ 时, 此情况是不存在的, 故有 $w_j T_j(\sigma) < w_j T_j(\sigma^*)$. 证毕.

由上面的证明过程知道, 序列 σ 中工件的目标函数不会超过 σ^* 中工件的目标函数. 表明算法 5.15 为问题 $1\|\max w_j T_j$ 提供了一种可行的最优算法, 经过分析知道步骤 2 的计算量为 $O(n\log n)$, 而步骤 3 至多会重复 n 次, 故算法 5.15 的时间复杂性为 $O(n^2\log n)$.

在实际生产过程中, 更为常见的是每个工件有自己的时间限制的情况, 从而本节研究在原始工件的时间错位的限制条件下的最大加权误工问题.

定理 5.22 $1|\Delta_j(\pi^*, \sigma) \leqslant k_j|\max w_j T_j$ 是强 NP 难的.

证明 为了证明这个问题是强 NP 难的, 利用 3 划分问题进行归结.

对于给定的 3 划分问题的一个实例 $a_1, a_2, \cdots, a_{3t}, y$, 其中 $\sum_{i=1}^{3t} a_i = ty$ $\left(\frac{y}{4} < a_i < \frac{y}{2}\right)$, 构造排序问题 $1|\Delta_j(\pi^*, \sigma) \leqslant k_j|\max w_j T_j$ 的判定形式的一个实例如下

$$n_0 = 2t, \quad n_N = 3t; \quad p_j = y, \quad j = 1, 2, \cdots, 2t$$

$$d_j = t^2 y + ty, \ j = 1, 2, \cdots, 2t; \quad k_j = \infty, \ j = 1, 3, \cdots, 2t-1$$

$$k_j = 0, \ j = 2, 4, 6, \cdots, 2t; \quad w_j = ty + 1, \ j = 1, 2, \cdots, 2t$$

$$p_{2t+j} = a_j, \ j = 1, 2, \cdots, 3t; \quad d_j = t^2 y + ty - y, \ j = 1, 2, \cdots, 3t$$

$$w_j = ty + 1, \ j = 1, 2, \cdots, 3t; \quad C = ty(ty+1)$$

由于 $J_1, \cdots, J_{2t}$ 的权重相同, 不失一般性, 可以假设 π^* 是由序列 $(1, 2, \cdots, 2t)$ 定义的最优序列, 并且工件之间不存在空闲时间. 以下证明 3 划分问题有解 $\Leftrightarrow$ $1|\Delta_j(\pi^*) \leqslant k_j| \max w_j T_j$ 的实例存在可行排序满足 $\max w_j T_j \leqslant C$.

$\Rightarrow$: 假设 3 划分问题有解, 不妨假设 $a_1, a_2, \cdots, a_3$ 的排列顺序满足 $a_{3i-2} + a_{3i-1} + a_{3i} = y$, 对于 $i = 1, 2, \cdots, t$. 考虑由序列

$$(2t+1, 2t+2, 2t+3, 2, 2t+4, 2t+5, 2t+6, 4, \cdots, 5t-2, 5t-1, 5t, 2t, 1, 3, \cdots, 2t-1)$$

定义的排序 σ, 并且工件之间没有空闲时间. 注意到 $C_j(\sigma) = C_j(\pi^*)$, 对于 $j = 2, 4, \cdots, 2t$. $\Delta_j(\pi^*, \sigma) \leqslant k_j = \infty$, 对于 $j = 1, 3, \cdots, 2t-1$ 且 $\max w_j T_j = ty(ty+1)$.

$\Leftarrow$: 考虑排序问题的一个不可中断的可行排序 σ, 满足 $\max w_j T_j \leqslant C$. 注意到 $k_j = 0$ 对于 $j = 2, 4, \cdots, 2t$, 从而 $C_j(\sigma) = C_j(\pi^*)$, 对于 $j = 2, 4, \cdots, 2t$. 下面证明工件 $J_1, J_3, \cdots, J_{2t-1}$ 被安排在 J_{2t} 之后加工. 对于任意的 $J_j \in J_N$, 由于 $w_j T_j \leqslant ty(ty+1)$ 知 $T_j \leqslant ty$, 假如 $J_1, J_2, \cdots, J_{2t-1}$ 中任一工件被排在 J_N 工件之中, 则有 $J_j \in J_N$, 使得 $\max w_j T_j = (ty+1)y > ty$, 从而工件 $J_1, \cdots, J_{2t-1}$ 只能放在工件 J_N 之后, 类似地, 证明所有的新工件都被安排在工件 J_{2t} 之前加工.

若不然, 取任意一个 J_N 中的工件放到 J_{2t} 之后, 则对于该工件有 $w_j T_j = 2y(ty+1) > ty$, 因此新工件一定被安排在区间 $[0, y], [2y, 3y], \cdots, [(2t-2)y, (2t-1)y]$ 加工, 由于 $\sum_{j=2t+1}^{5t} p_j = ty$, 其中的每一个区间恰好有 y 个单位加工时间, 再由 3 划分问题的定义: 对于每一个新工件, 都有 $\frac{y}{4} < p_j < \frac{y}{2}$, 从而 $[0, y], [2y, 3y], \cdots, [(2t-2)y, (2t-1)y]$ 中的每一个区间恰好安排有 3 个新工件, 这样就给出了 3 划分问题的一个解. 证毕.

下面考虑该问题的启发式算法.

对于问题 $1|\Delta_j(\pi^*) \leqslant k_j| \max w_j T_j$, 因为约束条件是对每一个工件的时间错位的限制. 为了让最大加权误工最小, 首先考虑用算法 5.15 对 J_0 中的工件进行排序, 再将 J_0 与 J_N 中的工件按照算法 5.15 进行排序, 最后调整不满足限制条件的原始工件.

算法 5.16   步骤 1: 将 J_0 中的工件按照算法 5.15 进行排序.

步骤 2: 将 J_0 与 J_N 中的工件按照算法 5.15 进行排序.

步骤 3: 筛选出步骤 2 得到的排序中不满足限制条件的原始工件.

步骤 4: 将筛选出来的原始工件与序列中排在该工件之前的新工件的加工时间作比较, 当两个工件的加工时间相差最少的时候, 调换位置, 直到满足限制条件.

对于算法 5.16, 下面给出一个实际例子.

原始工件集记为 $J_0 = \{J_1, J_2, J_3\}$, 新工件集记为 $J_N = \{J_4, J_5\}$. 每个工件的

加工时间、工期、权重系数以及原始工件的时间错位限制量如下

$$p_1 = 5, \quad d_1 = 4, \quad w_1 = 1, \quad \Delta_1(\pi^*) \leqslant 10$$

$$p_2 = 7, \quad d_2 = 4, \quad w_2 = 2, \quad \Delta_2(\pi^*) \leqslant 10$$

$$p_3 = 10, \quad d_3 = 9, \quad w_3 = 3, \quad \Delta_3(\pi^*) \leqslant 10$$

$$p_4 = 6, \quad d_4 = 7, \quad w_4 = 2$$

$$p_5 = 8, \quad d_5 = 2, \quad w_5 = 5$$

执行算法 5.16 的步骤 1 得到的最优排序是 $J_3 \prec J_2 \prec J_1$.

执行算法 5.16 的步骤 2 得到的最优排序是 $J_5 \prec J_3 \prec J_2 \prec J_4 \prec J_1$.

执行算法 5.16 的步骤 3 知: 原始工件中 J_1 的时间错位超过了限制条件.

执行算法 5.16 的步骤 4 得到相对较优的可行排序为 $J_5 \prec J_3 \prec J_2 \prec J_1 \prec J_4$.

定理 5.23 表明对于问题 $1|\Delta_j(\pi^*) \leqslant k_j| \max w_j T_j$, 不可能找到多项式时间算法给出的排序. 因此, 考虑该问题的不可近似性, 用 σ^* 表示问题 $1|\Delta_j(\pi^*) \leqslant k_j| \max w_j T_j$ 的一个最优性.

定理 5.24 设 σ 是问题 $1|\Delta_j(\pi^*) \leqslant k_j| \max w_j T_j$ 的一个由多项式时间近似算法给出的排序. 如果对于任意给定的实例都有 $\max w_j T_j(\sigma) \leqslant \rho(\max w_j T_j(\sigma^*))$, 则有 $\rho \geqslant 2$, 除非 P = NP.

证明 为证明此结论, 用 NP 完全的划分问题来归结.

划分问题: 给定 $t+1$ 个正整数 $a_1, a_2, \cdots, a_t$ 和 y, 其中 $y = \frac{1}{2} \sum_{i=1}^{t} a_i$, 问是否存在 $1, 2, \cdots, t$ 的一个 2 划分 (I_1, I_2), 使得 $\sum_{i \in I_1} a_i = \sum_{i \in I_2} a_i = y$.

给定划分问题的一个实例, 构造排序问题 $\lim_{v \to +} \frac{w_j T_j(\sigma)}{w_j T_j(\sigma^*)} > \lim_{v \to +} \frac{2vy}{vy} = 2$ 的一个实例: $n_0 = 4$, $J_0 = \{J_1, J_2, J_3, J_4\}$, $n_N = t$, $J_N = \{J_5, J_6, \cdots, J_{t+4}\}$, $\pi^* = (J_1, J_2, J_3, J_4)$, v 是一个充分大的正数, 其中对于 $J_j \in J_0$,

$$p_1 = y, \quad d_1 = 0, \quad k_1 = \infty, \quad w_1 = 1$$

$$p_2 = y, \quad d_2 = 0, \quad k_2 = 0, \quad w_2 = 1$$

$$p_3 = y, \quad d_3 = 0, \quad k_3 = \infty, \quad w_3 = 1$$

$$p_4 = vy, \quad d_4 = 0, \quad k_4 = 0, \quad w_4 = 1$$

对于 $J_j \in J_N$: $p_j = a_{j-4}, d_j = -vb, w_j = 1, j = 5, 6, \cdots, t+4$. 将要证明划分问题多项式时间内可解当且仅当 $\rho < 2$, 这表明问题 $1|\Delta_j(\pi^*) \leqslant k_j| \max w_j T_j$ 存在

一个多项式时间的 ρ-近似算法 ($\rho < 2$) 除非 P = NP. 由于 $k_2 = k_4 = 0$, J_2 与 J_4 在任意一个可行排序的加工区间都与它们在 π^* 中的加工区间一样, 即分别是 $[y, 2y]$, $[3y, 3y + vy]$. 因此 J_N 中的工件一定被安排在区间 $[0, y]$, $[2y, 3y]$ 或者从时刻 $3y + vy$ 开始的区间.

假设划分问题有解, 并设 (I_1, I_2) 是 $1, 2, \cdots, t$ 的一个划分, 即 $\sum_{i \in I_1} a_i = \sum_{i \in I_2} a_i = y$, 分为以下四种情况:

(1) 对于每一个 $i \in I_1$, 将工件 J_{i+4} 放在区间 $[0, y]$ 加工. 对每一个 $i \in I_2$, 将工件 J_{i+4} 放在区间 $[2y, 3y]$ 加工. 最后把工件 J_1 和 J_3 从时刻 $3y + vy$ 开始加工. 此情况下, $\max w_j T_j = 5y + vy$.

(2) 对于每一个 $i \in I_1$, 将工件 J_{i+4} 放在区间 $[0, y]$ 加工. 对每一个 $i \in I_2$, 将工件 J_{i+4} 从 $3y + vy$ 开始加工. 最后把工件 J_1 放在区间 $[4y + vy, 5y + vy]$ 加工, 此情况下, $\max w_j T_j = 5y + 2vy$.

(3) 对于每一个 $i \in I_1$, 将工件 J_{i+4} 放在区间 $[2y, 3y]$ 加工. 对每一个 $i \in I_2$, 将工件 J_{i+4} 从 $3y + vy$ 开始加工. 最后把工件 J_3 放在区间 $[4y + vy, 5y + vy]$ 加工, 此情况下, $\rho \geqslant 2$.

(4) 原始工件的位置不变, 将新工件从 $3y + vy$ 开始加工, 此情况下, $\max w_j \cdot T_j = 5y + 2vy$.

情形 (1) 是所给实例的最优排序, 记为 σ^*, 假设情形 (2), (3), (4) 是由一个多项式时间近似算法 A 生成的排序, 记为 σ, 得到 $\max w_j T_j(\sigma) \geqslant 2vy$, 因此有

$$\lim_{v \to +} \frac{w_j T_j(\sigma)}{w_j T_j(\sigma^*)} > \lim_{v \to +} \frac{2vy}{vy} = 2$$

如果 $\rho < 2$, 则相应的多项式时间近似算法把 J_N 中的所有工件都放在区间 $[0, y]$ 和 $[2y, 3y]$ 中加工. 从而, 如果划分问题有解, 这就在多项式时间内给出了划分问题的一个解. 但是这种情况仅在 P = NP 的假设下发生. 若假设 P $\neq$ NP, 对任意的多项式时间算法, 一定有 $\rho \geqslant 2$. 证毕.

5.6　本章小结

本章讨论了重新排序问题. 主要贡献是对重新排序问题引入了退化效应和学习效应概念. 退化工件就是工件的实际加工时间是它开工时间的增函数, 当其加工时间和工期满足一致关系时, 5.3 节研究了序列错位和时间错位扰动下的总误工问题, 提出了多项式时间算法或者拟多项式时间算法、动态规划算法. 学习效应就是工件的实际加工时间与其在序列中加工所处的位置有关, 5.4 节考虑了在序列错位和时间错位扰动下的总完工时间问题, 提出了动态规划算法和多项式时间算法.

参 考 文 献

[1] Wu S D, Storer R H, Chang P C. One-machine rescheduling heuristics with efficiency and stability as criteria. Computers and Operations Research, 1993, 20: 1-14.

[2] Li R, Shyu Y, Adiga S. A heuristic rescheduling algorithm for computer-based production scheduling systems. International Journal of Production Research, 1993, 31: 1815-1826.

[3] Raman N, Talbot F B, Rachamadugu R V. Due date based scheduling in a general flexible manufacturing system. Journal of Operations Management, 1989, 8: 115-132.

[4] Daniels R L, Kouvelis P. Robust scheduling to hedge against processing time uncertainty in single-stage production. Management Science, 1995, 41: 363-376.

[5] Mehta S V. Predictable scheduling of a single machine subject to breakdowns. International Journal of Computer Integrated Manufacturing, 1999, 12: 15-38.

[6] Wu S D, Storer R H, Chang P C. A rescheduling procedure for manufacturing systems under random disruptions//Fandel G, Gulledge T, Jone A. New Directions for Operations Research in Manufacturing. Berlin: Springer, 1992: 292-308.

[7] Unal A T, Uzsoy R, Kiran A S. Rescheduling on a single machine with part-type dependend setup times and deadlines. Annals of Operations Research, 1997, 70: 93-113.

[8] Yang B B. Single machine rescheduling with new jobs arrivals and processing time compression. The International Journal of Advanced Manufacturing Technology, 2007, 34: 378-384.

[9] Yuan J J, Mu Y D. Rescheduling with release dates to minimize makespan under a limit on the maximum sequence disruption. European Journal of Operational Research, 2007, 182: 936-944.

[10] 慕运动. 关于重新排序问题的研究. 郑州: 郑州大学, 2007.

[11] Zhao C L, Tang H Y. Rescheduling problems with deteriorating jobs under disruptions. Applied Mathematical Modelling, 2010, 34: 238-243.

[12] Zhao Q, Yuan J. Rescheduling to minimize the maximum lateness under the sequence disruptions of original jobs. Asia-Pacific Journal of Operational Research, 2017, 34(5): 1750024.

[13] 臧西杰, 李士生, 王曦峰. 最小化最大加权完工时间重新排序研究. 系统科学与数学, 2017, 37(11): 2293-2300.

[14] 张新功. 具有学习效应的重新排序问题. 重庆师范大学学报 (自然科学版), 2012, 29(1): 1-6.

[15] Cheng T C E, Ding Q. Single machine scheduling with deadlines and increasing rates of processing times. Acta Informatica, 2000, 36(9): 673-692.

[16] Yin Y Q, Cheng T C E, Wang D J. Rescheduling on identical parallel machines with machine disruptions to minimize total completion time. European Journal of Operational Research, 2016, 252(3): 737-749.

[17] Hall N G, Potts C N. Rescheduling for new orders. Operations Research, 2004, 52: 440-453.

[18] Blazewicz J, Kovalyov M Y. The complexity of two group scheduling problems. Journal of Scheduling, 2002, 5: 477-485.

[19] Kononov A, Gawiejnowicz S. NP-hard cases in scheduling deteriorating jobs on dedicated machines. Journal of Operational Research Society, 2011, 52: 708-717.

附录　本书英汉数学词汇

1. activity　　　　　　　　　　活动
2. agent　　　　　　　　　　　代理
3. agreeability　　　　　　　　一致性
4. agreeable　　　　　　　　　一致的
5. algorithm　　　　　　　　　算法
6. approximate algorithm　　　近似算法
7. approximation algorithm　　逼近算法
8. arrival time　　　　　　　　就绪时间, 到达时间
9. assembly scheduling　　　　装配排序
10. asymmetric linear cost function　非对称线性损失
11. asymptotic　　　　　　　　渐近的
12. asymptotic optimality　　　渐近最优性
13. availability constraint　　　(机器) 可用性约束
14. basic (classical) model　　基本 (经典) 模型
15. batching　　　　　　　　　分批, 成批
16. batching machine　　　　　批加工机器
17. batching scheduling　　　　分批排序, 批量排序
18. bi-agent　　　　　　　　　双代理
19. bi-criteria　　　　　　　　双目标
20. block　　　　　　　　　　阻塞
21. classical scheduling　　　　经典排序
22. common due date　　　　　共同交付期, 相同交付期, 公共工期
23. competitive ratio　　　　　竞争比
24. completion time　　　　　　完工时间
25. complexity　　　　　　　　复杂性
26. continuous sublot　　　　　连续子批
27. controllable scheduling　　可控排序
28. cooperation　　　　　　　　合作
29. cross-docking　　　　　　　过栈, 中转库, 越库, 交叉理货

30. deadline	截止期 (时间)
31. dedicated machine	专用机, [特定的机器]
32. delivery time	送达时间
33. deteriorating job	恶化工件, 退化工件
34. deterioration effect	恶化效应, 退化效应
35. deterministic scheduling	确定性排序
36. discounted rewards	折扣报酬
37. disruption	干扰
38. disruption event	干扰事件
39. disruption management	干扰管理
40. distribution center	配送中心
41. dominance	优势, 占优
42. dominance rule	优势规则, 占优规则, [支配规则]
43. dominant	优势的, 占优的, [控制的]
44. dominant set	优势集, 占优集
45. doubly constrained resource	双重受限资源, 使用量和消耗量都受限制的资源
46. due date	交付期, 应交付期限
47. due date assignment	交付期指派, 与交付期有关的指派 (问题)
48. due date scheduling	交付期排序, 与交付期有关的排序 (问题)
49. due window	交付时间窗, 窗时交付期, [宽容交付期]
50. due window scheduling	窗时交付期排序, [宽容交付期排序]
51. dummy activity	虚活动
52. dynamic policy	动态策略
53. dynamic scheduling	动态排序, 动态调度
54. earliness	提前
55. early job	非误工工件, [提前工件]
56. efficient algorithm	有效算法
57. feasible	可行的
58. family	族
59. flow shop	流水作业, 流水 (生产) 车间
60. flow time	流程时间
61. forgetting effect	遗忘效应
62. game	博弈
63. greedy algorithm	贪婪算法

64. group	组, 成组
65. group technology	成组技术
66. heuristic algorithm	启发式算法
67. identical machine	同型机, 同型号机, [等同机], [同速机]
68. idle time	空闲时间
69. immediate predecessor	紧前工件
70. immediate successor	紧后工件
71. in-bound logistics	内向物流, 进站物流, 入场物流, 入厂物流
72. integrated scheduling	集成排序
73. intree (in-tree)	内向树
74. inverse scheduling problem	排序逆问题, 排序反问题
75. item	项目
76. JIT scheduling	准时排序
77. job	工件, [任务]
78. job shop	异序作业, [单件 (生产) 车间], [作业–车间]
79. late job	误期工件
80. late work	误工损失
81. lateness	延迟, 迟后, [滞后]
82. list policy	列表排序策略
83. list scheduling	列表排序
84. logistics scheduling	物流排序, 物流调度
85. lot-size	批量
86. lot-sizing	批量化
87. lot-streaming	批量平滑化
88. machine	机器
89. machine scheduling	机器排序
90. maintenance	维护, 维修
91. major setup	主要设置, 主安装, 主要准备, 主准备, [大准备]
92. makespan	最大完工时间, [工期]
93. max-npv(NPV)project scheduling	净现值最大项目排序, 最大净现值的项目排序
94. maximum	最大, 最大的
95. milk run	循环联运, 循环取料, 循环送货

96. minimum	最小, 最小的
97. minor setup	次要设置, 次要安装, 次要准备, 次准备, [小准备]
98. multi-criteria	多目标
99. multi-machine	多台同时加工的机器
100. multi-machine job	多机器加工工件, 多台机器同时加工的工件
101. multi-mode project scheduling	多模式项目排序
102. multi-operation machine	多工序 (处理) 机器
103. multiprocessor	多台同时加工的机器
104. multiprocessor job	多机器加工工件, 多台机器同时加工的工件
105. multipurpose machine	多功能机器, 多用途机器
106. net present value	净现值
107. nonpreemptive	不可中断的
108. nonrecoverable resource	不可恢复 (的) 资源, 消耗性资源
109. nonrenewable resource	不可恢复 (的) 资源, 消耗性资源
110. nonresumable	(工件加工) 不可继续的, [(工件加工) 不可恢复的]
111. nonsimultaneous machine	不同时开工的机器
112. nonstorable resource	不可储存 (的) 资源
113. nowait	(两个工序或机器之间) 不允许等待
114. NP-complete	NP-完备, NP-完全
115. NP-hard	NP-困难 (的), NP 难
116. NP-hard in the ordinary sense	普通 NP-困难 (的)
117. NP-hard in the strong sense	强 NP-困难 (的)
118. offline scheduling	离线排序
119. online scheduling	在线排序
120. open problem	未解问题, (复杂性) 悬而未决的问题, 尚未解决的问题, [开放问题], [公开问题]
121. open shop	自由作业, [开放 (作业) 车间]
122. operation	工序, 作业
123. optimal	最优的
124. optimality criterion	优化目标, 最优化的目标
125. ordinarily NP-hard	普通 NP-困难的, [一般 NP-难的]

126. ordinary NP-hard　　　　　　　普通 NP-困难, [一般 NP-难]

127. out-bound logistics　　　　　　外向物流

128. outsourcing　　　　　　　　　　外包

129. outtree(out-tree)　　　　　　　外向树, 外放树, 出树

130. parallel batch　　　　　　　　　平行批

131. parallel machine　　　　　　　平行机, 并联机, [通用机]

132. parallel scheduling　　　　　　并行排序, 并行调度

133. partial rescheduling　　　　　　部分重排序, 部分重调度

134. partition　　　　　　　　　　　划分

135. peer scheduling　　　　　　　　对等排序

136. performance　　　　　　　　　　性能

137. permutation flow shop　　　　　同顺序流水作业, 同序作业, [置换流水作业]

138. PERT　　　　　　　　　　　　计划评审技术

139. polynomially solvable　　　　　多项式时间可解的

140. precedence constraint　　　　　前后约束, 先后约束, 次序约束, [优先约束]

141. predecessor　　　　　　　　　　前序工件

142. predictive reactive scheduling　预案反应式排序, 预案反应式调度

143. preempt　　　　　　　　　　　　中断

144. preempt-repeat　　　　　　　　重复 (性) 中断, 中断-重复

145. preempt-resume　　　　　　　　可续 (性) 中断, 中断-恢复

146. preemptive　　　　　　　　　　中断的

147. preemption　　　　　　　　　　中断

148. preemption schedule　　　　　　可以中断的排序, 可以中断的时间表

149. proactive　　　　　　　　　　　前摄的

150. proactive reactive scheduling　前摄反应式排序, 前摄反应式调度

151. processing time　　　　　　　　加工时间, 工时

152. processor　　　　　　　　　　　机器, [处理机]

153. production scheduling　　　　　生产排序, 生产调度

154. project scheduling　　　　　　　项目排序

155. pseudopolynomially solvable　　伪多项式时间可解的

156. public transit scheduling　　　　公共交通调度

157. quasi-polynomially　　　　　　拟多项式时间

158. randomized algorithm　　　　　随机化算法

159. re-entrance	重入
160. reactive scheduling	反应式排序, 反应式调度
161. ready time	就绪时间, 准备完毕时刻, [准备终结时间]
162. real-time	实时
163. recoverable resource	可恢复 (的) 资源
164. reduction	归约
165. regular criterion	正则目标
166. related machine	同类机, 同类型机
167. release time	就绪时间, 释放时间, [放行时间], [投料时间]
168. renewable resource	可恢复 (再生) 资源
169. rescheduling	重排序, 重调度, [滚动排序]
170. resource	资源
171. resource-constrained scheduling	资源受约束排序
172. resumable	(工件加工) 可继续的, [(工件加工) 可恢复的]
173. robust	鲁棒的
174. schedule	时间表, 调度表, 进度表, 作业计划
175. schedule length	时间表长度, 作业计划期
176. scheduling	排序, 调度, 安排时间表, 编排进度, 编制作业计划
177. scheduling a batching machine	批处理机器排序
178. scheduling game	排序博弈, [博弈排序]
179. scheduling multiprocessor jobs	多台机器同时对工件进行加工的排序
180. scheduling with an availability constraint	机器可用受限排序问题
181. scheduling with batching	批处理排序
182. scheduling with batching and lot-sizing	成组批量排序, [成组分批排序]
183. scheduling with deterioration effects	退化效应排序
184. scheduling with learning effects	学习效应排序
185. scheduling with lot-sizing	批量排序, [分批排序]
186. scheduling with multipurpose machine	多用途机器排序

187. scheduling with non-negative time-lags　　(前后工件结束加工和开始加工之间) 带非负时间滞差的排序

188. scheduling with nonsimultaneous machine available time　　机器不同时开工排序

189. scheduling with outsourcing　　可外包排序

190. scheduling with rejection　　可拒绝排序

191. scheduling with time windows　　窗时交付期排序

192. scheduling with transportation delays　　考虑运输延误的排序

193. selfish　　自利的, [理性的], [自私的]

194. semi-online scheduling　　半在线排序

195. semi-resumable　　(工件加工) 半可继续的, [(工件加工) 半可恢复的]

196. sequence　　次序, 序列, [顺序]

197. sequence dependent　　与次序有关

198. sequence independent　　与次序无关

199. sequencing　　安排次序

200. sequencing games　　排序博弈, [博弈排序]

201. serial batch　　串行批

202. setup cost　　设置费用, 安装费用, 调整费用, [准备费用]

203. setup time　　设置时间, 安装时间, 调整时间, [准备时间]

204. shop machine　　串联机

205. shop scheduling　　串行排序, 多工序排序, 串行调度, 多工序调度, [车间调度]

206. single machine　　单台机器, 单机

207. sorting　　数据排序, 整序

208. splitting　　拆分的

209. static policy　　静态排法

210. stochastic scheduling　　随机排序, 随机调度

211. storable resource　　可储存 (的) 资源

212. strong NP-hard　　强 NP-困难

213. strongly NP-hard　　强 NP-困难的

214. sublot　　子批

215. successor   后继工件
216. tardiness   延误, [拖期]
217. tardiness problem i.e. scheduling   总延误排序问题, 总延误最小排序问题
    to minimize total tardiness
218. tardy job   延误工件
219. task   工件, [任务]
220. the number of early jobs   不误工工件数
221. the number of tardy jobs   误工工件数, 误工数, 误工件数, [拖后
                                                工件数]
222. time window   时间窗
223. time varying scheduling   时变排序
224. time/cost trade-off   时间 / 费用权衡
225. timetable   时间表, 时刻表
226. timetabling   编制时刻表, 安排时间表
227. total rescheduling   完全重排序, 完全重调度
228. tri-agent   三代理
229. [two-agent]   双代理
230. unit penalty   单位罚金
231. uniform machine   同类机, 同类别机, [恒速机]
232. unrelated machine   非同类机, [无关机], [变速机]
233. waiting time   等待时间
234. weight   权, 权值
235. worst-case analysis   最坏情况分析
236. worst-case (performance) ratio   最坏 (情况的)(性能) 比